U0214852

国家出版基金项目
NATIONAL PUBLICATION FOUNDATION

"十三五"国家重点出版物出版规划项目

中国生态环境演变与评估

中国生物灾害评估

欧阳芳　戈　峰　徐卫华　等　著

科学出版社

北京

内 容 简 介

本书以中国各省农田、森林和草原生态系统中有害生物发生分布、变化趋势和影响评估为核心，系统评估了中国及各省 2000~2010 年有害生物灾害致灾因素的类型，重要致灾因子的分布范围、发生面积、发生程度；分析了生物灾害各类致灾因子空间分布特征和 2000~2010 年变化趋势；探讨了受灾区应灾能力的成本投入和防治措施；确定了评估单元内生物灾害对人员安全、财物及生态系统的影响；提出了加强基于景观多样性的有害生物生态调控作用机制研究。

本书适合植物保护、森林保护和草业保护等专业的科研和教学人员阅读，也可为生态系统资源管理人员提供参考。

图书在版编目（CIP）数据

中国生物灾害评估／欧阳芳等著 . —北京：科学出版社，2017.1
（中国生态环境演变与评估）

"十三五"国家重点出版物出版规划项目　国家出版基金项目
ISBN 978-7-03-050410-4

Ⅰ.①中…　Ⅱ.①欧…　Ⅲ.①动物危害–评估–中国②病害–评估–中国
Ⅳ.①S44②S432

中国版本图书馆 CIP 数据核字（2016）第 262764 号

责任编辑：李　敏　张　菊　李晓娟／责任校对：张凤琴
责任印制：肖　兴／封面设计：黄华斌

科 学 出 版 社 出版
北京东黄城根北街 16 号
邮政编码：100717
http://www.sciencep.com

中国科学院印刷厂 印刷
科学出版社发行　各地新华书店经销
*
2017 年 1 月第 一 版　开本：787×1092　1/16
2017 年 1 月第一次印刷　印张：21
字数：550 000

定价：188.00 元
（如有印装质量问题，我社负责调换）

《中国生态环境演变与评估》编委会

总　　序

我国国土辽阔，地形复杂，生物多样性丰富，拥有森林、草地、湿地、荒漠、海洋、农田和城市等各类生态系统，为中华民族繁衍、华夏文明昌盛与传承提供了支撑。但长期的开发历史、巨大的人口压力和脆弱的生态环境条件，导致我国生态系统退化严重，生态服务功能下降，生态安全受到严重威胁。尤其 2000 年以来，我国经济与城镇化快速的发展、高强度的资源开发、严重的自然灾害等给生态环境带来前所未有的冲击：2010 年提前 10 年实现 GDP 比 2000 年翻两番的目标；实施了三峡工程、青藏铁路、南水北调等一大批大型建设工程；发生了南方冰雪冻害、汶川大地震、西南大旱、玉树地震、南方洪涝、松花江洪水、舟曲特大山洪泥石流等一系列重大自然灾害事件，对我国生态系统造成巨大的影响。同时，2000 年以来，我国生态保护与建设力度加大，规模巨大，先后启动了天然林保护、退耕还林还草、退田还湖等一系列生态保护与建设工程。进入 21 世纪以来，我国生态环境状况与趋势如何以及生态安全面临怎样的挑战，是建设生态文明与经济社会发展所迫切需要明确的重要科学问题。经国务院批准，环境保护部、中国科学院于 2012 年 1 月联合启动了"全国生态环境十年变化（2000—2010 年）调查评估"工作，旨在全面认识我国生态环境状况，揭示我国生态系统格局、生态系统质量、生态系统服务功能、生态环境问题及其变化趋势和原因，研究提出新时期我国生态环境保护的对策，为我国生态文明建设与生态保护工作提供系统、可靠的科学依据。简言之，就是"摸清家底，发现问题，找出原因，提出对策"。

"全国生态环境十年变化（2000—2010 年）调查评估"工作历时 3 年，经过 139 个单位、3000 余名专业科技人员的共同努力，取得了丰硕成果：建立了"天地一体化"生态系统调查技术体系，获取了高精度的全国生态系统类型数据；建立了基于遥感数据的生态系统分类体系，为全国和区域生态系统评估奠定了基础；构建了生态系统"格局–质量–功能–问题–胁迫"评估框架与技术体系，推动了我国区域生态系统评估工作；揭示了全国生态环境十年变化时空特征，为我国生态保护与建设提供了科学支撑。项目成果已应用于国家与地方生态文明建设规划、全国生态功能区划修编、重点生态功能区调整、国家生态保护红线框架规划，以及国家与地方生态保护、城市与区域发展规划和生态保护政策的制定，并为国家与各地区社会经济发展"十三五"规划、京津冀交通一体化发展生态保护规划、京津冀协同发展生态环境保护规划等重要区域发展规划提供了重要技术支撑。此外，项目建立的多尺度大规模生态环境遥感调查技术体系等成果，直接推动了国家级和省级自然保护区人类活动监管、生物多样性保护优先区监管、全国生态资产核算、矿产资源开发监管、海岸带变化遥感监测等十余项新型遥感监测业务的发展，显著提升了我国生态环境保护管理决策的能力和水平。

《中国生态环境演变与评估》丛书系统地展示了"全国生态环境十年变化（2000—2010年）调查评估"的主要成果，包括：全国生态系统格局、生态系统服务功能、生态环境问题特征及其变化，以及长江、黄河、海河、辽河、珠江等重点流域，国家生态屏障区，典型城市群，五大经济区等主要区域的生态环境状况及变化评估。丛书的出版，将为全面认识国家和典型区域的生态环境现状及其变化趋势、推动我国生态文明建设提供科学支撑。

因丛书覆盖面广、涉及学科领域多，加上作者水平有限等原因，丛书中可能存在许多不足和谬误，敬请读者批评指正。

《中国生态环境演变与评估》丛书编委会

2016 年 9 月

前　　言

　　生物灾害评估是生态环境评估的重要组成部分。本书所涉及的生物灾害是指由有害生物对人类生存、生活和生产，生态系统及生态系统服务功能产生不利影响并造成损失的现象或过程。有害生物主要包括有害昆虫（害虫）、有害病原菌（病菌）、有害啮齿动物（害鼠）、有害草类（杂草）等。有害生物的危害对象包括农田、森林、草地等生态系统。有害生物对农田、草地和森林生态系统服务功能会造成损失。其中，农田生态系统为人类提供粮食产品、棉麻衣物原材料、油料产品、果蔬食物等供给服务功能。农作物、林木和牧草等从种子阶段到收获阶段的整个生长发育过程，以及在收获后的农林牧产品储藏期间，常常受到害虫、病菌、害鼠和杂草等的危害，这些有害生物会导致农作物、林木和牧草等不能健康地生长发育，产量减少，品质降低，甚至死亡绝产。害虫、病菌、害鼠等有害生物通过直接大量取食和危害植物，也会减少草地和森林生态系统的生物量及固碳等服务功能。非作物的植物，如杂草等通过与作物竞争水分、阳光、营养元素、天敌和传粉者，以及产生化感作用等也会减少农作物产量。同样，检疫性外来入侵物种通过竞争也会对生物多样性产生不利影响。而人类在控制和防治有害生物的过程中通常使用农药等化学试剂，也对生态系统服务功能造成了不利后果。例如，化学农药的长期滥用导致有些有害物种对其产生遗传抗性，增加有害生物的暴发频率，从而加重有害生物对植物的危害；残留的化学农药进入土壤或水体从而间接地给生态系统和生态环境、甚至人类健康造成不利影响。

　　2000~2010 年是中国生态环境受人类活动干扰最大的时期，土地利用格局的改变与全球性的气候变化导致有害生物发生与为害的格局及其动态发生改变，进而影响有害生物对生态系统及其服务功能的胁迫作用。生物灾害评估包括明确评估区域内生物灾害致灾因素的类型及重要致灾因子的分布范围、发生面积、发生程度，分析生物灾害各类致灾因子空间分布特征和变化趋势，确定评估单元内生物灾害对生态系统及其服务功能的影响。因此，生物灾害评估是减少有害生物对生态系统不利影响、维持生态系统服务功能的重要前提。

　　生物灾害的发生实质是有害生物作用于农作物、草地和森林的结果，包括自然因素和人类社会因素。自然因素包括利于有害生物生存和繁殖的气候条件（温度、湿度和光照等）、食物营养（植物种类、数量和空间分布）及有害生物本身的生物学特征。人类社会因素包括人类对有害生物发生规律的认知与应对生物灾害的防治措施，以及人类活动的强度和广度（农作物播种面积、草地和森林的干扰范围等）。生物灾害的发生、危害程度及其所造成的损失是孕灾背景、致险因子、受灾体脆弱性共同作用的综合结果。因此要评估生物灾害的影响，首先需要了解有害生物孕灾背景、致险因子类型和分布特点、受灾区应灾能力、受灾区损失等。

本书以全国植物保护统计资料，以及农业、林业和牧业等统计数据，基于 2000 年、2005 年、2010 年的遥感数据，分别以全国、各个区域和省份为评估单元，通过调查与评价，明确评估区域内生物灾害致灾因素的类型及重要致灾因子的分布范围、发生面积、发生程度；分析生物灾害各类致灾因子空间分布特征和 2000～2010 年的变化趋势；确定评估单元内生物灾害对生态系统的影响；编制全国生物灾害的空间分布特征图和动态变化图，包括孕灾背景、各类致灾因子危险性、受灾区损失程度；综合评价生物灾害对生态环境的胁迫作用。调查评价结果为全国减少生物灾害影响的宏观战略措施的制定提供支撑。具体内容包括：了解生物灾害的孕灾背景，即地形地貌、气象因素、农田作物种植面积、森林面积、草地面积等；明确生物灾害致灾因素的危险性，即致灾因素类型、分布范围、发生面积、发生程度；估算受灾区的损失和损失程度，即人力和物力的成本投入、防治措施、挽回损失、应灾能力的社会化服务程度；估算受灾区的损失和损失程度，即成灾面积、绝收面积、自然损失、实际损失、经济价值量损失；综合评价生物灾害发生强度对受灾区农作物、森林和草地收益，应灾能力成本投入和损失程度的影响。

全书共 11 章，第 1 章由戈峰、欧阳芳撰写，第 2 章由欧阳芳、徐卫华、陈法军、梁玉勇撰写，第 3 章由欧阳芳、门兴元撰写、第 4 章由欧阳芳、张永生撰写，第 5 章、第 6 章、第 7 章由欧阳芳撰写，第 8 章由曾菊平、杨飞、李姣撰写，第 9 章、第 10 章由欧阳芳撰写，第 11 章由欧阳芳撰写，全书由戈峰和欧阳芳统稿。

由于作者研究领域和学识的限制，书中难免有不足之处，敬请读者不吝批评、赐教。

作　者

2016 年 3 月

目　　录

总序

前言

第1章　生物灾害及其孕灾背景 ··· 1

  1.1　生物灾害在生态评估中的地位 ··· 1

  1.2　自然背景 ··· 5

  1.3　人文背景 ··· 5

第2章　农作物生物灾害致灾因素的危险性 ······································ 14

  2.1　农作物生物灾害类型 ·· 14

  2.2　农作物生物灾害发生范围 ·· 17

  2.3　农作物生物灾害发生面积 ·· 19

  2.4　农作物生物灾害发生程度 ·· 51

第3章　草地生物灾害致灾因素的危险性 ··· 83

  3.1　草地生物灾害类型 ·· 83

  3.2　草地生物灾害发生范围 ·· 83

  3.3　草地生物灾害发生面积 ·· 85

  3.4　草地生物灾害发生程度 ··· 108

第4章　森林生物灾害致灾因素的危险性 ·· 132

  4.1　森林生物灾害类型 ··· 132

  4.2　森林生物灾害发生范围 ··· 135

  4.3　森林生物灾害发生面积 ··· 137

  4.4　森林生物灾害发生程度 ··· 167

第5章　检疫性有害生物的危险性 ··· 199

  5.1　检疫性有害生物类型 ·· 199

  5.2　检疫性有害生物发生范围 ·· 199

  5.3　检疫性有害生物发生面积 ·· 203

  5.4　检疫性有害生物发生程度 ·· 207

第6章　农作物受害损失 ·· 212

6.1　粮食作物损失 ··· 212

6.2　油料作物损失 ··· 238

第7章　草地受害损失 ·· 266

7.1　草地生物量损失估计 ·· 266

7.2　草地虫害评估 ··· 267

7.3　草地鼠害评估 ··· 271

第8章　森林受害损失 ·· 274

8.1　森林蓄积损失 ··· 274

8.2　直接经济损失 ··· 276

8.3　生态服务价值损失 ·· 283

第9章　检疫性有害生物的危害损失 ··· 290

9.1　检疫性昆虫的危害损失 ·· 290

9.2　检疫性线虫的危害损失 ·· 292

9.3　检疫性细菌的危害损失 ·· 294

9.4　检疫性真菌的危害损失 ·· 296

9.5　检疫性病毒的危害损失 ·· 298

9.6　检疫性杂草的危害损失 ·· 300

第10章　受灾区的应灾能力 ··· 303

10.1　受灾区的为害情况 ·· 303

10.2　应灾能力的社会化服务程度 ·· 307

10.3　应灾社会化服务程度与生物灾害发生程度的关系 ······················ 310

第11章　主要结论与建议 ·· 314

11.1　主要研究内容 ·· 314

11.2　主要结论 ··· 314

11.3　主要建议 ··· 317

参考文献 ··· 319

索引 ·· 321

|第1章| 生物灾害及其孕灾背景

本章重点介绍生物灾害的定义，生物灾害对生态系统服务功能的影响，国内外研究进展，目前国内外研究存在的问题，本评估的主要思路与目标，以及生物灾害发生的自然背景和人文背景。

1.1 生物灾害在生态评估中的地位

1.1.1 生物灾害的定义

生态系统是地球上所有生命赖以生存的基础，特别是人类生命及其福祉。生态系统为人类提供各种收益或带来各种益处，如清洁的空气、水、食物和休闲空间等（Millennium Ecosystem Assessment，2005；TEEB，2010）。人类从生态系统中获得的各种直接和间接收益称为生态系统服务（ecosystem service）（Joseph et al.，2005）。生态系统服务是生态系统及其组成物种得以维持以及满足人类生存、生活和生产的环境条件和过程（Daily，1997）。然而，除了这些收益之外，生态系统也给人类带来不利的因素，如生物学灾害（虫害、病害、草害、动物袭击，以及产生过敏反应和有毒的生命体造成的危害）、地球物理学灾害（洪水、干旱和暴风等）。生态系统功能给人类福祉产生的这种不利的或负面的影响称为自然灾害，目前也有研究者称之为生态系统负服务或生态系统反服务（ecosystem disservice）（Limburg et al.，2009；Döhren and Haase，2015）。

灾害一般是指危害人类生命、财产和生存条件安全的各类事件的通称（马宗晋等，1992；高庆华等，2007）。人类生存于地球上，受地球系统内外各种驱动因素的影响，地球系统及其各个圈层总是处于不断的运动和变化之中，因而人类赖以生存的自然环境也时刻发生着变化，当其变化程度超过一定限度时，就会危及人类生命、财产和生存条件的安全，产生人员伤亡、财产损失等各种对人类福祉不利的影响，这就是自然灾害（葛全胜等，2008），生物灾害属于自然灾害的一种。本书中所涉及的生物灾害是指由有害生物对人类生存、生活和生产，以及生态系统及生态系统服务功能产生不利影响并造成损失的现象或过程。所包括的有害生物主要有有害昆虫（害虫）、有害病原菌（病菌）、有害啮齿动物（害鼠）、有害草类（杂草）。有害生物的危害对象包括农田、草地、森林等生态系统。

1.1.2 生物灾害对生态系统服务功能的影响

有害生物对农田、草地和森林生态系统服务功能会造成损失。其中，农田生态系统为人类提供粮食产品、棉麻衣物原材料、油料产品、果蔬食物等供给服务功能。农作物、林木和牧草等从种子阶段到收获阶段的整个生长发育过程，以及在收获后的农林牧产品储藏期间，常常受到害虫、病菌、害鼠和杂草等的危害，这些有害生物会导致农作物、林木和牧草等不能健康地生长发育，致使产量减少、品质降低，甚至死亡绝产（Babcock et al.，1992）。害虫、病菌、害鼠等有害生物通过直接大量取食和危害植物，也会减少草地和森林生态系统的生物量及固碳等服务功能。非作物的植物，如杂草等通过与作物竞争水分、阳光、营养元素、天敌和传粉者，以及产生化感作用等减少农作物产量（Welbank，1963；Stoller et al.，1987）。同样，检疫性外来入侵物种通过竞争也会对生物多样性产生不利影响。而人类在控制和防治有害生物的过程中通常使用农药等化学试剂，也对生态系统服务功能造成了不利后果。例如，化学农药的长期滥用导致有些有害物种对其产生遗传抗性，增加有害生物的暴发频率，从而加重有害生物对植物的危害；残留的化学农药进入土壤或水体从而间接地给生态系统和生态环境，甚至人类健康造成不利影响（Thomas，1999）。

2000～2010年是我国生态环境受人类活动干扰强度最大的时期，土地利用格局与全球性的气候变化导致有害生物发生的动态与为害的格局发生改变，进而影响有害生物对生态系统及其服务功能的胁迫作用。明确全国生态环境状况和变化趋势，综合评估全国生态系统质量与功能，是提出新时期我国生态环境保护对策与建议，服务于生态文明建设的重要步骤（欧阳志云，2014）。而评估生物灾害对生态系统服务功能的影响是生态环境评估的重要组成部分。生物灾害评估有利于明确有害生物对生态系统服务功能造成的损失，利于揭示我国新时期生态系统和生态环境所面临的有害生物胁迫问题，是提出减少有害生物不利影响应对措施的重要基础，为我国生态国情调查和新时期宏观生态环境管理提供可靠的科学依据。

1.1.3　国内外研究进展

自从《千年生态系统评估》（*Millennium Ecosystem Assessment*）和《生态系统服务与生物多样性的经济学》（*The Economics of Ecosystem Services and Biodiversity*）出版以来，生态系统服务持续受到国际社会的广泛关注（Döhren and Haase，2015）。与此同时，生态系统负服务或生态系统反服务，即生态系统功能对人类福祉不利效应的研究也受到日益重视。

从不利影响效应类型来看，目前的研究包括以下5个方面：①生态效应。生态系统结构、过程和服务受到的不利影响。例如，在农业生态系统中，研究涉及影响或抑制生产过程的自然环境因子，如恶劣的气候、对畜牧养殖造成危害的捕食者和有毒植物（O'Farrell et al.，2007）、农业土地利用造成生物多样性的减少、土壤流失的增加、地下水枯竭，以及化肥和农药残留等对生态系统产生的不利影响（Swinton et al.，2007；Power，2010；Firbank et al.，2013；Williams and Hedlund，2013）；街道树木水消耗的增加及其挥发性有机物（volatile organic compound）的释放（Escobedo et al.，2011）。在最近的21年间，松树甲虫危害加拿大森林后，释放了9.90亿t的二氧化碳，相当于加拿大交通5年的排放总和。该案例说明了生物灾害对森林生态系统生物量和固碳作用的不利影响。②经济效应。社会经济结构和过程受到不利损害。例如，植物生长和微生物活动对城市基础设施造成的损害（Lyytimäki and Sipilä，2009），城市绿色建筑损害了基础建设和维护维修费用等经济利益（Dobbs et al.，2011；Escobedo et al.，2011）。③人类身体健康影响。人类生活质量受到损害，如街道树木的花粉传播引起过敏症（Arnold，2012）、来自城市湿地或沼泽地病媒疾病的传播（Bolund and Hunhammar，1999）、动物的攻击（Del Toro et al.，2012；Barua et al.，2013）等。④人类心理健康影响。不良环境条件会造成人类心理焦虑和不适。例如，深绿色的空间（Tzoulas et al.，2007）和动物及其粪便（Lyytimäki and Faehnle，2009）的存在给人们生活带来了不舒适感。⑤多重性影响。生态系统组成部分的迅速增加或突发变化会带来多方面的不利影响。例如，有害生物数量短时间内大量的急剧增加不仅仅造成农业、草地和森林等生态系统经济损失（欧阳芳等，2014），还会危害生态系统的生物量和碳汇功能（李林懋等，2014），并使生物多样性的减少。为了更好地了解我国新时期生态系统和生态环境所面临的有害生物胁迫问题，系统分析与评估有害生物对农业、草地和森林等生态系统多重的不利影响具有重要意义。

1.1.4 目前国内外研究存在的问题

生态系统负服务或生态系统反服务的名词来源与生态系统服务有关。尽管前者在千年生态系统评估之前就已出现，但是目前其概念的内涵还没有得到清晰的定义（Döhren and Haase，2015）。其研究方法指标包括社会文化的、经济的和生物物理的或生态的指标三大类，目前生态系统负服务研究，或者说自然灾害研究的最大挑战仍是这三大类指标的定性识别与定量分析。这是因为生态系统的结构、功能及其服务本身具有复杂性，人类需要一定的时间才能逐步了解和掌握其客观规律。生态系统负服务评估还处在不断发展中。因此，生物灾害评估作为生态系统负服务评估或自然灾害评估的组成部分，其概念内涵和分析方法也需要逐步完善。

生物灾害评估与其他类别的自然灾害一样，也可以分为灾前、灾时和灾后三个阶段的评估。生物灾害的灾前评估可理解为有害生物的预测预报，根据有害生物流行规律分析、推测未来一段时间内病、虫分布扩散和为害趋势。预测预报的具体内容包括发生期预测、发生量预测、分布预测、为害程度预测和提出预防对策。生物灾害的灾时评估是实时监测有害生物的数量、分布范围、为害程度并提出控制措施。生物灾害的灾后评估，即生物灾害影响评估是依据已发生的有害生物的数量、发生范围、为害程度，估算有害生物造成的损失与不利影响，并为未来预防和减少生物灾害提出建议措施。目前，更多关注生物灾害的灾前和灾时评估，对有害生物灾后评估的主要研究为有害生物在全球气候变化下长时间的动态规律及其原因分析。例如，近年来的研究表明，全球气候变化影响着昆虫种群的动态变化，基于中国华北农田棉铃虫成虫种群历史数据（1975～2010 年），分析了内部密度制约因子和外部非密度制约因子，如气候因素和人类农业生产活动对昆虫种群动态的影响作用。负反馈密度依赖性是昆虫种群动态的重要调节机制。结果表明，农业集约化弱化了棉铃虫种群负反馈密度依赖性的调节机制，而气候变化（温度的增加和降水量的下降）加重了这种效应（Ouyang et al.，2014）。通过收集历史数据重建了东亚飞蝗在过去约 2000 年暴发的时间序列，分析发现飞蝗的丰富度与每年或每 10 年的降水量和温度显著相关

（Stige et al. ，2007；Tian et al. ，2007）。也有研究表明，有害生物发生趋势和对作物的危害趋势，如基于田间试验和越冬代棉铃虫长时间动态数据（1975～2011 年），研究了棉铃虫种群的动态变化趋势、其变化的驱动因素及对其寄主作物小麦产量的影响。结果表明，全球气候变暖驱动棉铃虫越冬代滞育蛹提前羽化，增加了越冬代成虫种群的持续时间和数量。这就导致增加了第一代棉铃虫幼虫的数量，从而加重了棉铃虫对小麦早期发育阶段的危害损失（Ouyang et al. ，2016）。目前较少的研究基于全国空间尺度和长时间数据，以及系统分析与定量评估有害生物对农业、草原和森林等生态系统造成的损失和不利影响。

1.1.5 本评估的主要思路与目标

本书以全国植物保护统计资料，以及农业、林业和牧业等统计数据，基于 2000 年、2005 年、2010 年的遥感数据，分别以全国、各个区域和省份为评估单元，通过调查与评价，明确评估区域内生物灾害致灾因素的类型及重要致灾因子的分布范围、发生面积、发生程度；分析生物灾害各类致灾因子空间分布特征和 10 年变化趋势；确定评估单元内生物灾害对生态系统的影响；编制全国生物灾害的空间分布特征图和动态变化图，包括孕灾背景、各类致灾因子危险性、受灾区损失程度；综合评价生物灾害对生态环境的胁迫作用。调查评价结果为全国减少生物灾害影响的宏观战略措施的制定提供支撑。具体内容：了解生物灾害的孕灾背景，即地形地貌、气象因素、农田作物种植面积、森林面积、草地面积等；明确生物灾害致灾因素的危险性，即致灾因素类型、分布范围、发生面积、发生程度；估算受灾区的损失和损失程度，即人力和物力的成本投入、防治措施、挽回损失、应灾能力的社会化服务程度；估算受灾区的损失和损失程度，即成灾面积、绝收面积、自然损失、实际损失、经济价值量损失；综合评价生物灾害发生强度对受灾区农作物、森林和草地收益，以及应灾能力成本投入和损失程度的影响。生物灾害影响评估思路图见图 1-1。

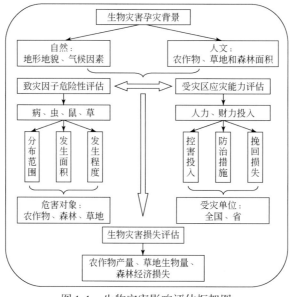

图 1-1　生物灾害影响评估框架图

1.2 自 然 背 景

有害生物的大量发生与危害是由于发生地环境条件与有害生物自身生理特性相互作用的结果。了解生物灾害发生的孕灾背景是生物灾害影响评估的基本前提。孕灾背景是生物灾害的形成基础，是指有害生物种群数量时空的异变在给农田、草地和林地造成其生态系统服务功能损失的过程中所受到的影响因素的类别、特征及作用机制。

有害生物的种类多，影响其的因素也有多种。总体来说可以分为自然背景和人文背景两大基本类型。

有害生物的发生和危害与其寄主植物的类型、数量和空间分布有关。而植物的分布与地形地貌和气候气象条件密切相关。

1.2.1 地形地貌

中国位于环太平洋构造带与欧亚构建带之间，数亿年来历经多次地壳运动，形成了现今的地质构造轮廓和地貌宏观格局。地貌作为下垫面制约了大气的变化，从而对植被、土壤的分布起着重要的控制作用，成为生物灾害分布的影响因素。

1.2.2 气候气象

气候气象的变化与分布是有害生物发生的最重要背景条件之一。中国南北跨度约50 个纬度，包括 6 个温度带，即赤道带、热带、亚热带、暖温带、温带、寒温带；东西跨度约 60 个经度。中国东临太平洋，西靠欧亚大陆，陆地面积广阔，地势西高东低，呈现阶梯分布。全国降水存在明显差异，由沿海向内陆、自东南向西北出现湿润—半湿润—半干旱—干旱渐变。中国各地的太阳能热量辐射及大气环流状况也不同。南北向和东西向的温度及湿度的区域化结果，形成了多种多样的气候地貌类型。

1.3 人 文 背 景

生物灾害发生的人文背景包括有害生物寄主植物的分布、种类和面积（农作物的播种面积，草地和森林的面积），农业、林业、牧业的产量和产值，以及人类应对生物灾害所采取的预测预报策略和防治措施。

1.3.1 中国农田、草地、森林空间分布

1.3.1.1 农田

农田包括水田、旱地和园地。根据 2010 年遥感调查和土地覆盖分类的农田数据

（图1-2），表明中国农用地面积占全国总陆地面积的19.13%。其中，水田、旱地和园地分别又占农用地的21.50%、73.81%和4.69%。

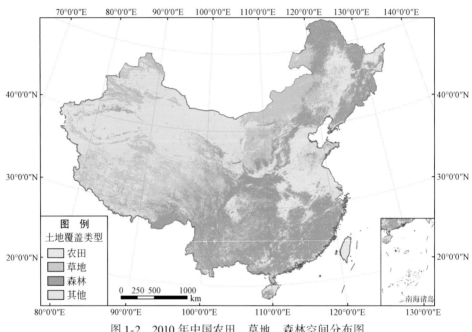

图1-2 2010年中国农田、草地、森林空间分布图

从全国各区域来看，华东、东北、华北、西北、西南、华中和华南区域的农田面积分别占全国农田总面积的18.20%、17.93%、16.20%、13.99%、13.47%、12.53%和7.68%（图1-3）。其中，在全国各区域中水田面积比例较大的区域有东北、华东、华中、西南和华南，分别为32.87%、28.74%、16.81%、10.93%和9.65%，旱地面积比例较大的区域有华北、西北、华东、东北、西南和华中，分别为24.19%、20.66%、13.59%、12.60%、12.32%和11.35%，园地面积比例较大的区域有西南、华南和华东，分别为43.88%、27.78%和17.09%（图1-4）。

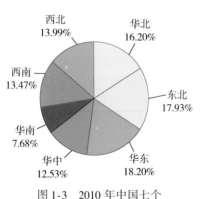

图1-3 2010年中国七个区域农田的面积比例

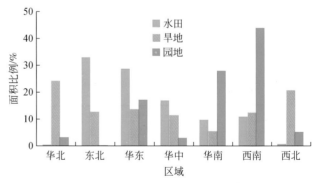

图1-4 2010年中国七个区域水田、旱地、果园面积占农用地面积的比例

从全国各省（自治区、直辖市）来看（图 1-5），农田面积大于 10 000 千 hm²① 以上的省份有黑龙江、内蒙古、四川和河南，农田面积为 8000 千 ~ 10 000 千 hm² 的省（自治区）有山东、云南、河北、新疆、吉林，农田面积为 6000 千 ~ 8000 千 hm² 的省（自治区）有安徽、甘肃、广西、辽宁、湖南，农田面积为 4000 千 ~ 6000 千 hm² 的省份有江苏、山西、陕西、湖北、广东，农田面积为 2000 千 ~ 4000 千 hm² 的省（直辖市）有江西、重庆、浙江、海南，农田面积小于 2000 千 hm² 的省（自治区、直辖市、特别行政区）有福建、宁夏、青海、天津、西藏、北京、上海、贵州、香港、澳门（说明：本评估内容暂未涉及台湾省）。

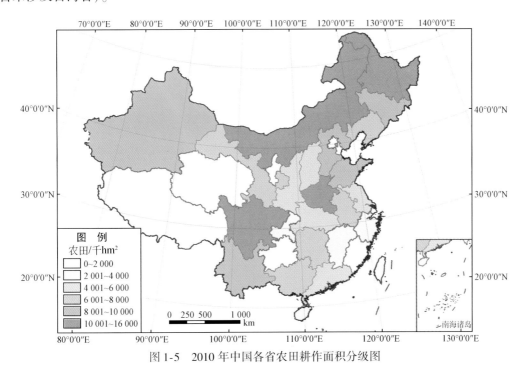

图 1-5 2010 年中国各省农田耕作面积分级图

1.3.1.2 草地

草地包括草甸、草原、草丛和草本绿地。根据 2010 年遥感调查和土地覆盖分类的草地数据（图 1-2），表明草地面积占全国总陆地面积的 24.95%。其中，草甸、草原、草丛和草本绿地又分别占草地总面积的 22.10%、68.27%、9.57% 和 0.06%。

从全国各区域来看，西南、西北和华北区域的草地面积分别占全国草地总面积的 34.15%、34.07% 和 29.13%（图 1-6）。其中，在全国各区中草甸面积比例较大的区域有西北和西南，分别为 54.94% 和 39.69%；草原面积比例较大的区域有华北、西南和西北，分别为 36.90%、31.97% 和 29.77%；草丛面积比例较大的区域有华北、西南和西北，分

① 为保持与统计数据资料的一致性，全书以千 hm² 为基准单位。

别为38.60%、36.83%和8.90%（图1-7）。

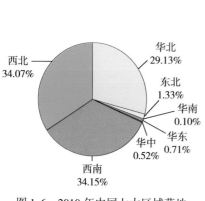

图1-6　2010年中国七大区域草地
面积比例

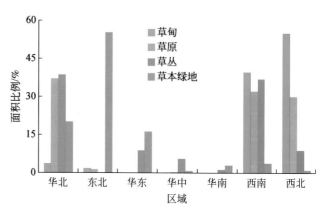

图1-7　2010年中国七大区域各类草地占草地
总面积的比例

　　从全国各省（自治区、直辖市）来看（图1-8），草地面积大于10 000千 hm² 以上的省（自治区）有内蒙古、西藏、新疆、青海和四川。草地面积为5000千～1000千 hm² 的省份有甘肃、云南、山西、陕西、贵州、河北和黑龙江。草地面积为5000千～1000千 hm² 的省（自治区、直辖市）有宁夏、重庆、山东、吉林、湖南和河南。其他省份草地面积均少于5000千 hm²。

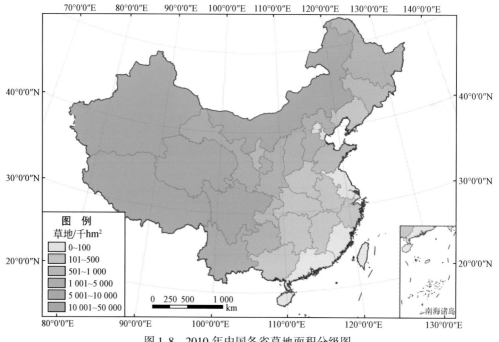

图1-8　2010年中国各省草地面积分级图

1.3.1.3 林地

林地包括常绿阔叶林、落叶阔叶林、常绿针叶林、落叶针叶林、针阔混交林、常绿阔叶灌木林、落叶阔叶灌木林、常绿针叶灌木林、乔木绿地和灌木绿地。2010 年遥感调查和土地覆盖分类的林地数据（图 1-2）表明，森林面积占全国总陆地面积的 32.65%。其中，常绿针叶林、落叶阔叶林、落叶阔叶灌木林、常绿阔叶林和常绿阔叶灌木林又分别占林地面积的 30.70%、23.44%、15.57%、14.38% 和 7.08%，其他林地类型的面积比例均少于 5%。

从全国各区域来看，西南、东北、华东、华北、西北、华中和华南区域的林地面积分别占全国面积的 23.71%、15.65%、15.08%、13.71%、11.06%、11.05% 和 9.74%（图 1-9）。其中，在全国各区域中常绿阔叶林面积比例较大的区域有华南、西南和华东，分别为 39.45%、32.75% 和 22.97%；落叶阔叶林面积比例较大的区域有东北、华北和西北，分别为 40.12%、29.40% 和 12.37%；常绿针叶林面积比例较大的区域有西南、华东、华中和华南，分别为 46.16%、21.25%、14.90% 和 11.50%；常绿阔叶灌木林面积比例较大的区域有西南、华南、西北、华东和华中，分别为 52.46%、14.59%、12.59%、10.88% 和 9.47%；落叶阔叶灌木林面积比例较大的区域有西南、西北、华北和华中，分别为 38.35%、25.00%、17.76% 和 17.76%（图 1-10）。

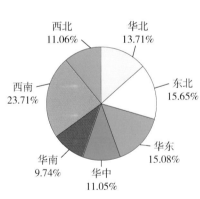

图 1-9 2010 年中国七大区域
森林面积比例图

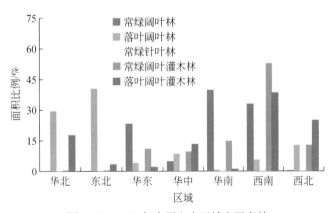

图 1-10 2010 年中国七大区域主要森林
类型占林地总面积的比例

从全国各省（自治区、直辖市）来看（图 1-11），林地面积大于 25 000 千 hm² 以上的省（自治区）有黑龙江、四川、云南和内蒙古，林地面积为 20 000 千 ~25 000 千 hm² 的省（自治区）有广西和湖南，林地面积为 15 000 千 ~20 000 千 hm² 的省（自治区）有西藏、吉林和广东，其他省份草地面积均少于 15 000 千 hm²。

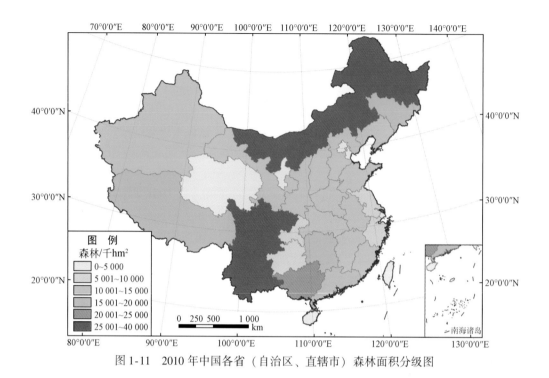

图 1-11 2010 年中国各省（自治区、直辖市）森林面积分级图

1.3.2 中国农业、林业、牧业的产量与产值

1.3.2.1 农业

农业是我国国民经济的基础，产业地位极为重要。据国家统计局数据，2010 年全国农作物总播种面积为 160 675 千 hm²，其中粮食、油料、棉花、糖料、茶园和果园面积分别为 109 876 千 hm²、13 890 千 hm²、4849 千 hm²、1905 千 hm²、1970 千 hm² 和 11 544 千 hm²，相应的产量分别为 30，476.5 万 t、521.8 万 t、216.7 万 t、2381.9 万 t、26.8 万 t 和 657.0 万 t。全国 2010 年的农业总产值为 36 941.1 亿元。

从全国各区域来看，华东、华中、西南、华北、华南、东北和西北在 2000 ~ 2010 年年平均农业产值占全国年平均农业总产值的比例分别为 30.29%、18.95%、11.88%、11.34%、9.94%、9.53% 和 8.08%（图 1-12）。

从全国各省（自治区、直辖市）来看（图 1-13），2000 ~ 2010 年平均农业产值大于 1500 亿元以上的省份有山东和河南，年平均农业产值为 1200 亿 ~ 1500 亿元的省份有江苏和河北，年平均农业产值为 900 亿 ~ 1200 亿元的省份有四川、广东、湖南、湖北和安徽，年平均农业产值为 600 亿 ~ 900 亿元的省（自治区）有黑龙江、广西、辽宁、浙江、新疆、福建和云南，其他省份年平均农业产值均少于 600 亿元（图 1-13）。

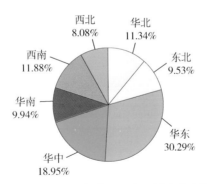

图1-12 2000~2010年中国七大区域农业产值比例

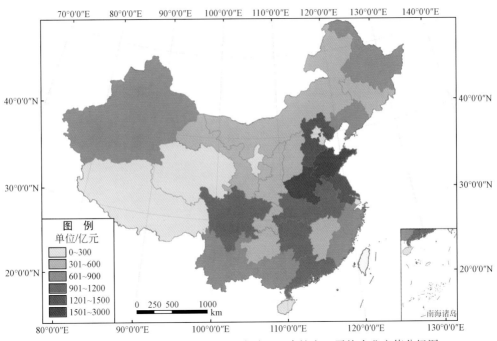

图1-13 2000~2010年中国各省（自治区、直辖市）平均农业产值分级图

1.3.2.2 牧业

牧业也是中国重要的产业之一。据国家统计局数据，2010年，全国肉类总产量为7925.8万t，奶类产品为3748.0万t，绵羊毛为38.7万t，山羊毛为4.3万t。中国全年畜牧业总产值为20 825.7亿元。

从全国各区域来看，华东、华中、西南、华北、东北、华南和西北2000~2010年平均牧业产值占全国年平均牧业总产值的比例分别为24.91%、19.27%、15.17%、13.65%、12.42%、9.57%和5.01%（图1-14）。

图 1-14　2000～2010 年中国七大区牧业产值比例

从全国各省（自治区、直辖市）来看（图 1-15），2000～2010 年平均牧业产值大于 1000 亿元以上的省份有四川、河南、山东和河北，年平均牧业产值为 600 亿～1000 亿元的省份有湖南、辽宁、广东和江苏，年平均牧业产值为 400 亿～600 亿元的省（自治区）有湖北、安徽、广西、黑龙江、吉林和内蒙古，其他省份的年平均牧业产值均低于 400 亿元。

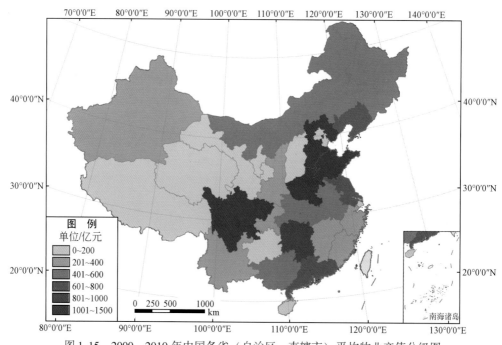

图 1-15　2000～2010 年中国各省（自治区、直辖市）平均牧业产值分级图

1.3.2.3　林业

林业不仅是国民经济的重要组成部分之一，也是保护生态环境，维持生态平衡，培育和保护森林以取得木材和其他林产品、利用林木的自然特性发挥防护作用的生产部门。根据国家统计局数据，2010 年木材、橡胶、松脂、生漆、油桐籽和油茶籽的产量分别为

8089.6 万 m³、69.08 万 t、111.57 万 t、2.01 万 t、43.36 万 t 和 109.22 万 t。

根据 2011 年中国统计年鉴数据，从全国各区域来看，华东、西南、华中、华南、东北、华北和西北 2000~2010 年年平均林业产值占全国年平均林业总产值的比例分别为 32.73%、15.27%、15.20%、14.31%、9.20%、8.65% 和 4.65%（图 1-16）。

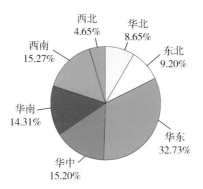

图 1-16 2000~2010 年中国七大区域平均林业产值比例

从全国各省（自治区、直辖市）来看（图 1-17），2000~2010 年平均林业产值大于 100 亿元以上的省份有云南、福建、湖南和江西，年平均林业产值为 80 亿~100 亿元的省份有安徽、河南、浙江和广西，年平均林业产值为 60 亿~80 亿元的省份有广东、四川、海南、山东和黑龙江，其他省份年平均林业产值低于 60 亿元。

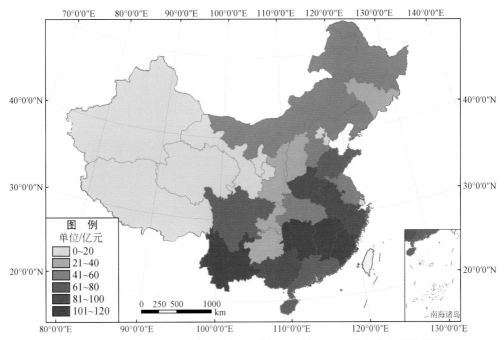

图 1-17 2000~2010 年中国各省（自治区、直辖市）平均林业产值分级图

第2章 农作物生物灾害致灾因素的危险性

农作物生物灾害致灾因素是指为害农作物的有害生物，包括病菌、害虫、害鼠和杂草等。

明确农作物生物灾害致灾因素的危险性是农作物绿色防控的基本前提。本章重点阐述了中国2000～2010年农作物生物灾害的类型、分布范围、发生面积和发生程度。

2.1 农作物生物灾害类型

中国种植的主要农作物包括粮食作物水稻、小麦、玉米、大豆和马铃薯，棉花、油料作物油菜和花生，蔬菜，果树，等等。2000～2010年农作物主要的有害生物类型如下所述。

2.1.1 粮食作物主要有害生物类型

2.1.1.1 水稻

主要病害：稻瘟病、水稻纹枯病、水稻白叶枯病、水稻稻曲病、水稻恶苗病、水稻病毒病、水稻线虫病、水稻赤枯病、水稻粒黑粉病、水稻胡麻叶斑病等。

主要虫害：二化螟、三化螟、稻纵卷叶螟、稻飞虱、大螟、稻苞虫、稻叶蝉、稻螨、稻赤斑黑沫蝉、稻蓟马、稻瘿蚊、稻负泥虫、稻秆潜蝇、稻蝗、黏虫、稻象甲、稻摇蚊、稻螟蛉、稻水蝇。

2.1.1.2 小麦

主要病害：小麦锈病、小麦赤霉病、小麦白粉病、小麦纹枯病、小麦黑穗病、小麦病毒病、小麦丛矮病、小麦黄矮病、小麦根腐病、小麦全蚀病、小麦霜霉病、小麦黑胚病、小麦线虫病等。

主要虫害：小麦蚜虫、麦蜘蛛、小麦吸浆虫、小麦黏虫、小麦土蝗、麦叶蜂、麦秆蝇、小麦地下害虫等。

2.1.1.3 玉米

主要病害：玉米大斑病、玉米小斑病、玉米丝黑穗病、玉米锈病、玉米纹枯病、玉米褐斑病、玉米灰斑病、玉米弯孢菌叶斑病、玉米尾孢菌叶斑病、玉米青枯病、玉米疯顶病、玉米瘤黑粉病、玉米根腐病、玉米干腐病、玉米茎腐病、玉米顶腐病、玉米病毒病等。

主要虫害：玉米螟、玉米土蝗、玉米黏虫、玉米地下害虫、玉米蚜虫、玉米叶螨、玉米铁甲虫、玉米蓟马、玉米蛀茎夜蛾、斜纹夜蛾、双斑萤叶甲等。

2.1.1.4　大豆

主要病害：大豆锈病、大豆霜霉病、大豆病毒病、大豆白粉病、大豆菌核病、大豆根结线虫病、大豆包囊线虫病等。

主要虫害：大豆蚜、大豆食心虫、豆芫菁、大豆草地螟、大豆土蝗、大豆地下害虫、大豆豆荚螟、大豆豆天蛾、大豆双斑萤叶甲等。

2.1.1.5　马铃薯

主要病害：马铃薯早疫病、马铃薯晚疫病、马铃薯环腐病、马铃薯病毒病、马铃薯黑胫病、马铃薯青枯病、马铃薯干腐病、马铃薯疮痂病、根结线虫病等。

主要虫害：二十八星瓢虫、马铃薯蚜虫、豆芫菁、马铃薯草地螟、马铃薯块茎蛾、马铃薯地下害虫等。

2.1.2　棉花主要有害生物类型

主要病害：棉花苗病、棉花铃病、棉花枯萎病、棉花炭疽病、棉花角斑病、棉花轮纹斑病等。

主要虫害：棉蚜、棉铃虫、棉花红铃虫、棉花红蜘蛛、棉花盲蝽蟓、棉小造桥虫、棉大造桥虫、棉花象鼻虫、棉蓟马、玉米螟、烟粉虱、双斑萤叶甲等。

2.1.3　油料作物主要有害生物类型

2.1.3.1　油菜

主要病害：油菜菌核病、油菜病毒病、油菜霜霉病、油菜白锈病等。

主要虫害：油菜蚜虫、油菜地下害虫、油菜甲虫、油菜茎象虫、小菜蛾、菜粉蝶等。

2.1.3.2　花生

主要病害：花生病毒病、根结线虫病、花生叶斑病、花生炭疽病、花生青枯病、花生锈病等。

主要虫害：花生蚜虫、花生地下虫害、棉铃虫、斜纹夜蛾等。

2.1.3.3　其他油料作物

主要病害：向日葵菌核病、向日葵锈病、向日葵黄萎病、向日葵列当、胡麻枯萎病等。

主要虫害：高粱蚜虫、栗灰螟、甘薯天蛾等。

2.1.4 蔬菜类主要有害生物类型

主要病害：白菜霜霉病、白菜软腐病、白菜病毒病、白菜灰霉病、白菜菌核病、番茄早疫病、番茄晚疫病、番茄灰霉病、番茄叶霉病、番茄白粉病、番茄菌核病、番茄青枯病、番茄病毒病、番茄疫霉根腐病、辣椒炭疽病、辣椒病毒病、辣椒疫病、辣椒白粉病、辣椒青枯病、瓜类白粉病、瓜类霜霉病、瓜类枯萎病、瓜类炭疽病、瓜类菌核病、瓜类蔓枯病、瓜类疫病、瓜类细胞性角斑病等。

主要虫害：菜蚜、菜青虫、小菜蛾、黄曲条跳甲、斜纹夜蛾、甜菜夜蛾、甘蓝夜蛾、美洲斑潜蝇、南美斑潜蝇、豌豆潜叶蝇、白粉虱、烟粉虱、瓜蓟马、菜螟、瓜绢螟、豆荚螟、黄守瓜、根蛆、韭蛆、棉铃虫、烟青虫、小地老虎、茶黄螨、蔬菜红蜘蛛等。

2.1.5 果树类主要有害生物类型

2.1.5.1 苹果

主要病害：苹果腐烂病、苹果炭疽病、苹果轮纹病、苹果白粉病、苹果褐斑病、苹果斑点落叶病、苹果干腐病、苹果锈病等。

主要虫害：苹果叶螨、山楂叶螨、二斑叶螨、桃小食心虫、苹果小吉丁虫、苹果小卷叶蛾、金纹细蛾、苹果黄蚜、苹果瘤蚜、蚧壳虫等。

2.1.5.2 柑橘

主要病害：柑橘疮痂病、柑橘炭疽病、柑橘黑星病、柑橘煤烟病、柑橘脚腐病等。

主要虫害：柑橘叶螨、柑橘锈螨、柑橘蚧螨、柑橘潜叶蛾、柑橘叶蛾类、柑橘凤蝶类、柑橘粉虱类、天牛类、柑橘蚜虫、柑橘木虱、柑橘花蕾蛆、柑橘蓟马、吸果夜蛾类等。

2.1.6 农田杂草

农田杂草种类较多，发生面积较大的杂草包括10种，即稗草、马唐、野燕麦、看麦娘、扁秆藨草、牛繁缕、眼子菜、藜、苋和蓼。

2.1.7 农牧区害鼠

为害农牧业严重的鼠类包括20多种，即黑线姬鼠、褐家鼠、黄老鼠、黄胸鼠、小家鼠、板齿鼠、黑线仓鼠、大仓鼠、子午沙鼠、长爪沙鼠、草原蟹鼠、东北蟹鼠、中华蟹鼠、甘肃鼷鼠、高原鼷鼠、棕色鼷鼠、棕色田鼠、东方田鼠、布氏田鼠、达乌尔黄鼠、三趾跳鼠、高原鼠兔等。

2.2 农作物生物灾害发生范围

农作物有害生物的发生范围主要指有害生物的地理分布区域，其与气候条件、农田空间分布、作物种植类型和面积等密切相关。

为描述有害生物的空间分布，利用 ArcGIS 10.2 软件分析农作物有害生物的发生范围。其中：①数据类型，包括中国主要农作物县级种植面积（属性数据 1，Feature）；2010 年中国农田土地覆盖类型分布数据（栅格数据 2，Raster）。②将属性数据 1 转换成栅格数据 1（步骤：ArcToolsbox→Conversion Tools→To Raster→Feature to Raster）。③将栅格数据 1 与栅格数据 2 叠置分析（步骤：ArcToolsbox→Spatial Analyst Tools→Extract→Extract by Mask）。

2.2.1 2000～2010 年农作物生物灾害发生范围

根据 2000 年、2005 年、2010 年遥感调查和土地覆盖分类的农田数据及中国统计年鉴数据，估计了中国生物灾害的发生范围，可见 2000～2010 年全国范围内农作物有害生物发生范围非常广（图 2-1～图 2-3）。

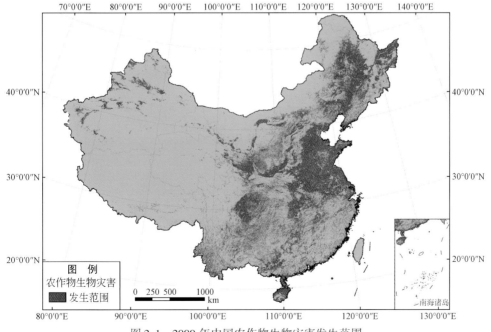

图 2-1 2000 年中国农作物生物灾害发生范围

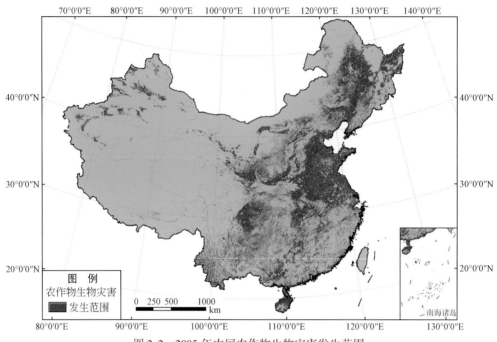

图 2-2　2005 年中国农作物生物灾害发生范围

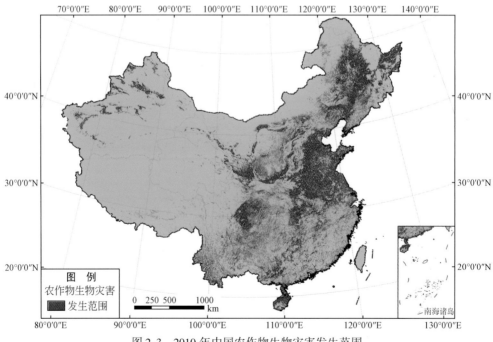

图 2-3　2010 年中国农作物生物灾害发生范围

从全国各区域来看，农作物生物灾害的发生范围主要分布在华东、东北、华北、西北、西南、华中和华南区域，分布面积占全国总面积的 18.20%、17.93%、16.20%、13.99%、13.47%、12.53% 和 7.68%。

从全国各省（自治区、直辖市）来看，农作物生物灾害发生范围非常广的省份有黑龙江、内蒙古、四川、河南、山东、云南、河北、新疆和吉林。其次为安徽、甘肃、广西、辽宁、湖南、江苏、山西、陕西、湖北和广东。发生范围较少的省份有江西、重庆、浙江、海南。发生范围很少的省（自治区、直辖市）有福建、宁夏、青海、天津、西藏、北京、上海、贵州、香港、澳门。

2.2.2 2000～2010 年农作物生物灾害发生范围的变化

农田面积和作物播种面积会影响生物灾害的发生范围。生物灾害发生范围随着农田和作物面积的变化而改变。据 2000 年，2005 年、2010 年遥感调查和土地覆盖分类的农田数据及中国统计年鉴数据可知，2000～2005 年农田总面积减少了 1.19%、2005～2010 年农田总面积减少了 1.13%，2000～2010 年农田总面积共减少了 2.32%。相应地，总体生物灾害发生范围有减少趋势，但是并不意味着某种或某类病、虫、草、鼠等有害生物发生范围的减少。

2.3 农作物生物灾害发生面积

农作物生物灾害发生面积，即通过各类有代表性田块或地块的抽样调查所得出的有害生物发生程度达到防治指标的面积。达不到防治指标的田块不统计为发生面积，尚未确定防治指标的，按应防治面积统计发生面积。本节分别从全国、全国各区域和全国各省 3 个空间尺度分析农作物生物灾害发生面积的变化趋势。农作物生物灾害的发生面积单位为千公顷次[①]。

2.3.1 全国范围农作物病、虫、草、鼠害

据植物保护统计资料分析，1949～2010 年中国农作物生物灾害发生面积总体呈增长趋势。线性回归分析结果表明：2000～2010 年生物灾害发生面积增长幅度较大。病、虫、草、鼠害四类有害生物的发生面积从 2000 年的 3.77 亿公顷次增加到 2010 年的 4.86 亿公顷次[②]，增幅为 28.9%。其中，病、虫害有害生物发生面积从 2000 年的 2.76 亿公顷次增加到 2010 年的 3.67 亿公顷次，增幅为 32.9%；草害发生面积从 2000 年的 0.74 亿公顷次增加到 2010 年的 0.91 亿公顷次，增幅为 22.9%；鼠害发生面积从 2000 年的 0.272 亿公顷次增加到 2010 年的 0.276 亿公顷次，增幅为 1.5%，发生面积最高是 2007 年，达 0.305 亿公顷次

①② 均为农作物灾害发生面积单位。

（图2-4、表2-1）。

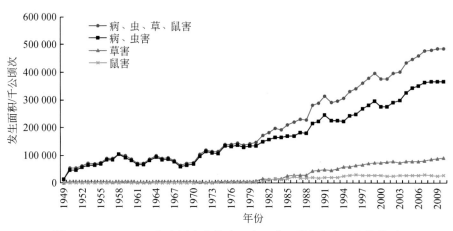

图2-4　1949~2010年中国农作物病、虫、草、鼠害发生面积趋势图

表2-1　全国农作物生物灾害发生面积与年份的线性关系

区域范围	农作物生物灾害	线性方程	相关系数 R^2	P 值	趋势	
全国	农作物病、虫、草、鼠害	$Y = 1.2786X - 2519.7909$	0.9473	<0.0001	显著增加	↑
	农作物病、虫害	$Y = 1.1040X - 2180.5158$	0.9235	<0.0001	显著增加	↑
	农作物草害	$Y = 0.1599X - 312.6152$	0.8589	<0.0001	显著增加	↑
	农作物鼠害	$Y = 0.0200X - 37.3493$	0.1694	0.2085	波动增加	↗

注：Y 为农作物生物灾害发生面积（千万公顷次）；X 为年份，2000~2010年。X 的系数>0 为线性趋势增加，X 系数<0 为线性趋势减少；P 值<0.05 为线性趋势显著，P 值>0.05 为线性趋势波动。

2.3.2　各区域农作物病、虫、草、鼠害

从全国各区域来看，1949~2010年七大区域农作物病、虫、草、鼠害的发生面积均呈增长趋势（图2-5）。线性回归分析结果表明：2000~2010年增长趋势较为明显（表2-2）。尤其是华东、华中和华北地区，农作物病、虫、草、鼠害的发生面积大于其他地区。华东地区农业物病、虫、草、鼠害发生面积从2000年的1.25亿公顷次增加到2010年的1.47亿公顷次，华中地区农作物病、虫、草、鼠害发生面积从2000年的0.805亿公顷次增加到2010年的1.07亿公顷次，华北地区农作物病、虫、草、鼠害发生面积从2000年的0.544亿公顷次增加到2010年的0.646亿公顷次，东北地区农作物病、虫、草、鼠害发生面积从2000年的0.348亿公顷次增加到2010年的0.484亿公顷次，华南地区农作物病、虫、草、鼠害发生面积从2000年的0.291亿公顷次增加到2010年的0.448亿公顷次，西南地区农作物病、虫、草、鼠害发生面积从2000年的0.324亿公顷次增加到2010年的0.381亿公顷次，西北地区农作物病、虫、草、鼠害发生面积从2000年的0.209亿公顷次增加到2010年的0.357亿公顷次。

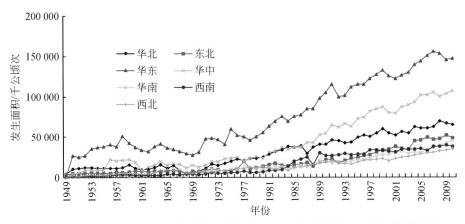

图 2-5　1949~2010 年中国七大区域农作物病、虫、草、鼠害发生面积时间趋势图

表 2-2　全国各地区农作物生物灾害发生面积与年份的线性关系

农作物生物灾害	区域范围	线性方程	相关系数 R^2	P 值	趋势	
农作物 病、虫、草、鼠害	华北	$Y = 0.1482X - 291.0981$	0.8084	0.0002	显著增加	↑
	东北	$Y = 0.1715X - 339.4299$	0.7859	0.0003	显著增加	↑
	华东	$Y = 0.317X - 621.5441$	0.7523	0.0005	显著增加	↑
	华中	$Y = 0.2846X - 560.9652$	0.8759	<0.0001	显著增加	↑
	华南	$Y = 0.1485X - 294.2668$	0.8302	0.0001	显著增加	↑
	西南	$Y = 0.0709X - 138.6334$	0.7264	0.0009	显著增加	↑
	西北	$Y = 0.138X - 273.9$	0.9880	<0.0001	显著增加	↑
农作物 病、虫害	华北	$Y = 0.0992X - 194.1903$	0.6053	0.0048	显著增加	↑
	东北	$Y = 0.1055X - 208.6262$	0.7023	0.0013	显著增加	↑
	华东	$Y = 0.2898X - 569.9724$	0.7438	0.0006	显著增加	↑
	华中	$Y = 0.2831X - 560.0211$	0.8486	0.0001	显著增加	↑
	华南	$Y = 0.1384X - 275.0298$	0.9229	<0.0001	显著增加	↑
	西南	$Y = 0.0805X - 159.0638$	0.8441	0.0001	显著增加	↑
	西北	$Y = 0.1076X - 213.6$	0.9791	<0.0001	显著增加	↑
农作物 草害	华北	$Y = 0.0376X - 74.3594$	0.6672	0.0022	显著增加	↑
	东北	$Y = 0.0325X - 64.2604$	0.7488	0.0006	显著增加	↑
	华东	$Y = 0.0339X - 65.5134$	0.8264	0.0001	显著增加	↑
	华中	$Y = 0.0248X - 48.1024$	0.7865	0.0003	显著增加	↑
	华南	$Y = 0.0013X - 1.9118$	0.0026	0.8826	波动增加	↗
	西南	$Y = 0.0009X - 0.9973$	0.0023	0.8896	波动增加	↗
	西北	$Y = 0.0289X - 57.4705$	0.9025	<0.0001	显著增加	↑

农作物生物灾害	区域范围	线性方程	相关系数 R^2	P 值	趋势	
农作物鼠害	华北	$Y=0.0098X-19.3127$	0.2667	0.1039	波动增加	↗
	东北	$Y=0.0285X-56.6791$	0.7152	0.0010	显著增加	↑
	华东	$Y=-0.0089X+18.3456$	0.3779	0.0442	显著减少	↓
	华中	$Y=-0.0079X+16.1185$	0.5228	0.0119	显著减少	↓
	华南	$Y=0.0086X-16.9521$	0.7959	0.0002	显著增加	↑
	西南	$Y=-0.0107X+21.9793$	0.7124	0.0011	显著减少	↓
	西北	$Y=0.0006X-0.8689$	0.0084	0.7886	波动增加	↗

注：Y 为农作物生物灾害发生面积（千万公顷次）；X 为年份，2000～2010 年。X 的系数>0 为线性趋势增加，X 系数<0 为线性趋势减少；P 值<0.05 为线性趋势显著，P 值>0.05 为线性趋势波动。

2.3.2.1 各区域农作物病、虫害

从全国各区域来看，1949～2010 年七大区域农作物病、虫害两类有害生物的发生面积均呈增长趋势（图 2-6）。线性回归分析结果表明：2000～2010 年增长趋势较为明显（表2-2）。尤其是华东、华中和华北地区，农作物病虫草鼠害的发生面积大于其他地区。华东地区农作物病、虫害从 2000 年的 0.967 亿公顷次增加到 2010 年的 1.173 亿公顷次，华中地区农作物病、虫害发生面积从 2000 年的 0.609 亿公顷次增加到 2010 年的 0.871 亿公顷次，华北地区农作物病、虫害发生面积从 2000 年的 0.419 亿公顷次增加到 2010 年的 0.467 亿公顷次，东北地区农作物病、虫害发生面积从 2000 年的 0.231 亿公顷次增加到 2010 年的 0.308 亿公顷次，华南地区农作物病、虫害发生面积从 2000 年的 0.196 亿公顷次增加到 2010 年的 0.334 亿公顷次，西南地区农作物病、虫害发生面积从 2000 年的 0.192 亿公顷次增加到 2010 年的 0.256 亿公顷次，西北地区农作物病、虫害发生面积从 2000 年的 0.145 亿公顷次增加到 2010 年的 0.263 亿公顷次。

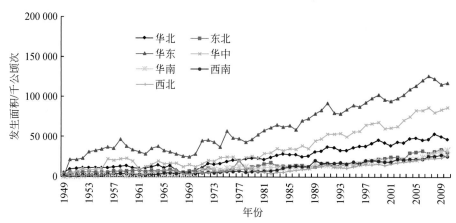

图 2-6　1949～2010 年中国七大区域农作物病、虫害发生面积时间趋势图

2.3.2.2 各区域农作物草害

从全国各区域来看，1949～2010 年七大区域农作物草害的发生面积均呈增长趋势（图 2-7）。线性回归分析结果表明：2000～2010 年增长趋势较为明显（表 2-2），尤其是华东、华中和华北地区农作物草害发生面积大于其他地区。华东地区农作物草害发生面积从 2000 年的 0.226 亿公顷次增加到 2010 年的 0.252 亿公顷次，华中地区农作物草害发生面积从 2000 年的 0.153 亿公顷次增加到 2010 年的 0.167 亿公顷次，华北地区农作物草害发生面积从 2000 年的 0.091 亿公顷次增中到 2010 年的 0.139 亿公顷次，东北地区农作物草害发生面积从 2000 年的 0.078 亿公顷次增加到 2010 年的 0.116 亿公顷次，华南地区农作物草害发生面积从 2000 年的 0.071 亿公顷次增加到 2010 年的 0.081 亿公顷次，西南地区农作物草害发生面积从 2000 年的 0.079 亿公顷次增加到 2010 年的 0.084 亿公顷次，西北地区农作物草害发生面积从 2000 年的 0.042 亿公顷次增加到 2010 年的 0.074 亿公顷次。

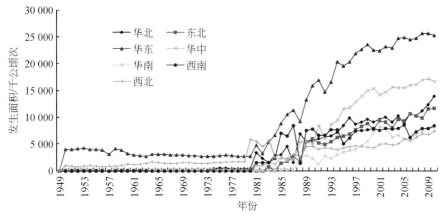

图 2-7 1949～2010 年中国七大区域农作物草害发生面积时间趋势图

2.3.2.3 各区域农作物鼠害

从全国各区域来看，1949～2010 年七大区域农作物鼠害的发生面积均呈增长趋势（图 2-8），但 2000～2010 年各地区波动变化，东北、华南具有明显的增长趋势。东北地区农作物鼠害发生面积从 2000 年的 0.039 亿公顷次增加到 2010 年的 0.060 亿公顷次，华南地区农作物鼠害发生面积从 2000 年的 0.023 亿公顷次增加到 2010 年的 0.033 亿公顷次；其他地区农作物鼠害发生面积 2000～2010 年呈现波动变化，且每年发生面积均大于 0.020 亿公顷次。

2.3.3 各省（自治区、直辖市）农作物病、虫、草、鼠害

2000～2010 年，从全国各省（自治区、直辖市）来看，病、虫、草、鼠害发生面积大于 25 000 千公顷次发生次数达 11 年的省份有山东、河南、河北、江苏和湖南，达 3 年

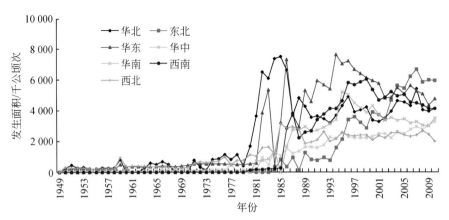

图 2-8 1949～2010 年中国七大区域农作物鼠害发生面积时间趋势图

的有安徽，达 1 年的有黑龙江。具体如下所述。

图 2-9 表明，2000 年病、虫、草、鼠害发生面积大于 25 000 千公顷次以上的省份有山东、河南、河北、江苏和湖南，病、虫、草、鼠害发生面积为 15 000 千～20 000 千公顷次的省份包括湖北、安徽、广东、江西、四川和黑龙江，其他省（自治区、直辖市）的病、虫、草、鼠害发生面积均小于 15 000 千公顷次。

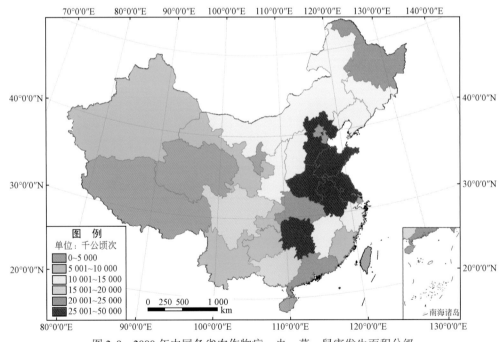

图 2-9 2000 年中国各省农作物病、虫、草、鼠害发生面积分级

图 2-10 表明，2001 年病、虫、草、鼠害发生面积大于 25 000 千公顷次以上的省份有山东、河南、河北、江苏和湖南，病、虫、草、鼠害发生面积为 15 000～20 000 千公顷次

的省份包括黑龙江、湖北、安徽、江西和广东，其他省份的病、虫、草、鼠害发生面积均小于 15 000 千公顷次。

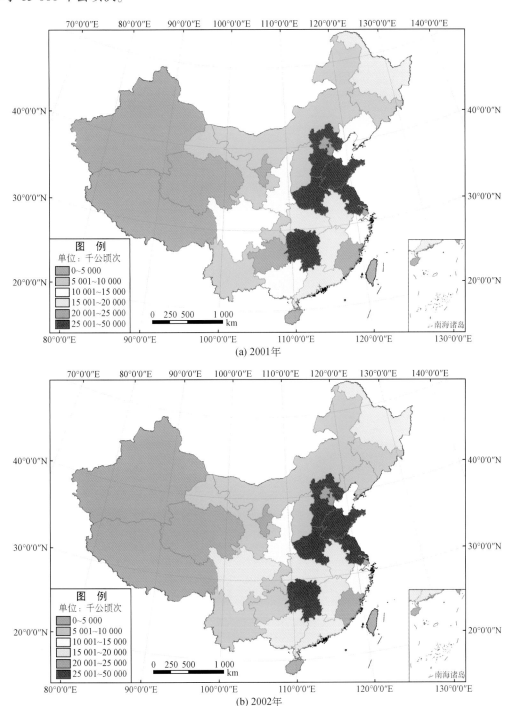

(a) 2001年

(b) 2002年

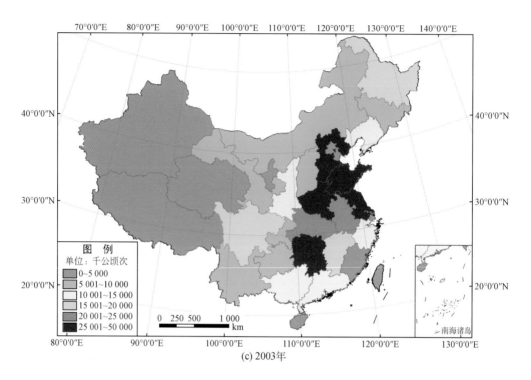

(c) 2003年

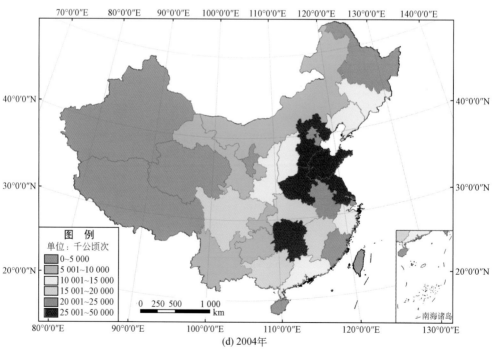

(d) 2004年

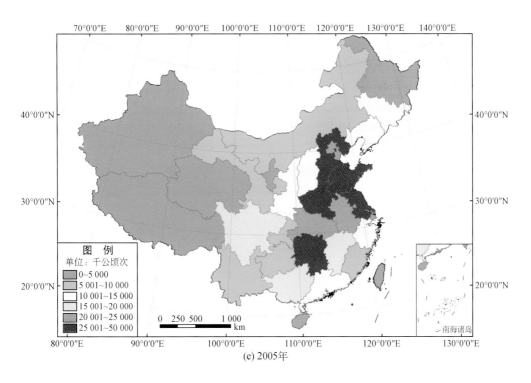

(e) 2005年

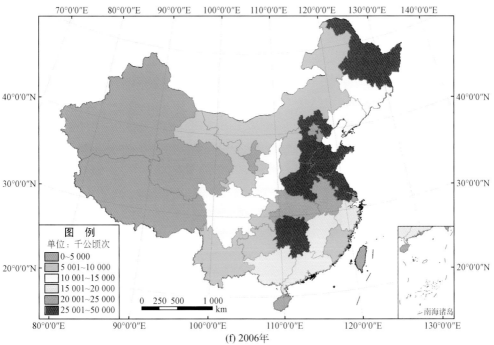

(f) 2006年

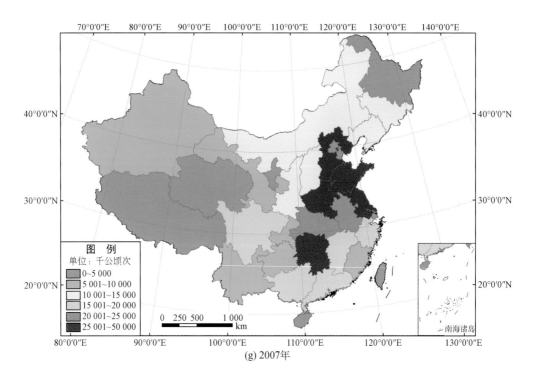

(g) 2007年

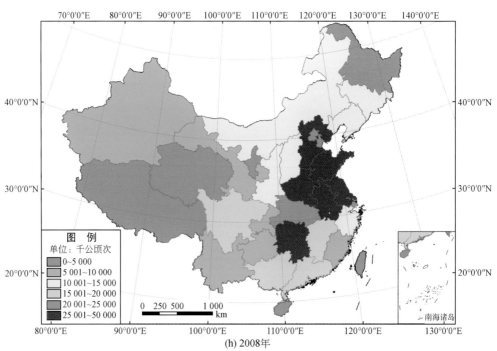

(h) 2008年

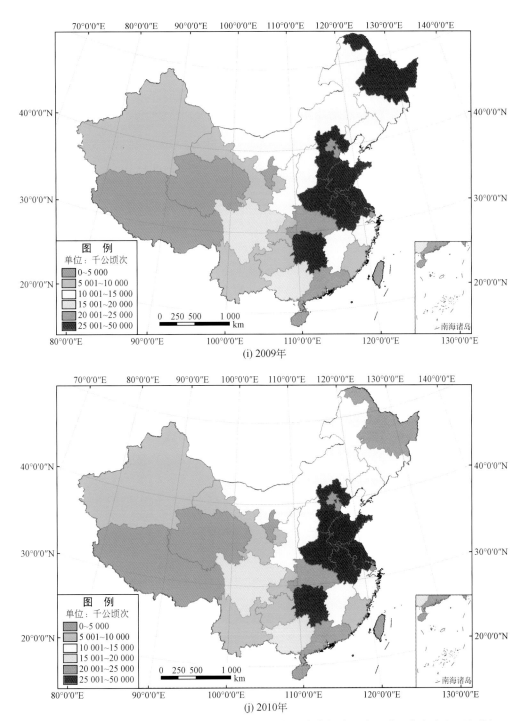

(i) 2009年

(j) 2010年

图 2-10　2001~2010 年中国各省（自治区、直辖市）农作物病、虫、草、鼠害发生面积分级

2002 年病、虫、草、鼠害发生面积大于 25 000 千公顷次以上的省份有河南、山东、河北、江苏和湖南，病、虫、草、鼠害发生面积为 15 000 千~20 000 千公顷次的省份包括安徽、湖北、黑龙江、四川、江西、广东和广西，其他省份的病、虫、草、鼠害发生面积均小于 15 000 千公顷次。

2003 年病、虫、草、鼠害发生面积大于 25 000 千公顷次以上的省份有河南、山东、河北、江苏、湖南和安徽。病、虫、草、鼠害发生面积为 20 000 千~25 000 千公顷次的省份有湖北。病、虫、草、鼠害发生面积为 15 000 千~20 000 千公顷次的省份有黑龙江、四川和江西。其他省份的病、虫、草、鼠害发生面积均小于 15 000 千公顷次。

2004 年病、虫、草、鼠害发生面积大于 25 000 千公顷次以上的省份有山东、河南、河北、江苏和湖南。病虫草鼠害发生面积为 20 000 千~25 000 千公顷次的省份有黑龙江和安徽。病、虫、草、鼠害发生面积为 15 000 千~20 000 千公顷次的省份有湖北、江西、四川和广西。其他省份的病、虫、草、鼠害发生面积均小于 15 000 千公顷次。

2005 年病、虫、草、鼠害发生面积大于 25 000 千公顷次以上的省份有河南、山东、河北、江苏和湖南。病虫草鼠害发生面积为 20 000 千~25 000 千公顷次的省份有黑龙江、湖北和安徽。病、虫、草、鼠害发生面积为 15 000 千~20 000 千公顷次的省份有江西、四川和广西。其他省份的病、虫、草、鼠害发生面积均小于 15 000 千公顷次。

2006 年病、虫、草、鼠害发生面积大于 25 000 千公顷次以上的省份有山东、河南、江苏、河北、湖南和黑龙江。病、虫、草、鼠害发生面积为 20 000 千~25 000 千公顷次的省份有湖北和安徽。病、虫、草、鼠害发生面积为 15 000 千~20 000 千公顷次的省份有江西、广西、广东和浙江。其他省份的病、虫、草、鼠害发生面积均小于 15 000 千公顷次。

2007 年病、虫、草、鼠害发生面积大于 25 000 千公顷次以上的省份有山东、河南、江苏、湖南和河北。病、虫、草、鼠害发生面积为 20 000 千~25 000 千公顷次的省份有安徽、黑龙江和湖北。病、虫、草、鼠害发生面积为 15 000 千~20 000 千公顷次的省份有江西、广西、广东、四川和浙江。其他省份的病、虫、草、鼠害发生面积均小于 15 000 千公顷次。

2008 年病、虫、草、鼠害发生面积大于 25 000 千公顷次以上的省份有山东、江苏、河南、河北、湖南和安徽。病、虫、草、鼠害发生面积为 20 000 千~25 000 千公顷次的省份有黑龙江和湖北。病、虫、草、鼠害发生面积为 15 000 千~20 000 千公顷次的省份有广东、广西、四川和江西。其他省份的病、虫、草、鼠害发生面积均小于 15 000 千公顷次。

2009 年病、虫、草、鼠害发生面积大于 25 000 千公顷次以上的省份有山东、河南、河北、湖南、江苏、黑龙江和安徽。病、虫、草、鼠害发生面积为 20 000 千~25 000 千公顷次的省份有湖北和广东。病、虫、草、鼠害发生面积为 15 000 千~20 000 千公顷次的省份有广西和四川。其他省份的病、虫、草、鼠害发生面积均小于 15 000 千公顷次。

2010 年病、虫、草、鼠害发生面积大于 25 000 千公顷次以上的省份有山东、河南、湖南、江苏、河北和安徽。病、虫、草、鼠害发生面积为 20 000 千~25 000 千公顷次的省份有广东、黑龙江和湖北。病、虫、草、鼠害发生面积为 15 000 千~20 000 千公顷次的省份有广西和四川。其他省份的病、虫、草、鼠害发生面积均小于 15 000 千公顷次。

2.3.3.1　各省（自治区、直辖市）农作物病、虫害

2000～2010 年，从全国各省（自治区、直辖市）来看，病、虫害发生面积大于 20 000 千公顷次发生次数达 11 年的省份有山东、河南、河北和江苏，达 10 年的省份有湖南；达 1 年的省份有安徽。具体如下所述。

图 2-11 表明，2000 年病、虫害发生面积大于 20 000 千公顷次以上的省份有山东、河南、江苏和河北。病、虫害发生面积为 15 000 千～20 000 千公顷次的省份有湖南。病、虫害发生面积为 10 000 千～15 000 千公顷次的省份有湖北、安徽、江西和广东。其他省份的病、虫害发生面积均小于 10 000 千公顷次。

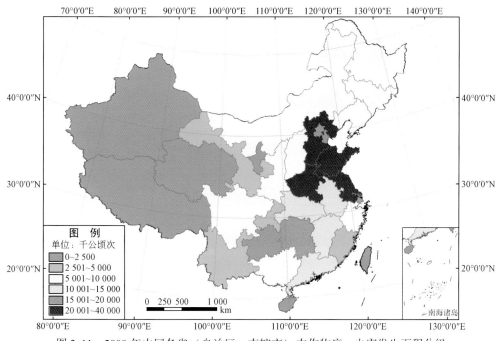

图 2-11　2000 年中国各省（自治区、直辖市）农作物病、虫害发生面积分级

图 2-12 表明，2001 年病、虫害发生面积大于 20 000 千公顷次以上的省份有山东、河南、河北和江苏。病、虫害发生面积为 15 000 千～20 000 千公顷次的省份有湖南。病、虫害发生面积为 10 000 千～15 000 千公顷次的省份有湖北、江西、安徽、黑龙江和广东。其他省份的病、虫害发生面积均小于 10 000 千公顷次。

2002 年病、虫害发生面积大于 20 000 千公顷次以上的省份有河南、山东、河北和江苏。病、虫害发生面积为 15 000 千～20 000 千公顷次的省份有湖南。病、虫害发生面积为 10 000 千～15 000 千公顷次的省份有湖北、安徽、浙江、江西、广西和广东。其他省份的病、虫害发生面积均小于 10 000 千公顷次。

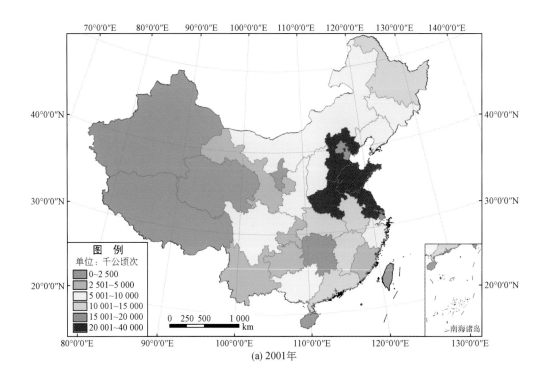

(a) 2001年

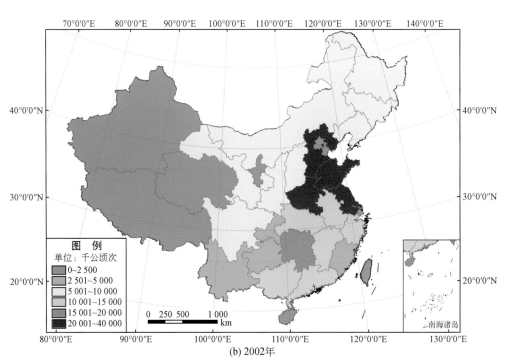

(b) 2002年

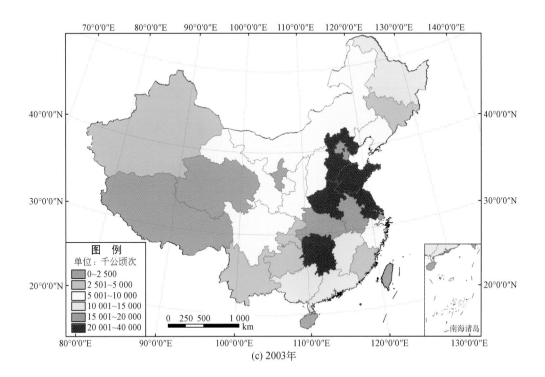

(c) 2003年

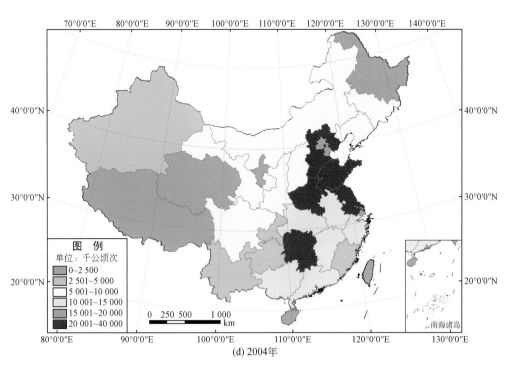

(d) 2004年

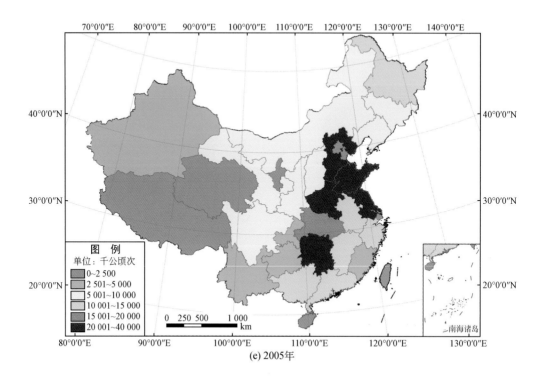

(e) 2005年

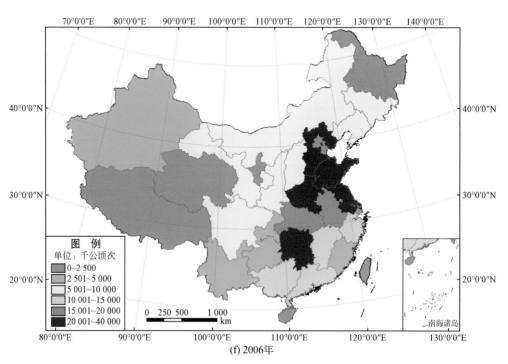

(f) 2006年

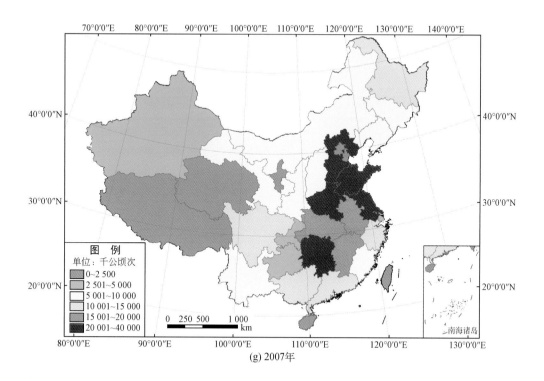

(g) 2007年

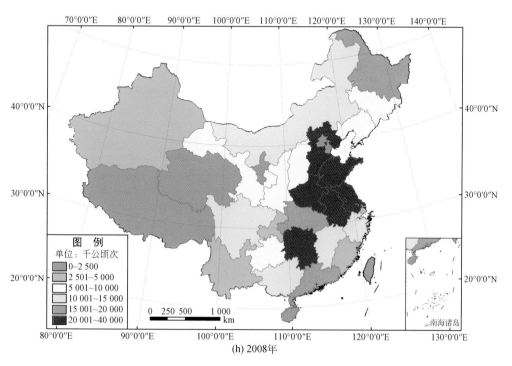

(h) 2008年

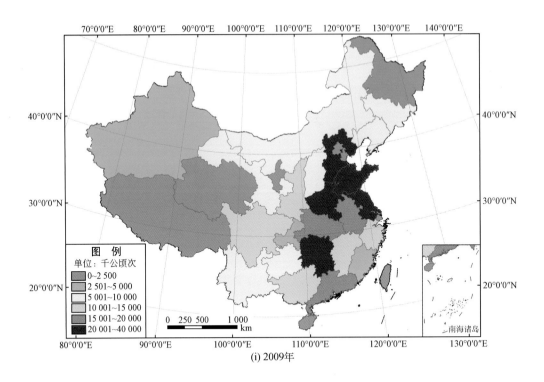

(i) 2009年

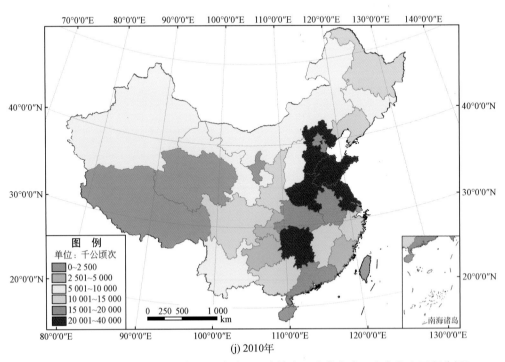

(j) 2010年

图 2-12 2001～2010 年中国各省（自治区、直辖市）农作物病、虫害发生面积分级

2003 年病、虫害发生面积大于 20 000 千公顷次以上的省份有河南、山东、江苏、河北和湖南。病、虫害发生面积为 15 000 千 ~ 20 000 千公顷次的省份有安徽和湖北。病、虫害发生面积为 10 000 千 ~ 15 000 千公顷次的省份有江西、广东、广西和黑龙江。其他省份的病、虫害发生面积均小于 10 000 千公顷次。

2004 年病、虫害发生面积大于 20 000 千公顷次以上的省份有山东、河南、河北、江苏和湖南。病、虫害发生面积为 15 000 千 ~ 20 000 千公顷次的省份有黑龙江。病、虫害发生面积为 10 000 千 ~ 15 000 千公顷次的省份有湖北、安徽、江西、广东、广西和浙江。其他省份的病虫害发生面积均小于 10 000 千公顷次。

2005 年病、虫害发生面积大于 20 000 千公顷次以上的省份有河南、山东、河北、江苏和湖南。病、虫害发生面积为 15 000 千 ~ 20 000 千公顷次的省份有湖北。病、虫害发生面积为 10 000 千 ~ 15 000 千公顷次的省份有黑龙江、江西、安徽、浙江、广东和广西。其他省份的病、虫害发生面积均小于 10 000 千公顷次。

2006 年病、虫害发生面积大于 20 000 千公顷次以上的省份有河南、山东、江苏、河北和湖南。病、虫害发生面积为 15 000 千 ~ 20 000 千公顷次的省份有安徽、黑龙江和湖北。病、虫害发生面积为 10 000 千 ~ 15 000 千公顷次的省份有江西、浙江、广东和广西。其他省份的病、虫害发生面积均小于 10 000 千公顷次。

2007 年病、虫害发生面积大于 20 000 千公顷次以上的省份有山东、河南、江苏、湖南和河北。病、虫害发生面积为 15 000 千 ~ 20 000 千公顷次的省份有湖北、安徽和江西。病、虫害发生面积为 10 000 千 ~ 15 000 千公顷次的省份有黑龙江、广西、广东、浙江和四川。其他省份的病、虫害发生面积均小于 10 000 千公顷次。

2008 年病、虫害发生面积大于 20 000 千公顷次以上的省份有山东、江苏、河南、湖南、河北和安徽。病、虫害发生面积为 15 000 千 ~ 20 000 千公顷次的省份有湖北、黑龙江和广东。病、虫害发生面积为 10 000 千 ~ 15 000 千公顷次的省份包括广西、浙江、江西、内蒙古和四川。其他省份的病、虫害发生面积均小于 10 000 千公顷次。

2009 年病、虫害发生面积大于 20 000 千公顷次以上的省份有山东、河南、湖南、河北和江苏。病、虫害发生面积为 15 000 千 ~ 20 000 千公顷次的省份有安徽、黑龙江、湖北和广东。病、虫害发生面积为 10 000 千 ~ 15 000 千公顷次的省份有广西、浙江、四川、陕西和江西。其他省份的病、虫害发生面积均小于 10 000 千公顷次。

2010 年病、虫害发生面积大于 20 000 千公顷次以上的省份有河南、山东、湖南、江苏和河北。病、虫害发生面积为 15 000 千 ~ 20 000 千公顷次的省份有安徽、广东和湖北。病、虫害发生面积为 10 000 千 ~ 15 000 千公顷次的省份有黑龙江、广西、浙江、江西、四川、陕西和辽宁。其他省份的病、虫害发生面积均小于 10, 000 千公顷次。

2.3.3.2 各省（自治区、直辖市）农作物草害发生面积

2000 ~ 2010 年，从全国各省（自治区、直辖市）来看，草害发生面积大于 6000 千公顷次发生达 11 年的省份有山东和河南，达 10 年的有湖南，达 3 年的有黑龙江，具体如下所述。

图 2-13 表明,2000 年草害发生面积大于 6000 千公顷次以上的省份有山东和河南。草害发生面积为 4500 千~6000 千公顷次的省份有河北和湖南。草害发生面积为 3000 千~4500 千公顷次的省份有安徽、黑龙江、四川、湖北、广东和广西。其他省份的草害发生面积均小于 3000 千公顷次。

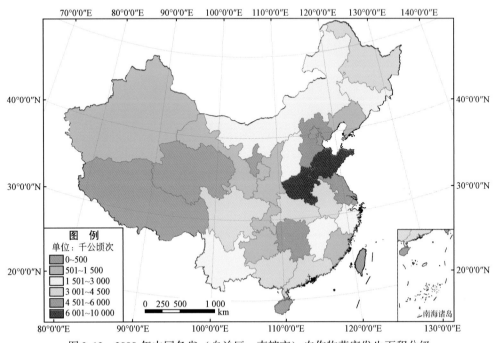

图 2-13　2000 年中国各省(自治区、直辖市)农作物草害发生面积分级

图 2-14 表明,2001 年草害发生面积大于 6000 千公顷次以上的省份有山东、河北和河南。草害发生面积为 4500 千~6000 千公顷次的省份有江苏、黑龙江、湖南、广东和安徽。草害发生面积为 3000 千~4500 千公顷次的省份有广西、四川和湖北。其他省份的草害发生面积均小于 3000 千公顷次。

2002 年草害发生面积大于 6000 千公顷次以上的省份有山东、河南和河北。草害发生面积为 4500 千~6000 千公顷次的省份有江苏、黑龙江、湖南、广东和安徽。草害发生面积为 3000 千~4500 千公顷次的省份有广东、安徽、四川、广西、湖北和江西。其他省份的草害发生面积均小于 3000 千公顷次。

2003 年草害发生面积大于 6000 千公顷次以上的省份有山东和河南。草害发生面积为 4500 千~6000 千公顷次的省份有湖南和安徽。草害发生面积为 3000 千~4500 千公顷次的省份有江西、广西、湖北和四川。其他省份的草害发生面积均小于 3000 千公顷次。

2004 年草害发生面积大于 6000 千公顷次以上的省份有山东、河南和河北。草害发生面积为 4500 千~6000 千公顷次的省份有黑龙江、江苏、安徽和湖南。草害发生面积为 3000 千~4500 千公顷次的省份有四川、广西、湖北和江西。其他省份的草害发生面积均小于 3000 千公顷次。

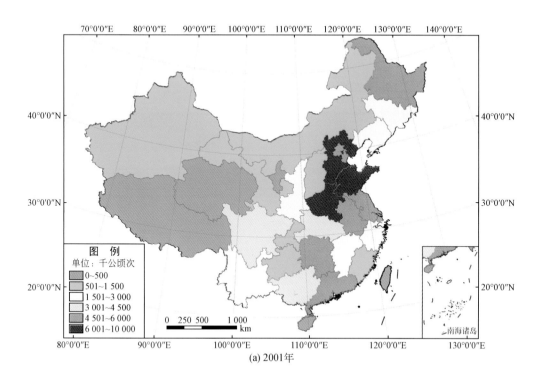

(a) 2001年

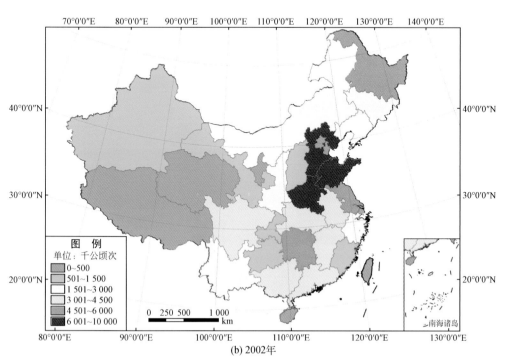

(b) 2002年

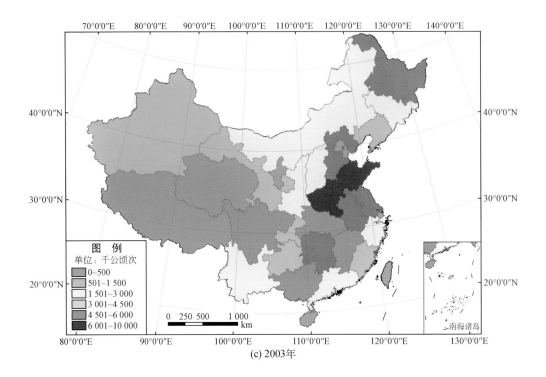

(c) 2003年

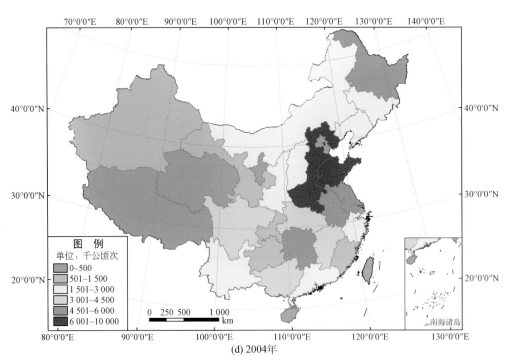

(d) 2004年

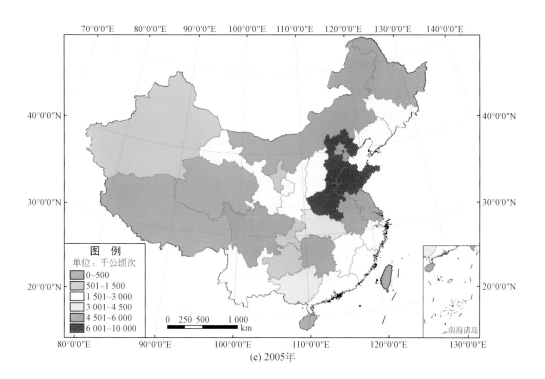

(e) 2005年

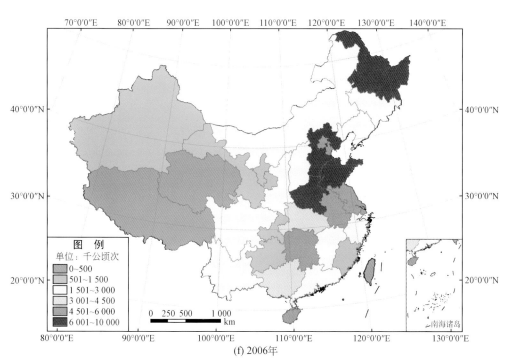

(f) 2006年

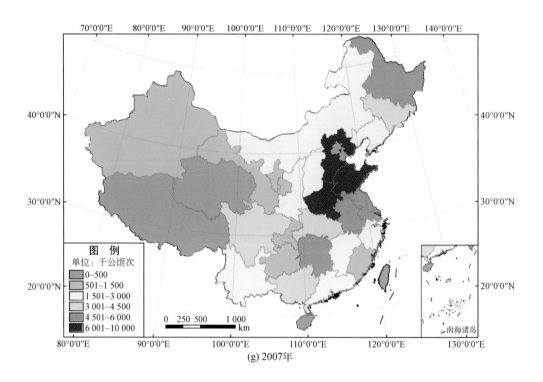

(g) 2007年

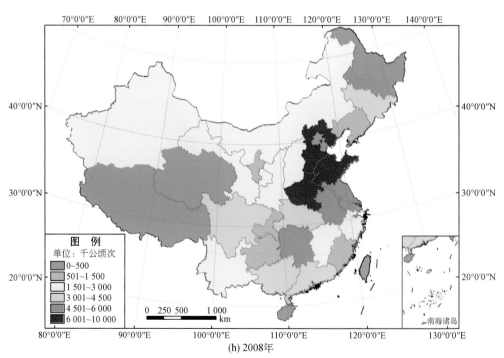

(h) 2008年

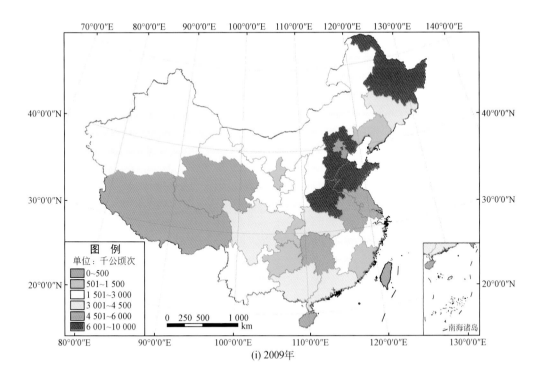

(i) 2009年

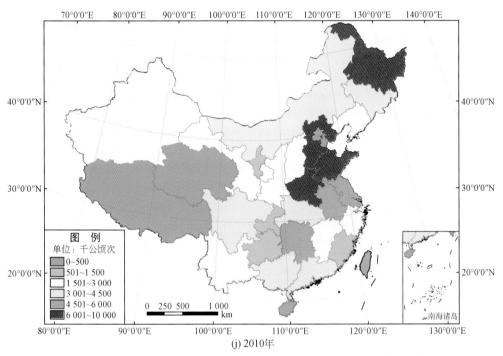

(j) 2010年

图 2-14　2001～2010 年中国各省（自治区、直辖市）农作物草害发生面积分级

2005 年草害发生面积大于 6000 千公顷次以上的省份有山东、河南和河北。草害发生面积为 4500 千～6000 千公顷次的省份有江苏、黑龙江、安徽、湖南和四川。草害发生面积为 3000 千～4500 千公顷次的省份有广西和湖北。其他省份的草害发生面积均小于 3000 千公顷次。

2006 年草害发生面积大于 6000 千公顷次以上的省份有山东、河北、河南和黑龙江。草害发生面积 4500 千～6000 千公顷次的省份有江苏、湖南和安徽。草害发生面积为 3000 千～4500 千公顷次的省份包括广西和湖北。其他省份的草害发生面积均小于 3000 千公顷次。

2007 年草害发生面积大于 6000 千公顷次以上的省份有山东、河南和河北。草害发生面积为 4500 千～6000 千公顷次的省份有江苏、黑龙江、湖南和安徽。草害发生面积为 3000 千～4500 千公顷次的省份有湖北、广西、吉林和四川。其他省份的草害发生面积均小于 3000 千公顷次。

2008 年草害发生面积大于 6000 千公顷次以上的省份有山东、河南和河北。草害发生面积为 4500 千～6000 千公顷次的省份有安徽、江苏、湖南和黑龙江。草害发生面积为 3000 千～4500 千公顷次的省份包括湖北、广西、四川、吉林和广东。其他省份的草害发生面积均小于 3000 千公顷次。

2009 年草害发生面积大于 6000 千公顷次以上的省份有山东、河南、河北和黑龙江。草害发生面积为 4500 千～6000 千公顷次的省份有安徽、湖南和江苏。草害发生面积为 3000 千～4500 千公顷次的省份有广西、湖北、四川、吉林和广东。其他省份的草害发生面积均小于 3000 千公顷次。

2010 年草害发生面积大于 6000 千公顷次以上的省份有山东、河北、河南和黑龙江。草害发生面积为 4500 千～6000 千公顷次的省份有湖南、江苏和安徽。草害发生面积为 3000 千～4500 千公顷次的省份包括内蒙古、广西、四川、湖北、广东和吉林。其他省份的草害发生面积均小于 3000 千公顷次。

2.3.3.3 各省（自治区、直辖市）农作物鼠害发生面积

2000～2010 年，从全国各省（自治区、直辖市）来看，鼠害发生面积大于 2000 千公顷次发生达 11 年的省份有四川，达 7 年的有黑龙江，达 5 年的有河北和吉林，达 3 年的有湖南。具体如下所述。

从图 2-15 可知，2000 年鼠害发生面积大于 2000 千公顷次以上的省份有湖南和四川。鼠害发生面积为 1600 千～2000 千公顷次的省份有河北。鼠害发生面积为 1200 千～1600 千公顷次的省份有江西、黑龙江、吉林、山东和湖北。其他省份的鼠害发生面积均小于 1200 千公顷次。

从图 2-16 可知，2001 年鼠害发生面积大于 2000 千公顷次以上的省份有湖南和四川。鼠害发生面积为 1600 千～2000 千公顷次的省份有河北、黑龙江和江西。鼠害发生面积为 1200 千～1600 千公顷次的省份有山东、吉林和广东。其他省份的鼠害发生面积均小于 1200 千公顷次。

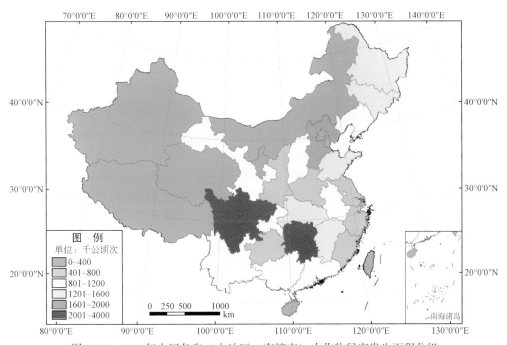

图 2-15　2000 年中国各省（自治区、直辖市）农作物鼠害发生面积分级

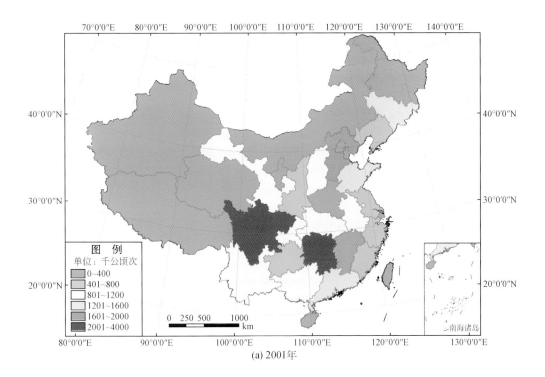

(a) 2001年

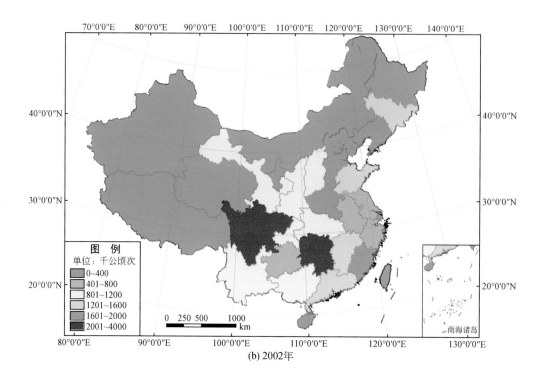

(b) 2002年

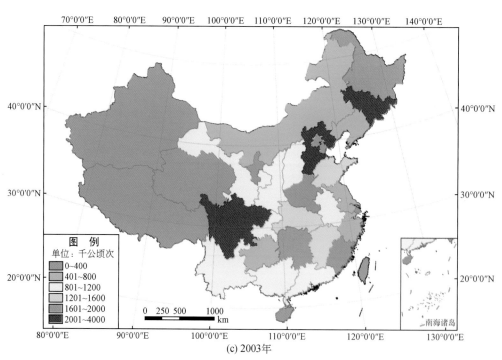

(c) 2003年

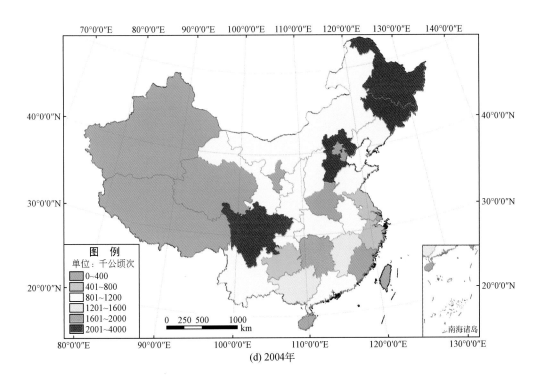

(d) 2004年

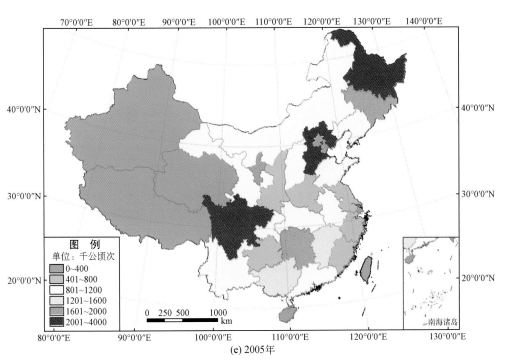

(e) 2005年

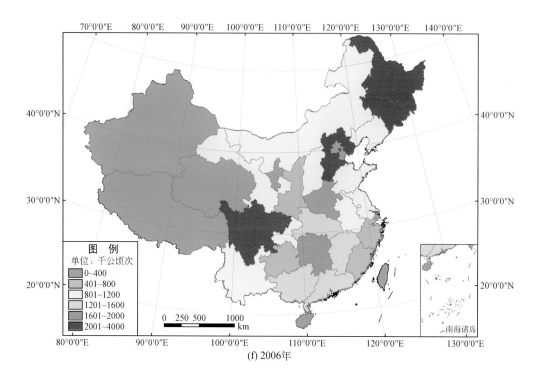

(f) 2006年

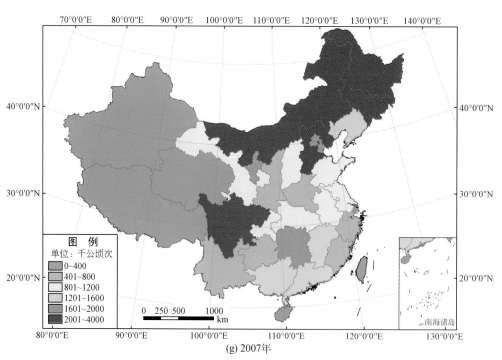

(g) 2007年

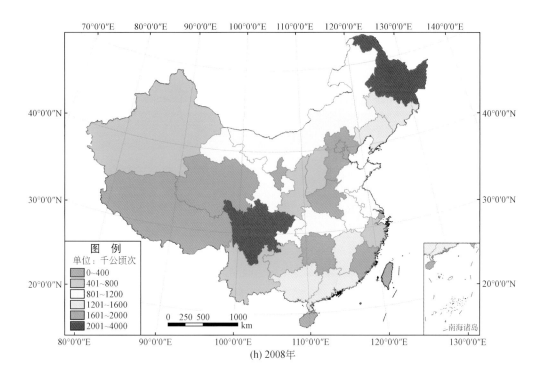

(h) 2008年

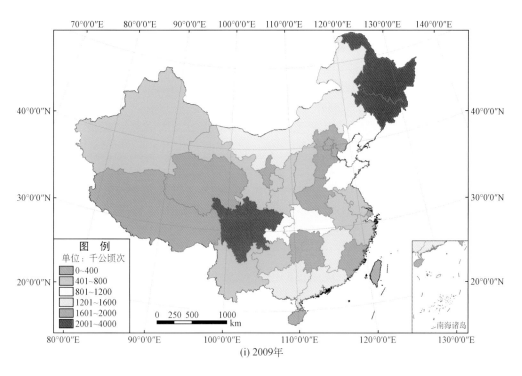

(i) 2009年

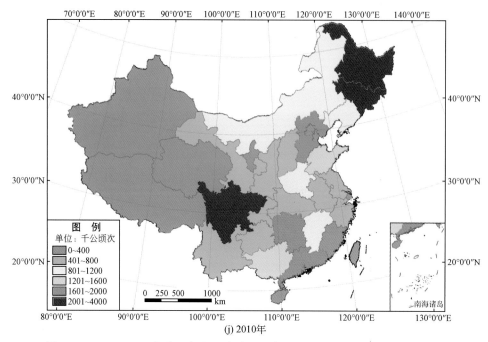

(j) 2010年

图 2-16 2001～2010 年中国各省（自治区、直辖市）农作物鼠害发生面积分级

2002 年鼠害发生面积大于 2000 千公顷次以上的省份有湖南和四川。鼠害发生面积为 1600 千～2000 千公顷次的省份有河北和黑龙江。鼠害发生面积为 1200 千～1600 千公顷次的省份有吉林、山东、江西和广东。其他省份的鼠害发生面积均小于 1200 千公顷次。

2003 年鼠害发生面积大于 2000 千公顷次以上的省份有四川、河北和吉林。鼠害发生面积为 1600 千～2000 千公顷次的省份有黑龙江和湖南。鼠害发生面积为 1200 千～1600 千公顷次的省份有山东、江西和湖北。其他省份的鼠害发生面积均小于 1200 千公顷次。

2004 年鼠害发生面积大于 2000 千公顷次以上的省份有吉林、河北、黑龙江和四川。鼠害发生面积为 1600 千～2000 千公顷次的省份有湖南。鼠害发生面积为 1200 千～1600 千公顷次的省份有江西和广西。其他省份的鼠害发生面积均小于 1200 千公顷次。

2005 年鼠害发生面积大于 2000 千公顷次以上的省份有黑龙江、四川和湖北。鼠害发生面积为 1600 千～2000 千公顷次的省份有湖南和吉林。鼠害发生面积为 1200 千～1600 千公顷次的省份有广西和江西。其他省份的鼠害发生面积均小于 1200 千公顷次。

2006 年鼠害发生面积大于 2000 千公顷次以上的省份有黑龙江、内蒙古、四川、吉林和湖北。鼠害发生面积为 1600 千～2000 千公顷次的省份有湖南。鼠害发生面积为 1200 千～1600 千公顷次的省份有广东、辽宁、广西和江西。其他省份的鼠害发生面积均小于 1200 千公顷次。

2007 年鼠害发生面积大于 2000 千公顷次以上的省份有黑龙江、内蒙古、四川、吉林和湖北。鼠害发生面积为 1600 千～2000 千公顷次的省份有湖南。鼠害发生面积为 1200 千～1600 千公顷次的省份有广东、辽宁、广西和江西。其他省份的鼠害发生面积均小于 1200 千公顷次。

2008 年鼠害发生面积大于 2000 千公顷次以上的省份有黑龙江和四川。鼠害发生面积为 1600 千～2000 千公顷次的省份有湖南和河北。鼠害发生面积为 1200 千～1600 千公顷次的省份有吉林、广西、辽宁、江西和广东。其他省份的鼠害发生面积均小于 1200 千公顷次。

2009 年鼠害发生面积大于 2000 千公顷次以上的省份有黑龙江、吉林和四川。鼠害发生面积为 1600 千～2000 千公顷次的省份有湖南和湖北。鼠害发生面积为 1200 千～1600 千公顷次的省份有广西、广东、江西和内蒙古。其他省份的鼠害发生面积均小于 1200 千公顷次。

2010 年鼠害发生面积大于 2000 千公顷次以上的省份有黑龙江、四川和吉林。鼠害发生面积为 1600 千～2000 千公顷次的省份有河北、广东和湖南。鼠害发生面积为 1200 千～1600 千公顷次的省份有广西和山东。其他省份的鼠害发生面积均小于 1200 千公顷次。

2.4　农作物生物灾害发生程度

农作物有害生物发生程度（发生率）的定义为单位种植面积的有害生物的发生面积，即等于发生面积（千公顷次）除以农作物的种植面积（千 hm²）。农作物病、虫、草、鼠害发生程度 D（发生率）= 病、虫、草、鼠害发生面积/农作物种植面积。发生程度分为 5 个等级：1 级轻发生，2 级中等偏轻发生，3 级中等发生，4 级中等偏重发生，5 级大发生。以下分别从全国、全国各区域和全国各省份 3 个空间尺度分析农作物生物灾害发生程度的变化趋势和空间分布。

2.4.1　全国范围农作物病、虫、草、鼠害

植物保护统计资料分析结果表明：1949～2010 年中国农作物生物灾害发生程度总体上呈增长趋势。线性回归结果表明：2000～2010 年病、虫、草、鼠害发生程度先增加，到 2007 年开始有降低趋势；病、虫害发生程度同样先增加，到 2007 年开始有降低趋势；2000～2010 年草害发生程度呈逐年增加趋势；鼠害发生程度也是先增加，到 2007 年开始有降低趋势（图 2-17，表 2-3）。

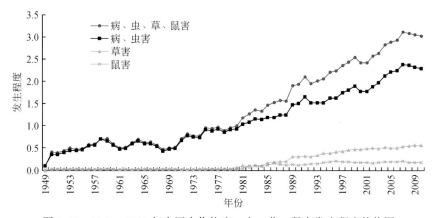

图 2-17　1949～2010 年中国农作物病、虫、草、鼠害发生程度趋势图

表 2-3　全国农作物生物灾害发生程度与年份的线性关系

区域范围	农作物生物灾害	线性方程	相关系数 R^2	P 值	趋势	
全国	农作物病、虫、草、鼠害	$Y=0.0745X-146.5$	0.8861	<0.0001	显著增加	↑
	农作物病、虫害	$Y=0.0652X-128.5099$	0.8622	<0.0001	显著增加	↑
	农作物草害	$Y=0.0088X-17.2179$	0.8904	<0.0001	显著增加	↑
	农作物鼠害	$Y=0.0008X-1.5212$	0.0635	0.4547	波动增加	↗

注：Y 为农作物生物灾害发生程度/%；X 为年份，2000～2010 年。X 的系数>0 为线性趋势增加，X 系数<0 为线性趋势减少；P 值<0.05 为线性趋势显著，P 值>0.05 为线性趋势波动。

2.4.2　各区域农作物病、虫、草、鼠害

从全国各区域来看，1949～2010 年七大区域农作物病、虫、草、鼠害四类有害生物的发生程度均呈增长趋势（图 2-18，表 2-4）。线性回归分析结果表明：2000～2010 年，农作物病、虫、草、鼠害四类有害生物的发生程度在华南和西北逐年增加；在华东、华中、华北、东北和西南地区均是先增加，后降低。

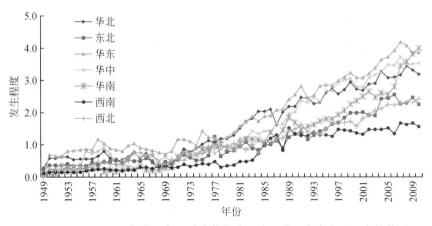

图 2-18　1949～2010 年中国各区域农作物病、虫、草、鼠害发生程度趋势图

表 2-4　全国各区域农作物生物灾害发生程度与年份的线性关系

农作物生物灾害	区域范围	线性方程	相关系数 R^2	P 值	趋势	
农作物病、虫、草、鼠害	华北	$Y=0.0629X-123.0313$	0.7323	0.0008	显著增加	↑
	东北	$Y=0.0459X-89.8803$	0.4196	0.0312	显著增加	↑
	华东	$Y=0.1043X-205.5424$	0.7768	0.0003	显著增加	↑
	华中	$Y=0.0821X-161.2022$	0.7807	0.0003	显著增加	↑
	华南	$Y=0.1668X-331.3554$	0.8423	0.0001	显著增加	↑
	西南	$Y=0.0283X-55.162$	0.5879	0.0059	显著增加	↑
	西北	$Y=0.0733X-144.8$	0.8850	0.0000	显著增加	↑

续表

农作物生物灾害	区域范围	线性方程	相关系数 R^2	P 值	趋势	
农作物 病、虫害	华北	$Y=0.0411X-80.1271$	0.4956	0.0156	显著增加	↑
	东北	$Y=0.0265X-51.6893$	0.3018	0.0800	波动增加	↗
	华东	$Y=0.0925X-182.5903$	0.7653	0.0004	显著增加	↑
	华中	$Y=0.0849X-167.526$	0.7747	0.0004	显著增加	↑
	华南	$Y=0.1468X-292.2405$	0.9089	0.0000	显著增加	↑
	西南	$Y=0.0328X-64.7528$	0.7560	0.0005	显著增加	↑
	西北	$Y=0.0588X-116.4$	0.8670	0.0000	显著增加	↑
农作物 草害	华北	$Y=0.0168X-33.0971$	0.6444	0.0029	显著增加	↑
	东北	$Y=0.0071X-13.664$	0.3643	0.0493	显著增加	↑
	华东	$Y=0.0127X-24.7694$	0.8625	0.0000	显著增加	↑
	华中	$Y=0.0059X-11.2873$	0.5703	0.0072	显著增加	↑
	华南	$Y=0.0094X-18.2651$	0.1384	0.2599	波动增加	↗
	西南	$Y=0.00001X+0.2595$	0.0000	0.9903	波动减少	↘
	西北	$Y=0.0156X-30.7864$	0.8689	0.0000	显著增加	↑
农作物 鼠害	华北	$Y=0.0042X-8.1994$	0.1848	0.1869	波动增加	↗
	东北	$Y=0.0097X-19.1633$	0.4558	0.0227	显著增加	↑
	华东	$Y=-0.0014X+2.9732$	0.1861	0.1853	波动减少	↘
	华中	$Y=-0.0033X+6.711$	0.6550	0.0025	显著减少	↓
	华南	$Y=0.0103X-20.5111$	0.8327	0.0001	显著增加	↑
	西南	$Y=-0.0047X+9.555$	0.6721	0.0020	显著减少	↓
	西北	$Y=-0.0018X+3.6905$	0.1056	0.3295	波动减少	↘

注：Y 为农作物生物灾害发生程度/%；X 为年份，2000～2010 年。X 的系数>0 为线性趋势增加，X 系数<0 为线性趋势减少；P 值<0.05 为线性趋势显著，P 值>0.05 为线性趋势波动。

2.4.2.1 各区域农作物病、虫害

从全国各区域来看，1949～2010 年七大区域农作物病、虫两类有害生物的发生程度均呈增长趋势（图 2-19，表 2-4）。线性回归分析结果表明：2000～2010 年，农作物病、虫两类有害生物的发生程度在华南和西北逐年增加；在华东、华中、华北、东北和西南地区均是先增加，后降低。

2.4.2.2 各区域农作物草害

从全国各区域来看，1949～2010 年七大区域农作物草害的发生程度均呈增长趋势（图 2-20，表 2-4）。线性回归分析结果表明：2000～2010 年，农作物草害的发生程度在华南、华北和西北逐年增加，在华东、华中、东北和西南地区均是先增加，后降低。

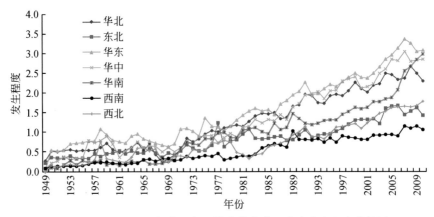

图 2-19 1949～2010 年中国各区域农作物病、虫害发生程度趋势图

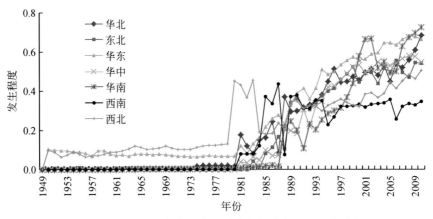

图 2-20 1949～2010 年中国各区域农作物草害发生程度趋势图

2.4.2.3 各区域农作物鼠害

从全国各区域来看，1949～2010 年七大区域农作物鼠害的发生程度呈波动变化（图 2-21，表 2-4）。线性回归分析结果表明：2000～2010 年，农作物鼠害的发生程度在华中、华东和西北呈逐年降低趋势；在华东、华北、东北和西南地区均是先增加，后降低。

2.4.3 各省（自治区、直辖市）农作物病、虫、草、鼠害

农作物病、虫、草、鼠害发生程度（发生率）的定义为单位种植面积的有害生物的发生面积，即等于发生面积（千公顷次）除以农作物的种植面积（千 hm²）。农作物病、虫、草、鼠害发生程度 D（发生率）=病、虫、草、鼠害发生面积／（农作物种植面积），发生程度分为 5 个等级：

1 级（0.0<D≤1.0）轻发生；

2 级（1.0<D≤2.0）中等偏轻发生；

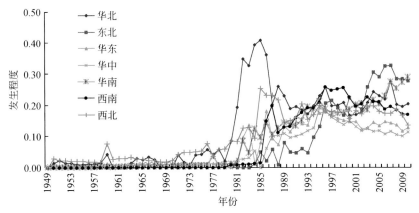

图 2-21　1949～2010 年中国各区域农作物鼠害发生程度趋势图

3 级（2.0<*D*≤3.0）中等发生；

4 级（3.0<*D*≤4.0）中等偏重发生；

5 级（4.0<*D*≤8.0）大发生。

2000～2010 年，从全国各省（自治区、直辖市）来看，农作物病、虫、草、鼠害发生程度为 5 级大发生的范围有扩张趋势：5 级大发生范围从 2000 年江苏和上海 2 个省（直辖市）扩增到 2010 年的湖南、广东、河北、北京、天津、山东、江苏、浙江和上海 9 个省（直辖市）。具体如下所述。

图 2-22 表明，2000 年病、虫、草、鼠害发生程度为 5 级大发生的省份有江苏和上海；4 级中等偏重发生的省份有湖南、山东、河北、浙江和辽宁；3 级中等发生的省份有广东、广西、江西、湖北、河南、北京、天津和山西；其他省份 2 级中等偏轻发生或 1 级轻发生。

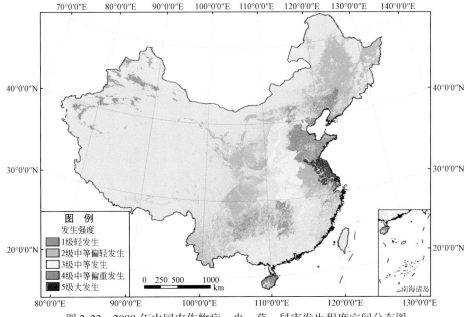

图 2-22　2000 年中国农作物病、虫、草、鼠害发生程度空间分布图

　　图 2-23 表明，2001 年病、虫、草、鼠害发生程度为 5 级大发生的省份有江苏和上海；4 级中等偏重发生的省份有湖南、山东、河北、浙江和广东；3 级中等发生的省份有广西、江西、湖北、河南、陕西、青海和山西 7 个。其他省份 2 级中等偏轻发生和 1 级轻发生。

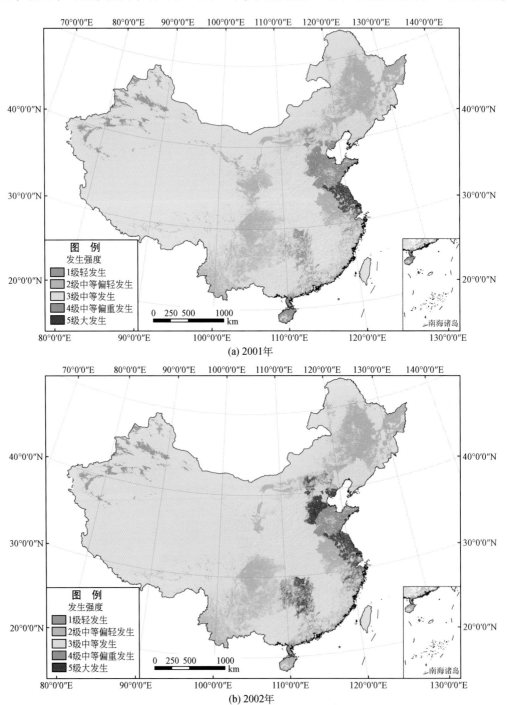

(a) 2001年

(b) 2002年

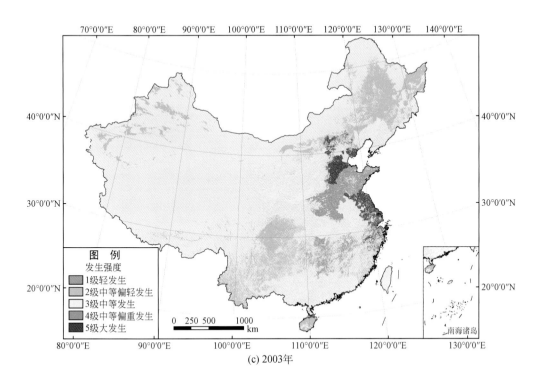

(c) 2003年

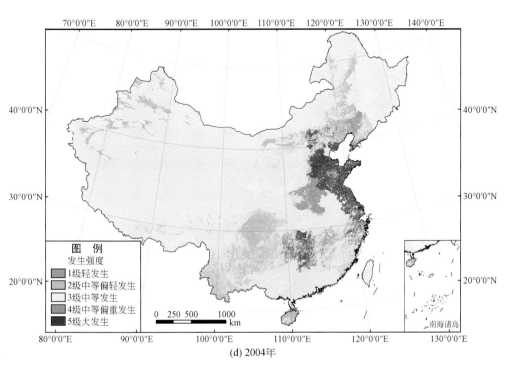

(d) 2004年

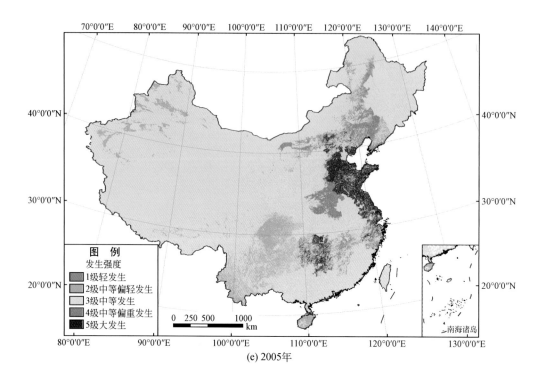

(e) 2005年

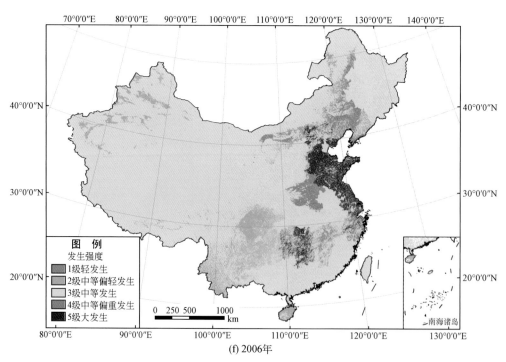

(f) 2006年

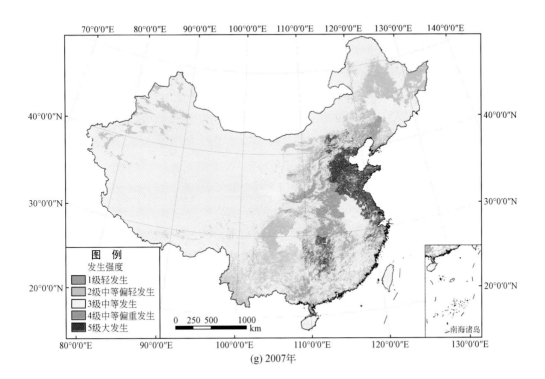

(g) 2007年

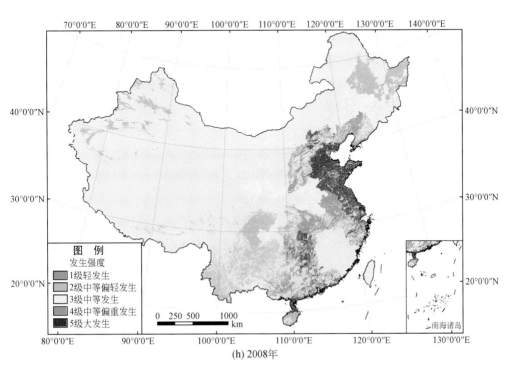

(h) 2008年

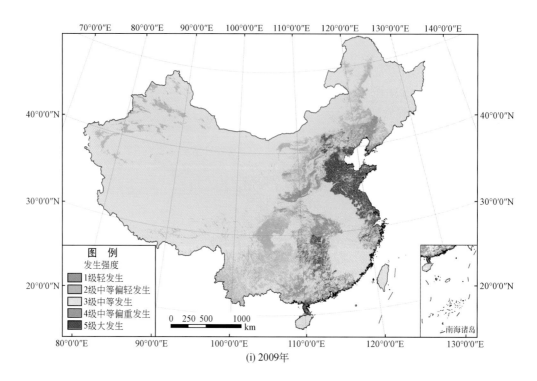

(i) 2009年

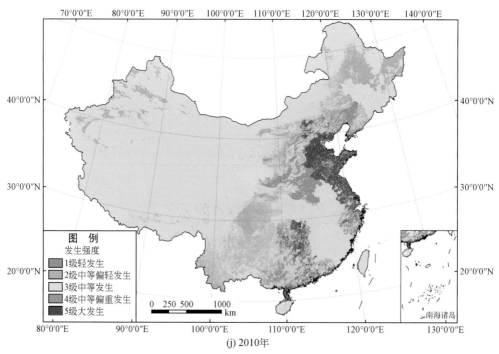

(j) 2010年

图 2-23　2001～2010 年中国农作物病、虫、草、鼠害发生程度空间分布图

2002 年病、虫、草、鼠害发生程度为 5 级大发生的省份有江苏、河北、浙江和湖南；4 级中等偏重发生的省份有山东和广东；3 级中等发生的省份有广西、江西、湖北、河南、陕西、青海、甘肃、辽宁和山西。其他省份 2 级中等偏轻发生和 1 级轻发生。

2003 年病、虫、草、鼠害发生程度为 5 级大发生的省份有江苏、河北和上海；4 级中等偏重发生的省份有湖南、江西、山东和河南；3 级中等发生的省份有广西、广东、湖北、安徽、陕西、青海、甘肃、宁夏和山西。其他省份 2 级中等偏轻发生和 1 级轻发生。

2004 年病、虫、草、鼠害发生程度为 5 级大发生的省份有湖南、河北、山东、江苏、浙江和上海；4 级中等偏重发生的省份有江西、辽宁、北京和河南；3 级中等发生的省份有广西、广东、湖北、安徽、陕西、青海、甘肃、宁夏和山西。其他省份 2 级中等偏轻发生和 1 级轻发生。

2005 年病、虫、草、鼠害发生程度为 5 级大发生的省份有湖南、河北、北京、山东、江苏、浙江和上海；4 级中等偏重发生的省份有江西、辽宁和河南；3 级中等发生的省份有广西、广东、福建、湖北、安徽、陕西、青海、甘肃、宁夏和山西。其他省份 2 级中等偏轻发生和 1 级轻发生。

2006 年病、虫、草、鼠害发生程度为 5 级大发生的省份有湖南、河北、北京、山东、江苏、浙江和上海；4 级中等偏重发生的省份有广东、江西、辽宁和河南；3 级中等发生的省份有广西、湖北、安徽、陕西、青海、甘肃、宁夏、山西、黑龙江和吉林。其他省份 2 级中等偏轻发生和 1 级轻发生。

2007 年病、虫、草、鼠害发生程度为 5 级大发生的省份有湖南、河北、北京、天津、山东、江苏、浙江和上海；4 级中等偏重发生的省份有广东、广西、江西、福建、湖北、河南、陕西、山西和辽宁；3 级中等发生的省份有安徽、重庆、青海、甘肃、宁夏和吉林。其他省份 2 级中等偏轻发生和 1 级轻发生。

2008 年病、虫、草、鼠害发生程度为 5 级大发生的省份有湖南、广东、河北、北京、天津、山东、江苏、浙江和上海；4 级中等偏重发生的省份有广西、湖北、安徽、山西和辽宁；3 级中等发生的省份有江西、福建、重庆、青海、甘肃、陕西、宁夏、内蒙古和吉林。其他省份 2 级中等偏轻发生和 1 级轻发生。

2009 年病、虫、草、鼠害发生程度为 5 级大发生的省份有湖南、广东、河北、北京、山东、江苏、浙江和上海；4 级中等偏重发生的省份有广西、湖北、山西、陕西、天津和辽宁；3 级中等发生的省份有江西、福建、重庆、河南、安徽、甘肃、青海、宁夏、黑龙江和吉林。其他省份 2 级中等偏轻发生和 1 级轻发生。

2010 年病、虫、草、鼠害发生程度为 5 级大发生的省份有湖南、广东、河北、北京、天津、山东、江苏、浙江和上海；4 级中等偏重发生的省份有广西、山西、陕西、河南和辽宁；3 级中等发生的省份有江西、福建、河北、安徽、甘肃、青海、宁夏和吉林。其他省份 2 级中等偏轻发生和 1 级轻发生。

2.4.3.1 各省农作物病、虫害

农作物病、虫害的发生程度分为 5 个等级：

1 级 （$0.0 < D \leqslant 1.0$）轻发生；

2 级 （$1.0 < D \leqslant 1.5$）中等偏轻发生；

3 级 （$1.5 < D \leqslant 2.0$）中等发生；

4 级 （$2.0 < D \leqslant 2.5$）中等偏重发生；

5 级 （$2.5 < D \leqslant 7.0$）大发生。

2000~2010 年，从全国各省来看，农作物病、虫害发生程度为 5 级大发生的范围有扩张趋势：5 级大发生的范围从 2000 年河北、山东、江苏、浙江和上海 5 个省 （直辖市）扩增到湖南、广东、陕西、河南、河北、北京、天津、辽宁、山东、江苏、浙江和上海 12 个省 （直辖市）。具体如下所述。

图 2-24 表明，2000 年病、虫害发生程度为 5 级大发生的省份有河北、山东、江苏、浙江和上海；4 级中等偏重发生的省份有湖南、河南和辽宁；3 级中等发生的省份有广东、江西、湖北、北京、天津和山西。其他省份 2 级中等偏轻发生和 1 级轻发生。

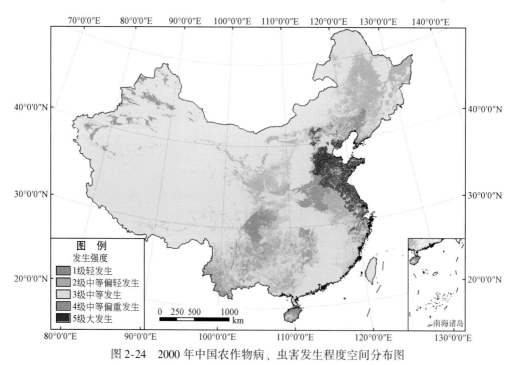

图 2-24 2000 年中国农作物病、虫害发生程度空间分布图

图 2-25 表明，2001 年病、虫害发生程度为 5 级大发生的省份有河北、山东、江苏、浙江和上海；4 级中等偏重发生的省份有湖南、江西、河南和辽宁；3 级中等发生的省份有广东、广西、湖北、陕西和山西。其他省份 2 级中等偏轻发生和 1 级轻发生。

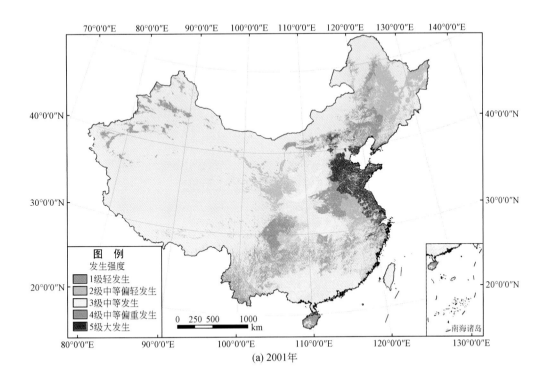

(a) 2001年

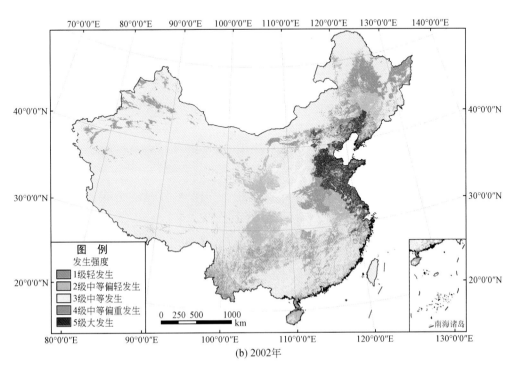

(b) 2002年

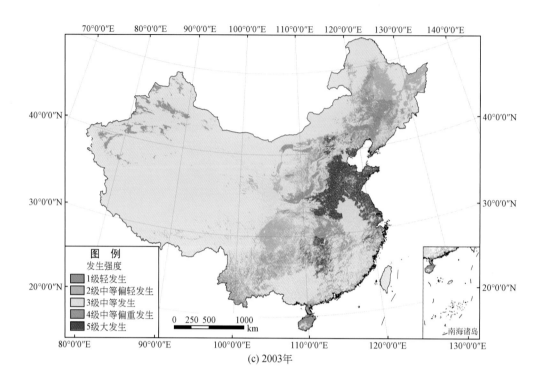

(c) 2003年

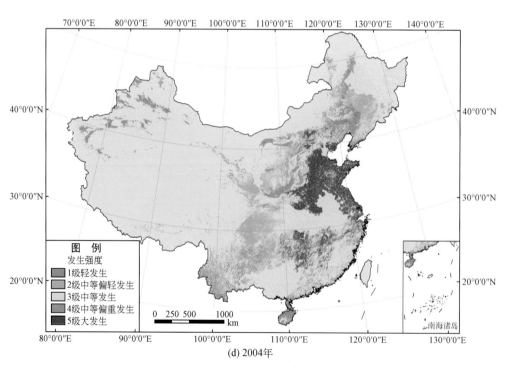

(d) 2004年

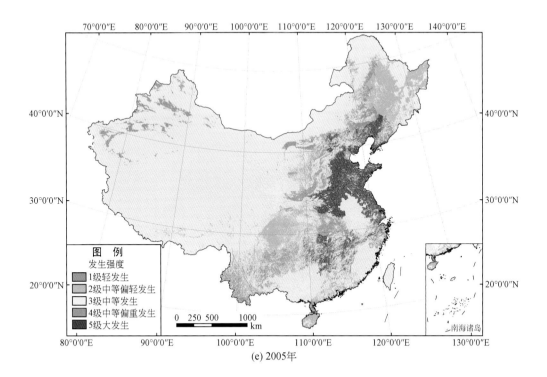

(e) 2005年

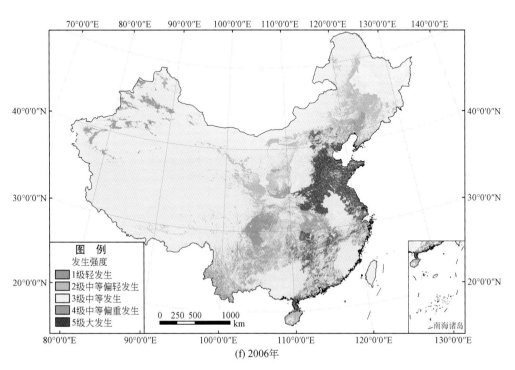

(f) 2006年

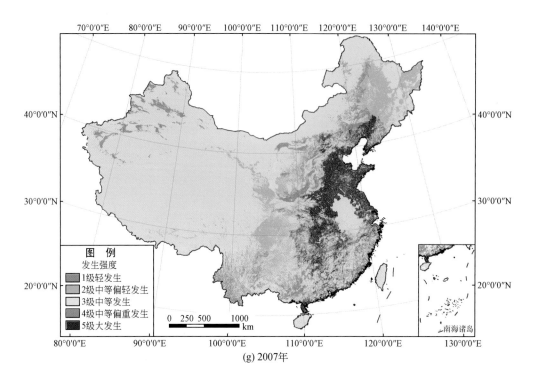

(g) 2007年

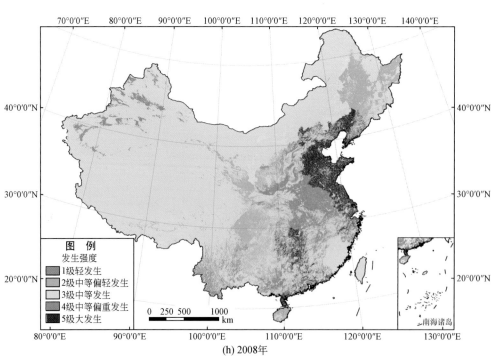

(h) 2008年

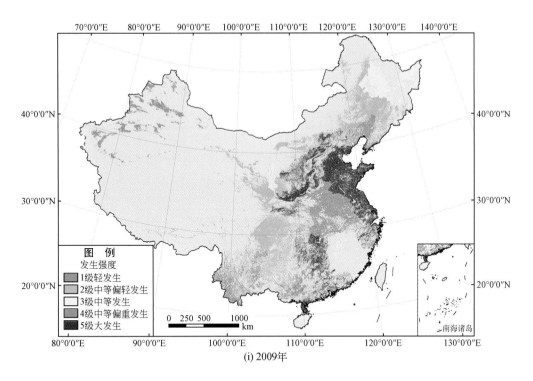

(i) 2009年

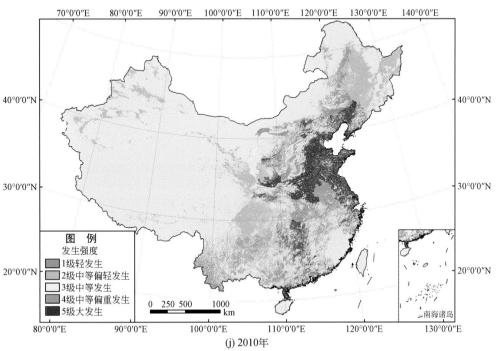

(j) 2010年

图 2-25　2001～2010 年中国农作物病、虫害发生程度空间分布图

2002 年病、虫害发生程度为 5 级大发生的省份有河北、山东、浙江、江苏和辽宁；4 级中等偏重发生的省份有广东、湖南、江西、河南和天津；3 级中等发生的省份有广西、湖北、陕西、北京和山西。其他省份 2 级中等偏轻发生和 1 级轻发生。

2003 年病、虫害发生程度为 5 级大发生的省份有河北、山东、河南、湖南、江苏、河北和上海；4 级中等偏重发生的省份有广东、江西、河北、山西、陕西和辽宁；3 级中等发生的省份有广西、安徽、天津和甘肃。其他省份 2 级中等偏轻发生和 1 级轻发生。

2004 年病、虫害发生程度为 5 级大发生的省份有湖南、江西、河南、河北、山东、江苏、浙江和上海；4 级中等偏重发生的省份有广东、辽宁、北京、山西和陕西；3 级中等发生的省份有广西、湖北、安徽、宁夏和黑龙江。其他省份 2 级中等偏轻发生和 1 级轻发生。

2005 年病、虫害发生程度为 5 级大发生的省份有湖南、河北、北京、山东、江苏、浙江和上海；4 级中等偏重发生的省份有江西、辽宁和河南；3 级中等发生的省份有广西、广东、福建、湖北、安徽、陕西、青海、甘肃、宁夏和山西。其他省份 2 级中等偏轻发生和 1 级轻发生。

2006 年病、虫害发生程度为 5 级大发生的省份有湖南、江西、广东、河北、河南、北京、山东、江苏、浙江和上海；4 级中等偏重发生的省份有河北、陕西、辽宁和天津；3 级中等发生的省份有广西、福建、安徽、山西、黑龙江和宁夏。其他省份 2 级中等偏轻发生和 1 级轻发生。

2007 年病、虫害发生程度为 5 级大发生的省份有湖南、湖北、江西、广东、福建、河北、河南、北京、天津、辽宁、山东、江苏、浙江和上海；4 级中等偏重发生的省份有广西、陕西和山西；3 级中等发生的省份有安徽、青海和宁夏。其他省份 2 级中等偏轻发生和 1 级轻发生。

2008 年病、虫害发生程度为 5 级大发生的省份有湖南、广东、河北、北京、天津、辽宁、山东、江苏、浙江和上海；4 级中等偏重发生的省份有广西、江西、湖北、安徽、河南、陕西和山西；3 级中等发生的省份有福建、宁夏和内蒙古。其他省份 2 级中等偏轻发生和 1 级轻发生。

2009 年病、虫害发生程度为 5 级大发生的省份有湖南、广东、陕西、山西、河北、北京、天津、山东、江苏、浙江和上海；4 级中等偏重发生的省份有广西、湖北、河南、安徽和辽宁；3 级中等发生的省份有江西、福建、宁夏和黑龙江。其他省份 2 级中等偏轻发生和 1 级轻发生。

2010 年病、虫害发生程度为 5 级大发生的省份有湖南、广东、陕西、河南、河北、北京、天津、辽宁、山东、江苏、浙江和上海；4 级中等偏重发生的省份有广西、山西、江西、河北和安徽；3 级中等发生的省份有福建和宁夏。其他省份 2 级中等偏轻发生和 1 级轻发生。

2.4.3.2 各省（自治区、直辖市）农作物草害

农作物草害的发生程度分 5 个等级：

1 级（0.0<D≤0.2）轻发生；

2 级（0.2<D≤0.4）中等偏轻发生；

3 级（0.4<D≤0.6）中等发生；

4 级（0.6<D≤0.8）中等偏重发生；

5 级（0.8<D≤1.2）大发生。

2000～2010 年，从全国各省（自治区、直辖市）来看，农作物草害发生程度为波动变化。具体如下所述。

图 2-26 表明，2000 年草害发生程度为 4 级中等偏重发生的省份有湖南、广东、青海、北京、山东、江苏和浙江；3 级中等发生的省份有广西、江西、湖北、河南、河北、安徽、天津、上海、吉林、黑龙江和四川。其他省份 2 级中等偏轻发生和 1 级轻发生。

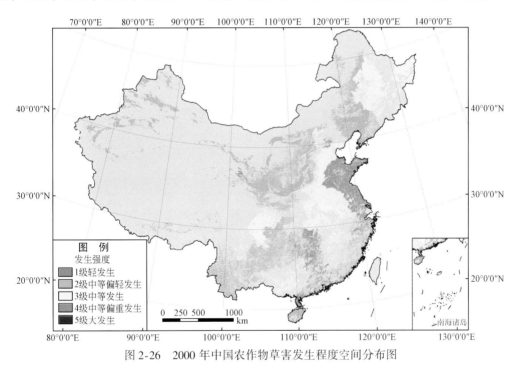

图 2-26　2000 年中国农作物草害发生程度空间分布图

图 2-27 表明，2001 年草害发生程度为 5 级大发生的省份是广东；4 级中等偏重发生的省份有湖南、青海、河北、山东、江苏和北京；3 级中等发生的省份有广西、江西、湖北、河南、安徽、上海、浙江、宁夏、陕西、天津、辽宁、吉林和黑龙江。其他省份 2 级中等偏轻发生和 1 级轻发生。

2002 年草害发生程度为 5 级大发生的省份是广东；4 级中等偏重发生的省份有湖南、河北、北京、山东和江苏；3 级中等发生的省份有广西、江西、湖北、河南、安徽、上海、浙江、宁夏、四川、青海、陕西、天津、辽宁、吉林和黑龙江。其他省份 2 级中等偏轻发生和 1 级轻发生。

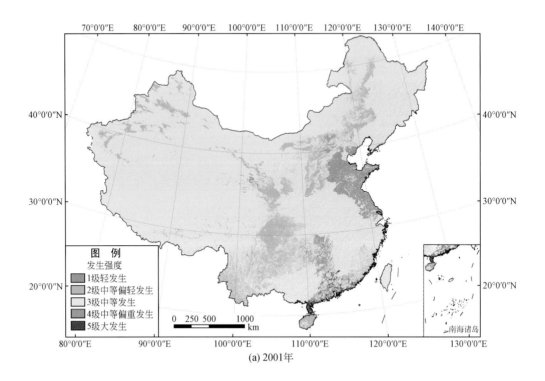

(a) 2001年

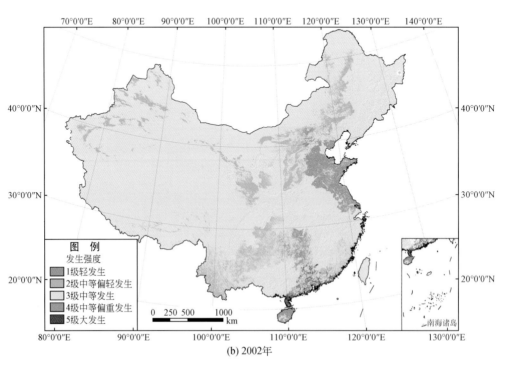

(b) 2002年

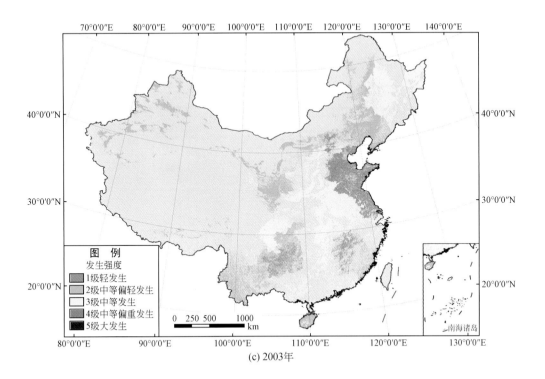

(c) 2003年

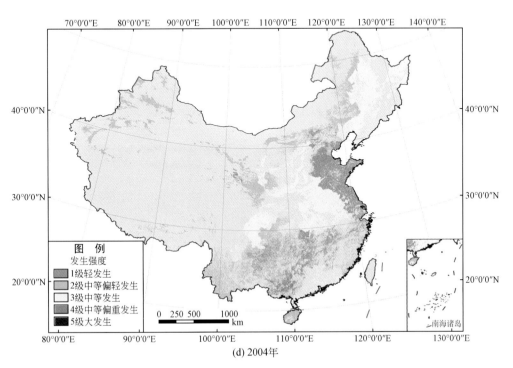

(d) 2004年

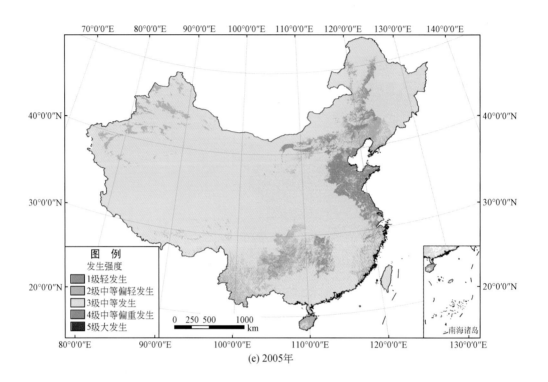

(e) 2005年

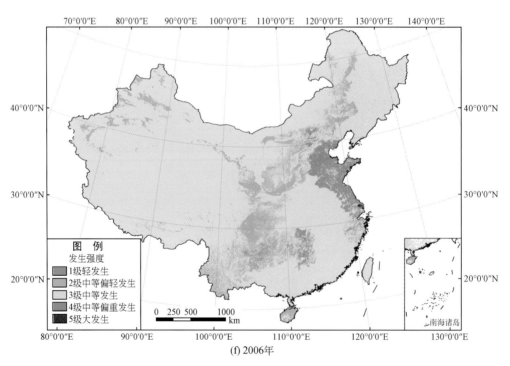

(f) 2006年

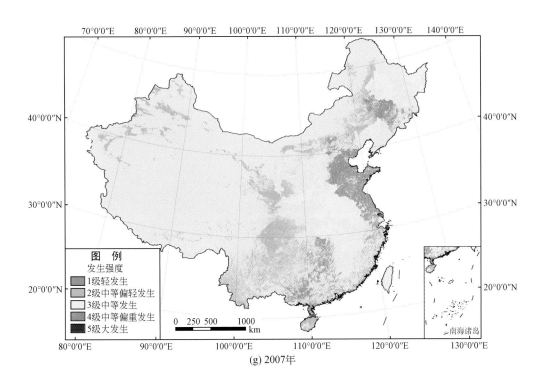

(g) 2007年

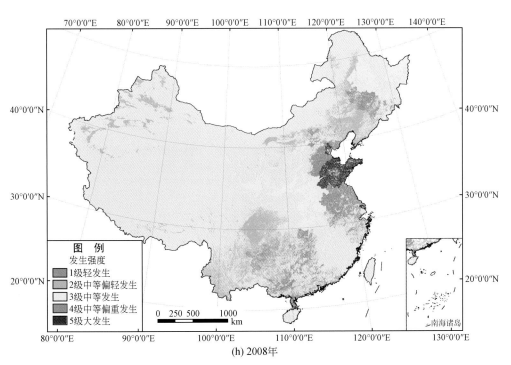

(h) 2008年

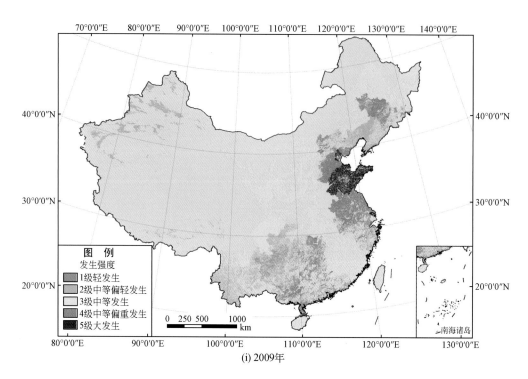

(i) 2009年

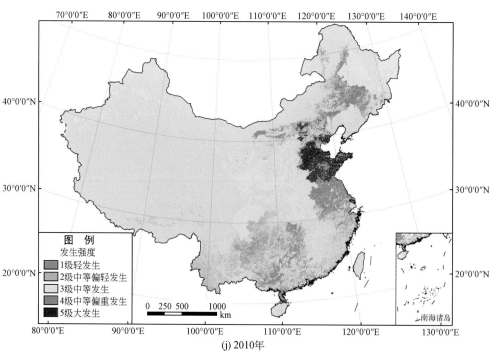

(j) 2010年

图 2-27 2001~2010 年中国农作物草害发生程度空间分布图

2003 年草害发生程度为 4 级中等偏重发生的省份有江西、河北、山东和江苏；3 级中等发生的省份有广东、广西、湖南、湖北、河南、安徽、上海、浙江、四川、青海、陕西、山西、北京、吉林和黑龙江。其他省份 2 级中等偏轻发生和 1 级轻发生。

2004 年草害发生程度为 4 级中等偏重发生的省份有广西、湖南、江西、河北、北京、山东、浙江、上海、江苏和青海；3 级中等发生的省份有广东、湖北、河南、安徽、四川、陕西、山西、宁夏、辽宁、吉林和黑龙江。其他省份 2 级中等偏轻发生和 1 级轻发生。

2005 年草害发生程度为 4 级中等偏重发生的省份有湖南、福建、河北、北京、山东、浙江和江苏；3 级中等发生的省份有广东、广西、江西、湖北、河南、安徽、上海、四川、陕西、山西、宁夏、甘肃、青海、吉林和黑龙江。其他省份 2 级中等偏轻发生和 1 级轻发生。

2006 年草害发生程度为 4 级中等偏重发生的省份有湖南、河北、北京、天津、山东、浙江、上海和江苏；3 级中等发生的省份有广东、广西、江西、福建、湖北、河南、安徽、宁夏、青海、辽宁、吉林和黑龙江。其他省份 2 级中等偏轻发生和 1 级轻发生。

2007 年草害发生程度为 4 级中等偏重发生的省份有广东、广西、湖南、福建、河北、北京、天津、山东、浙江、江苏和吉林；3 级中等发生的省份有江西、湖北、河南、安徽、上海、宁夏、山西、陕西、辽宁和黑龙江。其他省份 2 级中等偏轻发生和 1 级轻发生。

2008 年草害发生程度为 5 级大发生的省份有山东和天津；4 级中等偏重发生的省份有广东、广西、湖南、河北、北京、安徽、浙江、江苏和吉林；3 级中等发生的省份有江西、福建、海南、湖北、河南、上海、宁夏、甘肃、青海、山西、陕西和黑龙江。其他省份 2 级中等偏轻发生和 1 级轻发生。

2009 年草害发生程度为 5 级大发生的省份有山东和天津；4 级中等偏重发生的省份有广东、广西、湖南、河北、北京、安徽、浙江、江苏和吉林；3 级中等发生的省份有江西、福建、海南、湖北、河南、上海、宁夏、甘肃、青海、山西、陕西和黑龙江。其他省份 2 级中等偏轻发生和 1 级轻发生。

2010 年草害发生程度为 5 级大发生的省份有河北和天津；4 级中等偏重发生的省份有广东、广西、湖南、北京、天津、安徽、浙江、江苏、内蒙古和吉林；3 级中等发生的省份有江西、海南、湖北、河南、上海、宁夏、甘肃、青海、山西、陕西、新疆、辽宁和黑龙江。其他省份 2 级中等偏轻发生和 1 级轻发生。

2.4.3.3 各省（自治区、直辖市）农作物鼠害

农作物鼠害的发生程度分 5 个等级：

1 级（$0.0 < D \leqslant 0.1$）轻发生；

2 级（$0.1 < D \leqslant 0.2$）中等偏轻发生；

3 级（$0.2 < D \leqslant 0.3$）中等发生；

4 级（$0.3 < D \leqslant 0.4$）中等偏重发生；

5 级（0.4<D≤2.0）大发生。

2000～2010 年，从全国各省（自治区、直辖市）来看，农作物鼠害发生程度为波动变化。经常大发生的省份有北京、天津、吉林。具体如下所述。

图 2-28 表明 2000 年鼠害发生程度为 5 级大发生的省份是北京；4 级中等偏重发生的省份有湖南、重庆和吉林；3 级中等发生的省份有广东、江西、浙江、四川、甘肃、宁夏、山西、河北和辽宁。其他省份 2 级中等偏轻发生和 1 级轻发生。

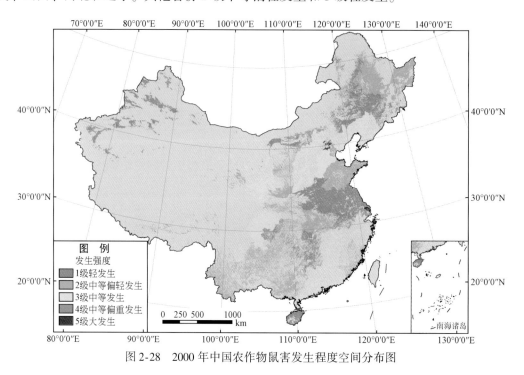

图 2-28　2000 年中国农作物鼠害发生程度空间分布图

图 2-29 表明 2001 年鼠害发生程度为 5 级大发生的省份是北京；4 级中等偏重发生的省份有湖南、重庆和青海；3 级中等发生的省份有广东、江西、福建、四川、甘肃、山西、河北和吉林。其他省份 2 级中等偏轻发生和 1 级轻发生。

2002 年鼠害发生程度为 5 级大发生的省份是北京；4 级中等偏重发生的省份有重庆和吉林；3 级中等发生的省份有广东、湖南、江西、四川、青海、甘肃、山西、和河北。其他省份 2 级中等偏轻发生和 1 级轻发生。

2003 年鼠害发生程度为 5 级大发生的省份有北京和吉林；4 级中等偏重发生的省份有重庆和青海；3 级中等发生的省份有广东、湖南、江西、四川、云南、甘肃、陕西、宁夏、山西和河北。其他省份 2 级中等偏轻发生和 1 级轻发生。

2004 年鼠害发生程度为 5 级大发生的省份有北京和吉林；4 级中等偏重发生的省份有重庆和青海；3 级中等发生的省份有广东、广西、湖南、江西、浙江、四川、甘肃、陕西、宁夏、山西、河北、辽宁和黑龙江。其他省份 2 级中等偏轻发生和 1 级轻发生。

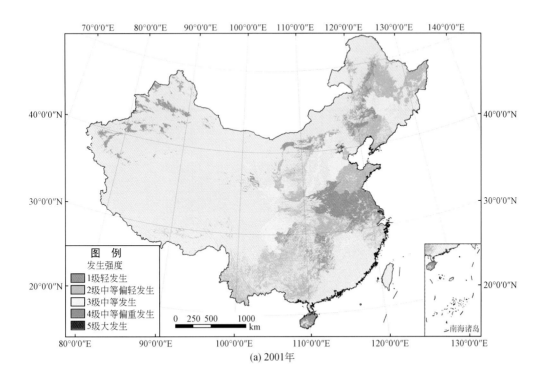

(a) 2001年

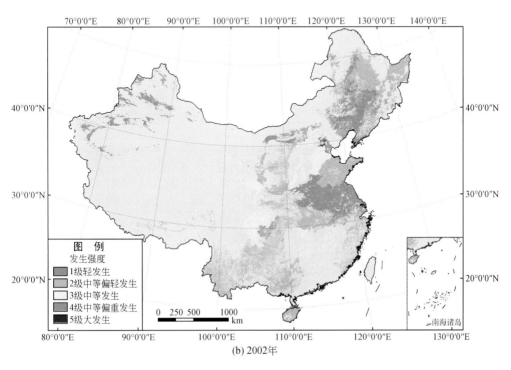

(b) 2002年

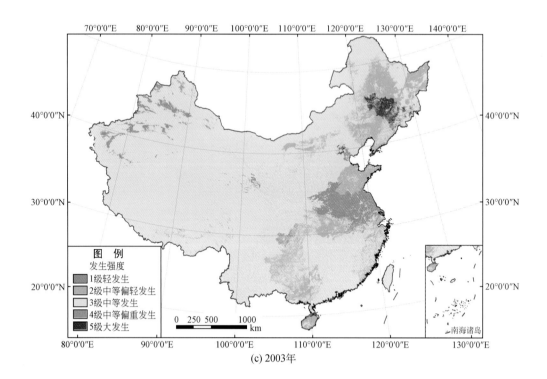

(c) 2003年

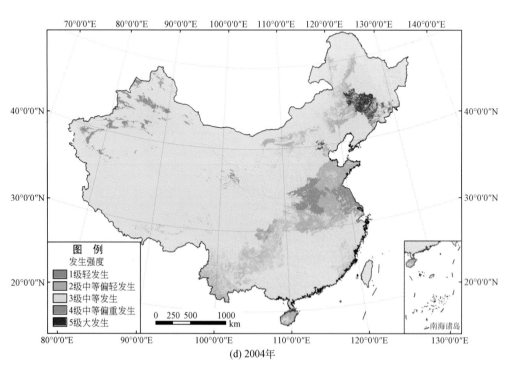

(d) 2004年

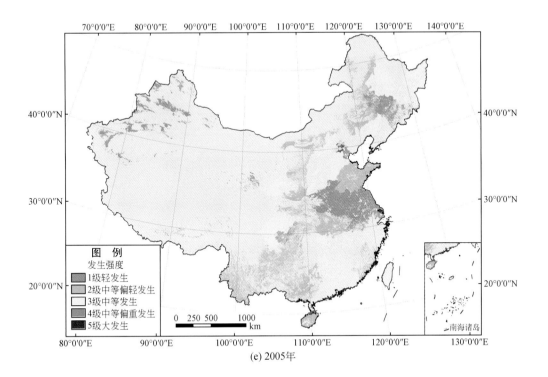

(e) 2005年

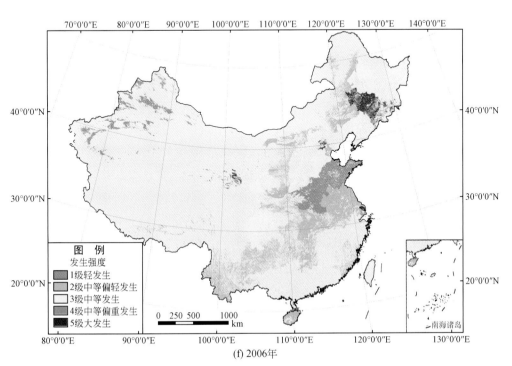

(f) 2006年

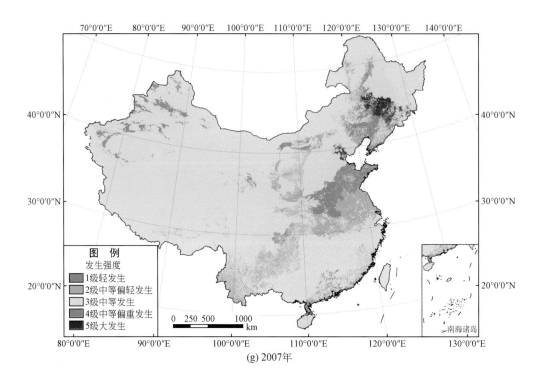

(g) 2007年

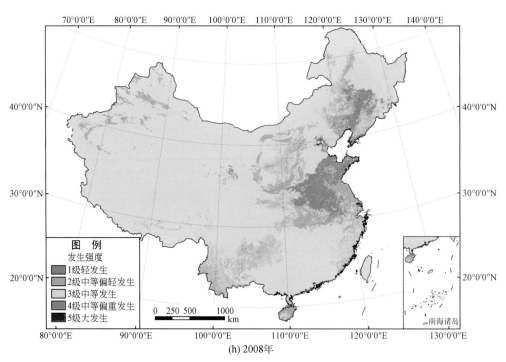

(h) 2008年

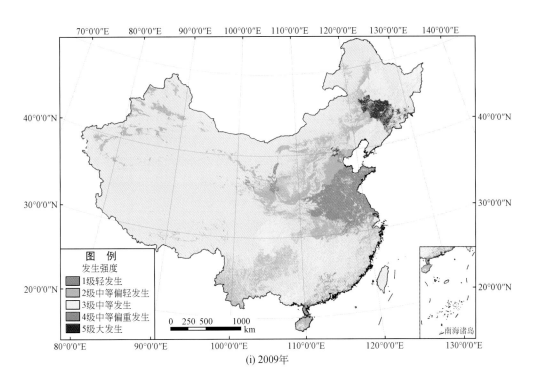

(i) 2009年

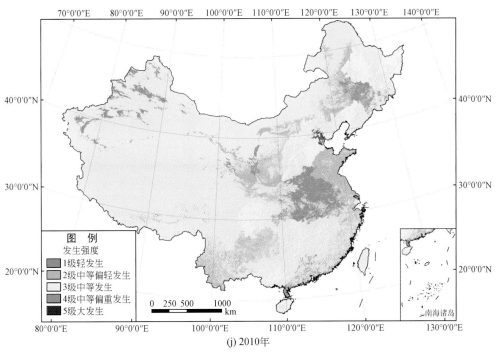

(j) 2010年

图 2-29　2001～2010 年中国农作物鼠害发生程度空间分布图

2005 年鼠害发生程度为 5 级大发生的省份是北京；4 级中等偏重发生的省份有重庆、吉林和青海；3 级中等发生的省份有广东、湖南、江西、浙江、四川、甘肃、宁夏、山西、河北、辽宁和黑龙江。其他省份 2 级中等偏轻发生和 1 级轻发生。

2006 年鼠害发生程度为 5 级大发生的省份有北京、吉林和青海；3 级中等发生的省份有广东、广西、江西、浙江、四川、甘肃、宁夏、山西、河北、辽宁和黑龙江。其他省份 2 级中等偏轻发生和 1 级轻发生。

2007 年鼠害发生程度为 5 级大发生的省份是北京、天津和吉林；4 级中等偏重发生的省份有广东、重庆、辽宁、内蒙古和青海；3 级中等发生的省份有广西、海南、湖南、江西、浙江、四川、甘肃、山西、河北和黑龙江。其他省份 2 级中等偏轻发生和 1 级轻发生。

2008 年鼠害发生程度为 5 级大发生的省份是北京；4 级中等偏重发生的省份有天津、上海、青海、辽宁和吉林；3 级中等发生的省份有广东、广西、湖南、江西、四川、重庆、甘肃、河北和黑龙江。其他省份 2 级中等偏轻发生和 1 级轻发生。

2009 年鼠害发生程度为 5 级大发生的省份有北京和吉林；4 级中等偏重发生的省份有广东、天津和青海；3 级中等发生的省份有广西、湖南、江西、上海、四川、重庆、辽宁和黑龙江。其他省份 2 级中等偏轻发生和 1 级轻发生。

2010 年鼠害发生程度为 5 级大发生的省份有北京和天津；4 级中等偏重发生的省份有广东、吉林和青海；3 级中等发生的省份有广西、海南、湖南、江西、上海、四川、重庆、山西、河北、辽宁和黑龙江。其他省份 2 级中等偏轻发生和 1 级轻发生。

第3章 草地生物灾害致灾因素的危险性

明确草地生物灾害致灾因素的危险性是草业保护的重要环节。本章重点阐述了中国 2000~2010 年草原虫、鼠害等类型，以及分布范围、发生面积和发生程度。

3.1 草地生物灾害类型

草地害虫和害鼠有多种类型，造成严重危害的种类如下所述。

主要草地害虫：草原蝗虫、草原毛虫、草原草地螟等。

主要草地害鼠：鼢鼠、高原鼠兔、布氏田鼠、大沙鼠、黄兔尾鼠、草原兔尾鼠、鼹形田鼠、长爪沙鼠等。

3.2 草地生物灾害发生范围

草地有害生物的发生范围是指有害生物的地理分布区域，其与气候条件、草地空间分布、草地类型和面积等密切相关。

3.2.1 草地生物灾害发生范围

根据 2000 年、2005 年、2010 年遥感调查和土地覆盖分类的草原数据及中国畜牧业年鉴数据估计了生物灾害的发生范围，如图 3-1~图 3-3 所示。以 2010 年为例，从全国各区域来看，草地有害生物的发生范围在西南、西北和华北，分别占草地总面积的 34.15%、34.7% 和 29.13%。

从全国各省（自治区、直辖市）来看，发生范围较大的省份有内蒙古、西藏、新疆、青海、四川、甘肃、云南、山西、陕西和贵州，分别占全国总草地面积的 25.70%、23.90%、15.26%、12.99%、5.48%、3.02%、2.78%、2.38%、2.35% 和 1.66%。

3.2.2 2000~2010 年草地生物灾害发生范围的变化

草地面积会影响生物灾害的发生范围。生物灾害发生范围随着草地面积的变化而改变。据 2000 年、2005 年、2010 年遥感调查和土地覆盖分类的草地数据及中国畜牧业年鉴数据可知，2000~2005 年草地总面积增加了 0.18%，2005~2010 年草地总面积减少了

0.39%，2000～2010年草地总面积共减少了0.20%。总体草地生物灾害发生范围变化不大，但是并不意味着某种或某类虫、鼠等有害生物发生范围变化不大。

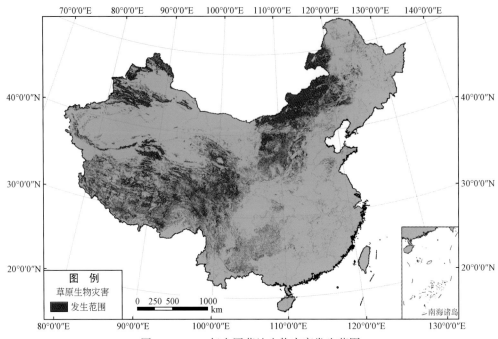

图3-1　2000年中国草地生物灾害发生范围

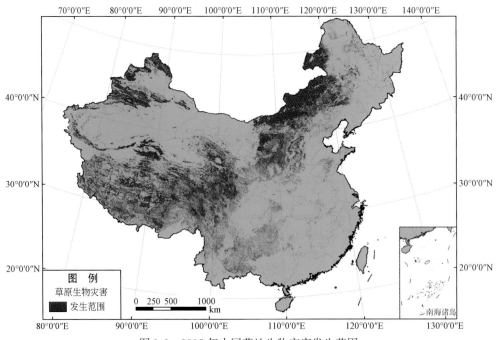

图3-2　2005年中国草地生物灾害发生范围

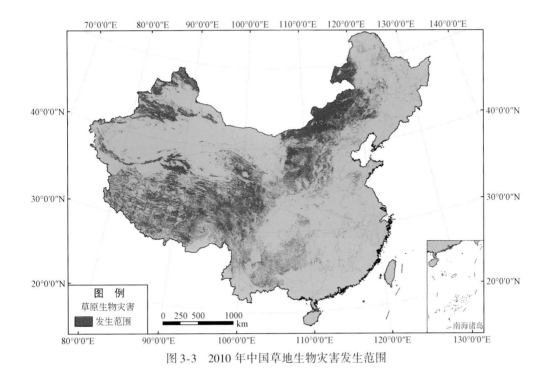

图 3-3　2010 年中国草地生物灾害发生范围

3.3　草地生物灾害发生面积

草地生物灾害发生面积即通过各类有代表性草地块的抽样调查，有害生物发生程度达到防治指标的面积。本节分别从全国、全国东中西部、全国各区域和全国各省份 4 个空间尺度分析草地生物灾害发生面积的变化趋势。

3.3.1　全国草地鼠、虫害

据中国畜牧业统计数据，线性回分析结果表明：2000~2010 年，全国草地鼠、虫害发生面积前 5 年逐年增加，2004~2006 年为高峰期，最高 2006 年达 1.12 亿公顷次，而后 5 年逐年减少。全国草地鼠害发生面积呈现类似的变化趋势。全国草地虫害发生面积为 0.20 亿公顷次左右，2006 年发生面积较低。全国草地鼠害发生面积大于草地虫害发生面积（图 3-4，表 3-1）。

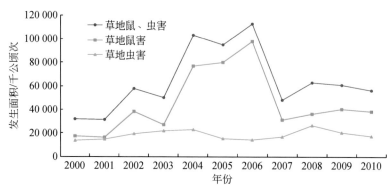

图 3-4　2000～2010 年中国草地鼠、虫害发生面积

表 3-1　全国草地生物灾害发生面积与年份的线性关系

区域范围	草地生物灾害	线性方程	相关系数 R^2	P 值	趋势	
全国	草地鼠、虫害	$Y=0.2382X-471.0882$	0.0831	0.3901	波动增加	↗
	草地鼠害	$Y=0.2043X-405.0139$	0.0628	0.4575	波动增加	↗
	草地虫害	$Y=0.0381X-74.4391$	0.0967	0.3521	波动增加	↗

注：Y 为草原生物灾害发生面积/千万公顷次；X 为年份，2000～2010 年。X 的系数>0 为线性趋势增加，X 系数<0 为线性趋势减少；P 值<0.05 为线性趋势显著，P 值>0.05 为线性趋势波动。

3.3.2　各区域草地鼠、虫害

线性回归分析结果表明：2000～2010 年，全国草地鼠、虫害发生面积较大的区域有西南、西北和华北。西南地区草地鼠、虫害 2004～2006 年发生面积较大。西北地区草地鼠、虫害发生面积呈增长趋势。华北地区的草地鼠、虫害发生面积呈波动变化，2003 年、2004 年和 2008 年发生较为严重，而 2005～2007 年发生面积较少（图 3-5，表 3-2）。

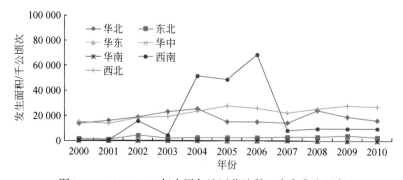

图 3-5　2000～2010 年中国各地区草地鼠、虫害发生面积

表 3-2　全国各区域生物灾害发生程度与年份的线性关系

草地生物灾害	区域范围	线性方程	相关系数 R^2	P 值	趋势	
草地鼠、虫害	华北	$Y=0.0084X-15.0606$	0.0043	0.8476	波动增加	↗
	东北	$Y=0.0124X-24.5598$	0.2134	0.1526	波动增加	↗
	华东	$Y=0.0001X-0.0072$	0.0003	0.9595	波动减少	↘
	华中	$Y=-0.0006X+1.1286$	0.0801	0.3992	波动减少	↘
	华南	$Y=-0.0002X+0.4702$	0.3494	0.0555	波动减少	↘
	西南	$Y=0.0863X-171.0193$	0.0144	0.7252	波动增加	↗
	西北	$Y=0.1318X-262.0403$	0.7397	0.0007	显著增加	↑
草地鼠害	华北	$Y=0.0216X-42.4354$	0.2599	0.1091	波动增加	↗
	东北	$Y=0.0062X-12.2048$	0.2615	0.1079	波动增加	↗
	华东	$Y=0.0001X+0.0582$	0.4146	0.0325	显著减少	↓
	华中	$Y=-0.0003X+0.588$	0.1165	0.3043	波动减少	↘
	华南	$Y=-0.0006X+1.2232$	0.2767	0.0965	波动减少	↘
	西南	$Y=0.0772X-152.8325$	0.0119	0.7498	波动增加	↗
	西北	$Y=0.1003X-199.4105$	0.6451	0.0029	显著增加	↑
草地虫害	华北	$Y=0.0010X-1.8897$	0.0290	0.6168	波动增加	↗
	东北	$Y=0.0001X+0.0146$	0.3202	0.0696	波动减少	↘
	华东	$Y=-0.0105X+22.0494$	0.0089	0.7829	波动减少	↘
	华中	$Y=0.0032X-6.2827$	0.0471	0.5217	波动增加	↗
	华南	$Y=-0.0003X+0.5553$	0.0287	0.6185	波动减少	↘
	西南	$Y=0.0128X-25.6377$	0.2849	0.0908	波动增加	↗
	西北	$Y=0.0318X-63.2483$	0.7727	0.0004	显著增加	↑

注：Y 为草地生物灾害发生面积/千万公顷次；X 为年份，2000～2010 年。X 的系数>0 为线性趋势增加，X 系数<0 为线性趋势减少；P 值<0.05 为线性趋势显著，P 值>0.05 为线性趋势波动。

3.3.2.1　各区域草地鼠害

线性回归分析结果表明：2000～2010 年，全国草地鼠害发生面积较大的区域有西南、西北和华北。西南地区草地鼠害 2004～2006 年发生面积较大。西北地区草地鼠害发生面积呈增长趋势。华北地区的草地鼠害发生面积呈波动变化，2003 年、2004 年和 2008 年发生较为严重，而 2005～2007 年发生面积较少（图 3-6，表 3-2）。

3.3.2.2　各区域草地虫害

线性回归分析结果表明：2000～2010 年，全国草地虫害发生面积较大的区域有西北和华北。西北地区草地虫害发生面积呈增长趋势。华北地区的草地虫害发生面积呈波动变化，2004 年发生较为严重（图 3-7，表 3-2）。

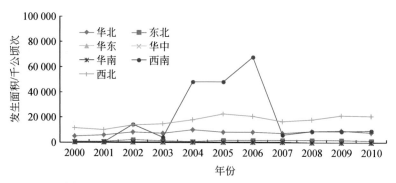

图 3-6　2000～2010 年中国各区域草地鼠害发生面积

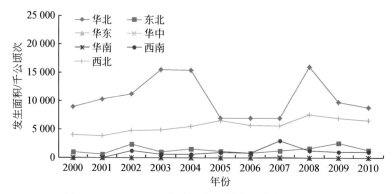

图 3-7　2000～2010 年中国各区域草地虫害发生面积

3.3.3　各省（自治区、直辖市）草地鼠、虫害

2000～2010 年，从全国各省（自治区、直辖市）来看，草地鼠、虫害发生面积大于 5000 千公顷次发生达 11 年的省份有内蒙古和青海；西藏、新疆和甘肃有多年发生面积超过 5000 千公顷次。具体如下所述。

图 3-8 表明，2000 年草地鼠、虫害发生面积大于 5000 千公顷次以上的省份有内蒙古和青海。草地鼠、虫害发生面积为 2000 千～3000 千公顷次的省份有新疆和甘肃。其他省份的鼠、虫害发生面积均小于 2000 千公顷次。

图 3-9 表明，2001 年草地鼠、虫害发生面积大于 5000 千公顷次以上的省份有内蒙古和青海。草地鼠虫害发生面积为 3000 千～4000 千公顷次的省份有新疆和甘肃。其他省份的鼠、虫害发生面积均小于 1000 千公顷次。

2002 年草地鼠、虫害发生面积大于 5000 千公顷次以上的省份有内蒙古、西藏和青海。草地鼠、虫害发生面积为 4000 千～5000 千公顷次的省份有四川和甘肃。草地鼠、虫害发生面积为 2000 千～3000 千公顷次的省份有黑龙江和新疆。其他省份的鼠、虫害发生面积均小于 2000 千公顷次。

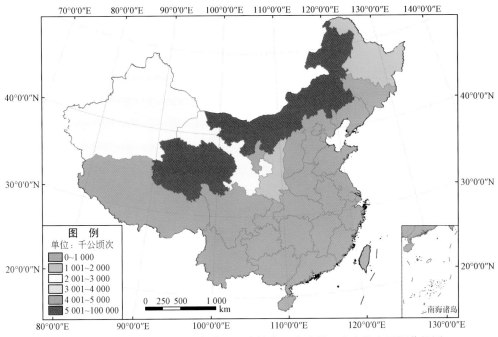

图 3-8　2000 年中国各省（自治区、直辖市）草地鼠、虫害发生面积分级图

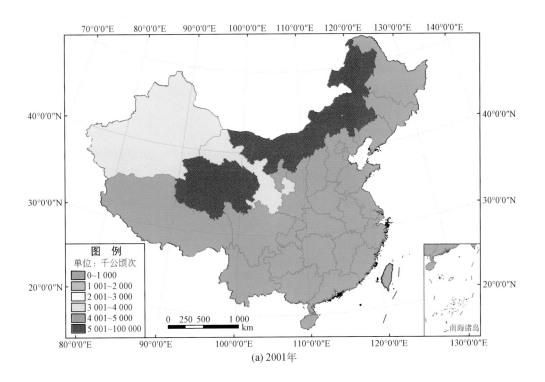

(a) 2001年

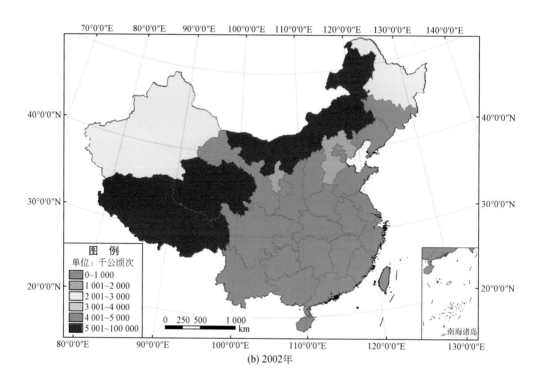

(b) 2002年

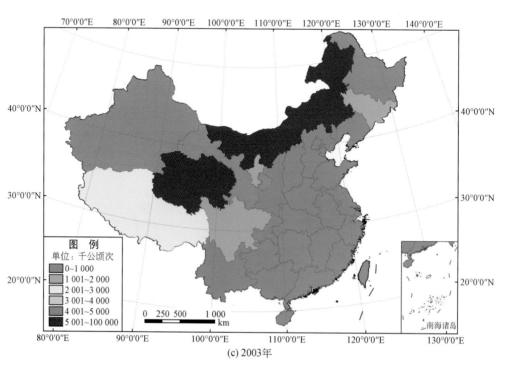

(c) 2003年

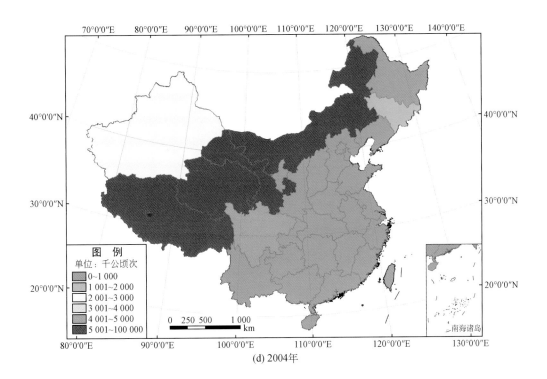

(d) 2004年

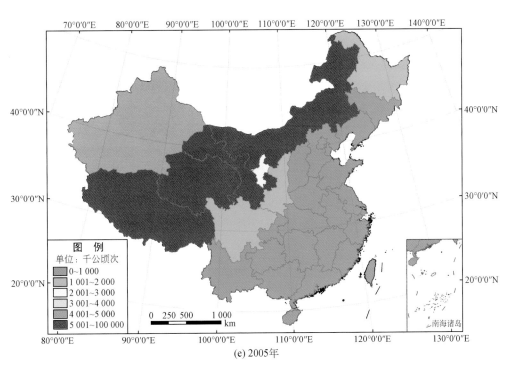

(e) 2005年

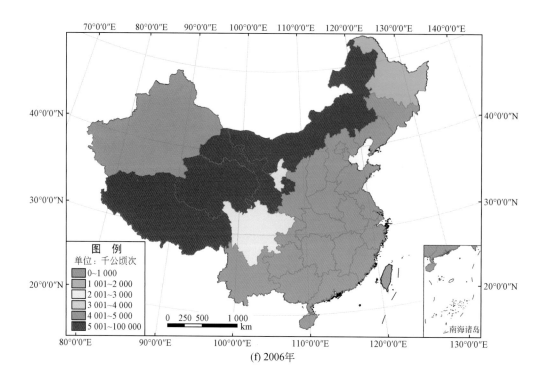

(f) 2006年

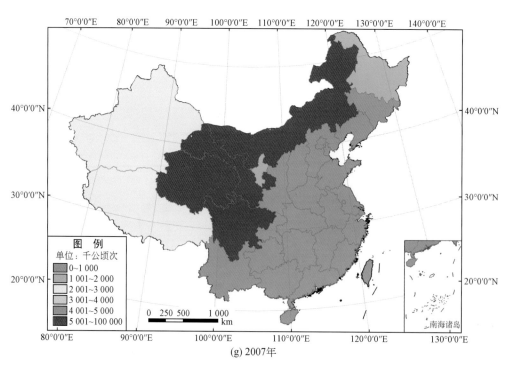

(g) 2007年

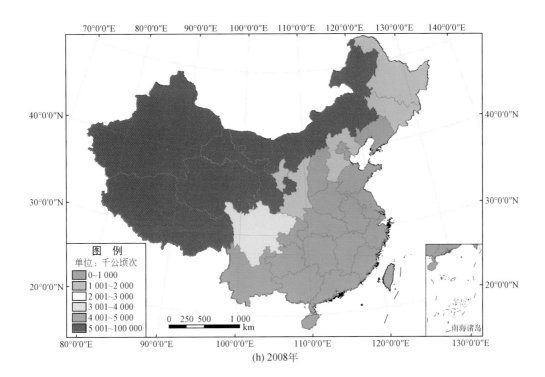

(h) 2008年

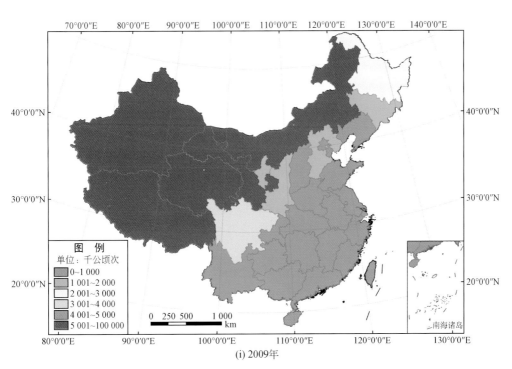

(i) 2009年

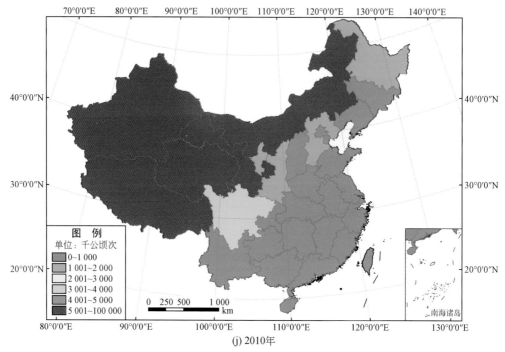

(j) 2010年

图 3-9　2000～2010 年中国各省草地鼠、虫害发生面积分级图

2003 年草地鼠、虫害发生面积大于 5000 千公顷次以上的省份有内蒙古和青海。草地鼠、虫害发生面积为 4000 千～5000 千公顷次的省份有新疆和甘肃。草地鼠、虫害发生面积为 2000 千～3000 千公顷次的省份有西藏。其他省份的鼠虫害发生面积均小于 2000 千公顷次。

2004 年草地鼠、虫害发生面积大于 5000 千公顷次以上的省份有西藏、内蒙古和青海。草地鼠虫害发生面积为 4000 千～5000 千公顷次的省份有四川和甘肃。草地鼠、虫害发生面积为 2000 千～3000 千公顷次的省份有新疆。其他省份的鼠虫害发生面积均小于 2000 千公顷次。

2005 年草地鼠、虫害发生面积大于 5000 千公顷次以上的省份有西藏、内蒙古、甘肃和青海。草地鼠、虫害发生面积为 4000 千～5000 千公顷次的省份有新疆和甘肃。其他省份的鼠、虫害发生面积均小于 2000 千公顷次。

2006 年草地鼠、虫害发生面积大于 5000 千公顷次以上的省份有内蒙古和青海。草地鼠、虫害发生面积为 4000 千～5000 千公顷次的省份包括新疆。草地鼠、虫害发生面积为 2000 千～3000 千公顷次的省份包括四川和宁夏。其他省份的鼠、虫害发生面积均小于 1000 千公顷次。

2007 年草地鼠、虫害发生面积大于 5000 千公顷次以上的省份有内蒙古、甘肃、四川和青海。草地鼠、虫害发生面积为 3000 千～4000 千公顷次的省份有新疆和西藏。其他省份的鼠、虫害发生面积均小于 2000 千公顷次。

2008 年草地鼠、虫害发生面积大于 5000 千公顷次以上的省份有内蒙古、青海、新疆和甘肃。草地鼠、虫害发生面积为 3000 千～4000 千公顷次的省份有四川。其他省份的鼠、虫害发生面积均小于 2000 千公顷次。

2009 年草地鼠、虫害发生面积大于 5000 千公顷次以上的省份有内蒙古、新疆、甘肃、西藏和青海。草地鼠、虫害发生面积为 3000 千～4000 千公顷次的省份有四川。草地鼠、虫害发生面积为 2000 千～3000 千公顷次的省份有黑龙江。其他省份的鼠、虫害发生面积均小于 2000 千公顷次。

2010 年草地鼠、虫害发生面积大于 5000 千公顷次以上的省份有内蒙古、新疆、甘肃、西藏和青海。草地鼠、虫害发生面积为 3000 千～4000 千公顷次的省份有四川。其他省份的鼠、虫害发生面积均小于 2000 千公顷次。

3.3.3.1 各省（自治区、直辖市）草地鼠害

2000～2010 年，从全国各省（自治区、直辖市）来看，草地鼠害发生面积超过 2000 千公顷次的省份有西藏、内蒙古、新疆、青海和四川。具体如下所述。

从图 3-10 可以看出，2000 年草地鼠害发生面积大于 2000 千公顷次以上的省份有内蒙古和青海。草地鼠害发生面积为 1200 千～1600 千公顷次的省份有新疆和甘肃。其他省份的鼠害发生面积均小于 1000 千公顷次。

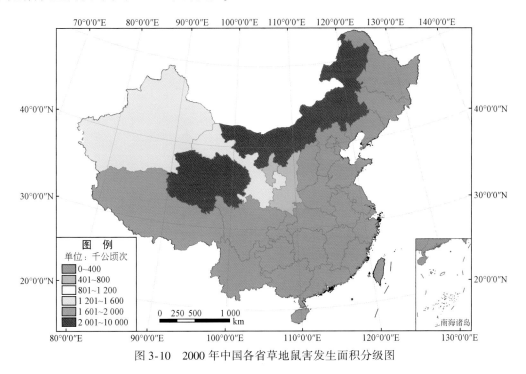

图 3-10　2000 年中国各省草地鼠害发生面积分级图

从图 3-11 可以看出，2001 年草地鼠害发生面积大于 2000 千公顷次以上的省份有内蒙古、甘肃和青海。草地鼠害发生面积为 1600 千～2000 千公顷次的省份有新疆。其他省份的鼠害发生面积均小于 1000 千公顷次。

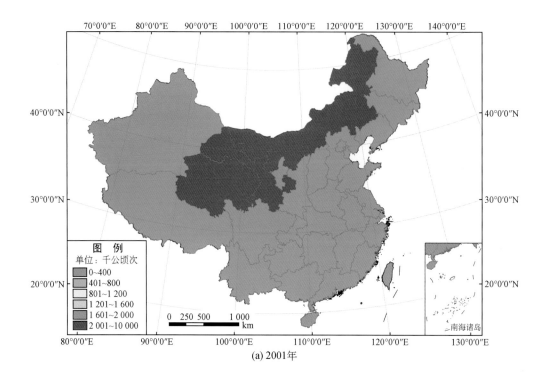

(a) 2001年

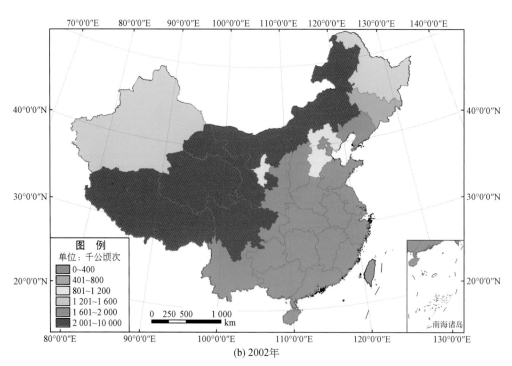

(b) 2002年

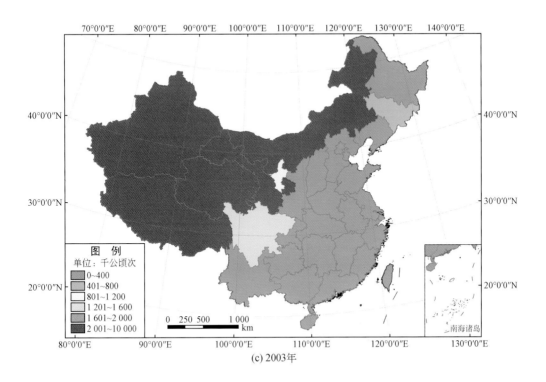

(c) 2003年

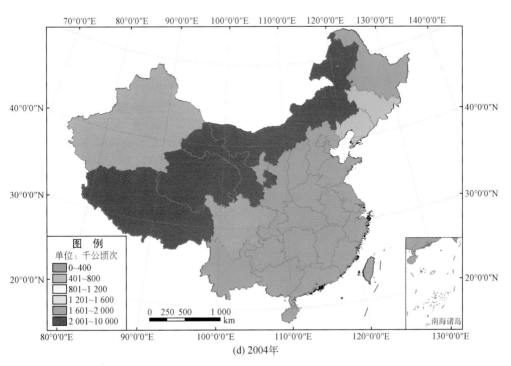

(d) 2004年

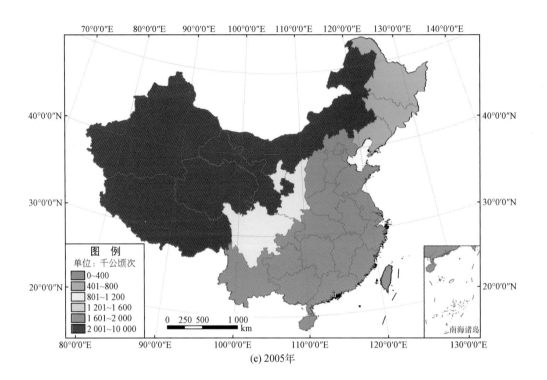

(e) 2005年

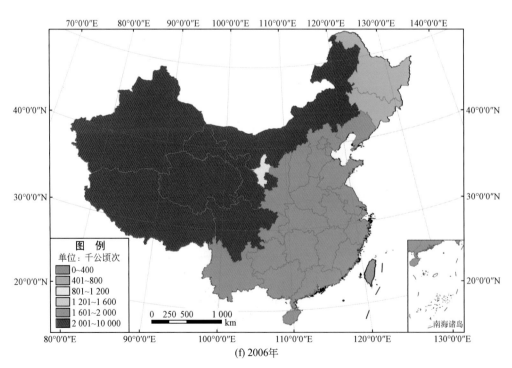

(f) 2006年

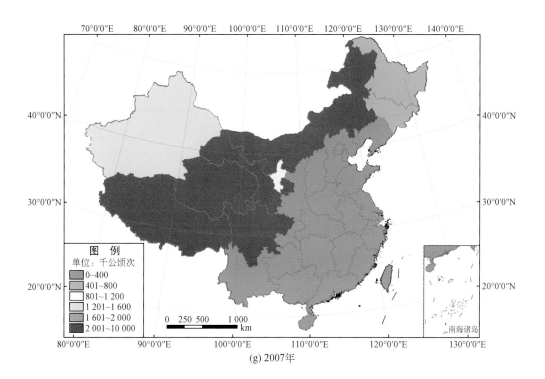

(g) 2007年

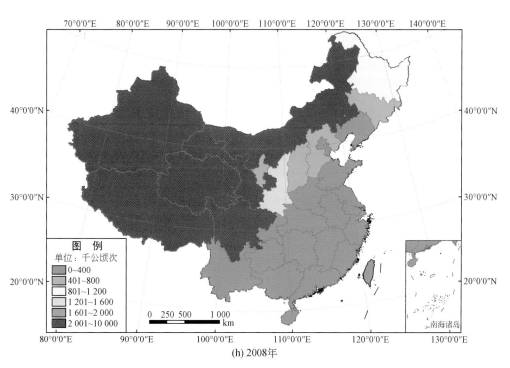

(h) 2008年

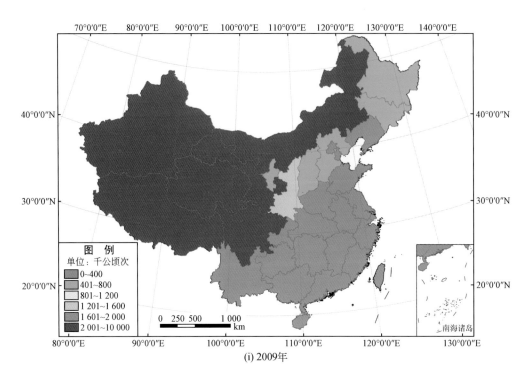

(i) 2009年

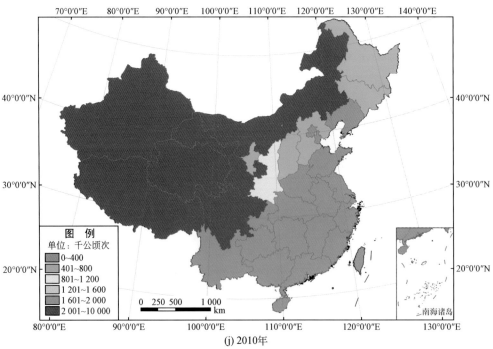

(j) 2010年

图 3-11　2000~2010 年中国各省（自治区、直辖市）草地鼠害发生面积分级图

2002 年草地鼠害发生面积大于 2000 千公顷次以上的省份有西藏、青海、内蒙古、甘肃和四川。草地鼠害发生面积为 1200 千～1600 千公顷次的省份有新疆和黑龙江。其他省份的鼠害发生面积均小于 1000 千公顷次。

2003 年草地鼠害发生面积大于 2000 千公顷次以上的省份有青海、内蒙古、甘肃、新疆和西藏。草地鼠害发生面积为 1000 千～1600 千公顷次的省份有四川和宁夏。其他省份的鼠害发生面积均小于 1000 千公顷次。

2004 年草地鼠害发生面积大于 2000 千公顷次以上的省份有西藏、内蒙古、青海和甘肃。草地鼠害发生面积为 1600 千～2000 千公顷次的省份有四川和新疆。其他省份的鼠害发生面积均小于 1000 千公顷次。

2005 年草地鼠害发生面积大于 2000 千公顷次以上的省份有西藏、青海、内蒙古和甘肃和新疆。草地鼠害发生面积为 1000 千～1200 千公顷次的省份有四川和宁夏。其他省份的鼠害发生面积均小于 1000 千公顷次。

2006 年草地鼠害发生面积大于 2000 千公顷次以上的省份有西藏、青海、内蒙古和甘肃、四川和新疆。草地鼠害发生面积为 1000 千～1200 千公顷次的省份有宁夏。其他省份的鼠害发生面积均小于 1000 千公顷次。

2007 年草地鼠害发生面积大于 2000 千公顷次以上的省份有青海、内蒙古、甘肃、四川和西藏。草地鼠害发生面积为 1200 千～1600 千公顷次的省份有新疆。其他省份的鼠害发生面积均小于 1000 千公顷次。

2008 年草地鼠害发生面积大于 2000 千公顷次以上的省份有内蒙古、青海、西藏、甘肃、新疆和四川。草地鼠害发生面积为 1200 千～1600 千公顷次的省份有陕西。其他省份的鼠害发生面积均小于 1000 千公顷次。

2009 年草地鼠害发生面积大于 2000 千公顷次以上的省份有青海、内蒙古、西藏、甘肃、新疆和四川。草地鼠害发生面积为 1200 千～1600 千公顷次的省份有陕西。其他省份的鼠害发生面积均小于 1000 千公顷次。

2010 年草地鼠害发生面积大于 2000 千公顷次以上的省份有青海、内蒙古、西藏、新疆、甘肃和四川。草地鼠害发生面积为 1200 千～1600 千公顷次的省份有陕西。其他省份的鼠害发生面积均小于 1000 千公顷次。

3.3.3.2 各省（自治区、直辖市）草地虫害

2000～2010 年，从全国各省（自治区、直辖市）来看，草地虫害发生面积多年超过 2000 千公顷次的省份有西藏、内蒙古和青海。具体如下所述。

从图 3-12 可知，2000 年草地虫害发生面积大于 2000 千公顷次以上的省份有内蒙古。草地虫害发生面积为 1200 千～1600 千公顷次的省份有新疆；为 800 千～1200 千公顷次的省份有青海和陕西。其他省份的鼠害发生面积均小于 800 千公顷次。

从图 3-13 可知，2001 年草地虫害发生面积大于 2000 千公顷次以上的省份有内蒙古。草地虫害发生面积为 1200 千～1600 千公顷次的省份有新疆和青海。其他省份的虫害发生面积均小于 800 千公顷次。

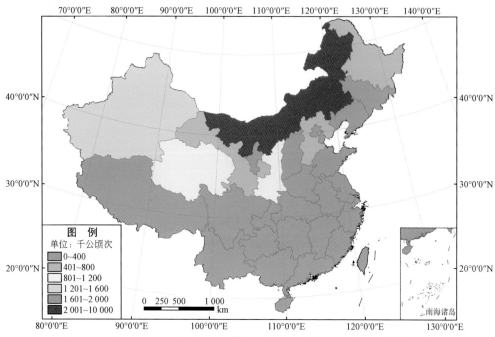

图 3-12　2000 年中国各省（自治区、直辖市）草地虫害发生面积分级图

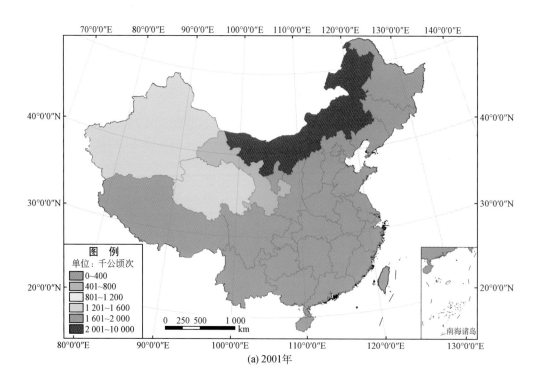

(a) 2001年

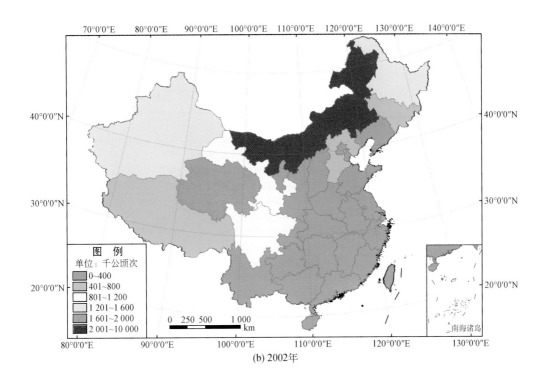

(b) 2002年

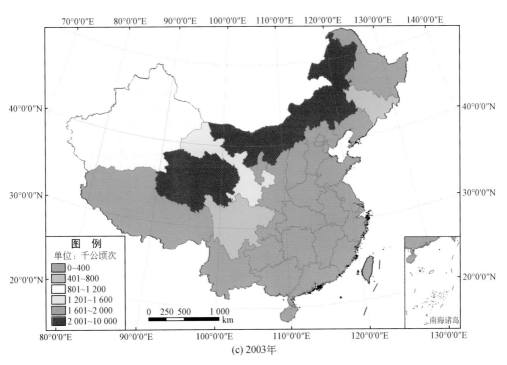

(c) 2003年

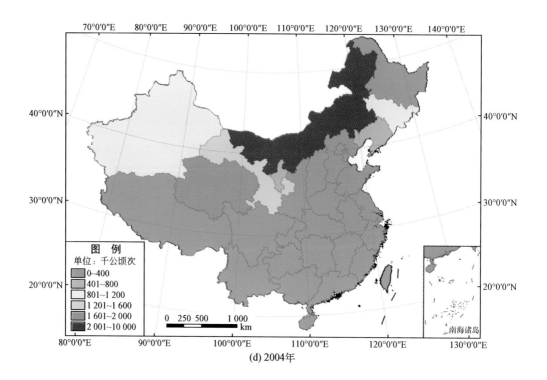

(d) 2004年

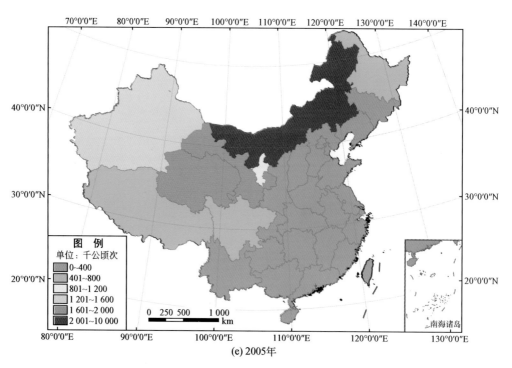

(e) 2005年

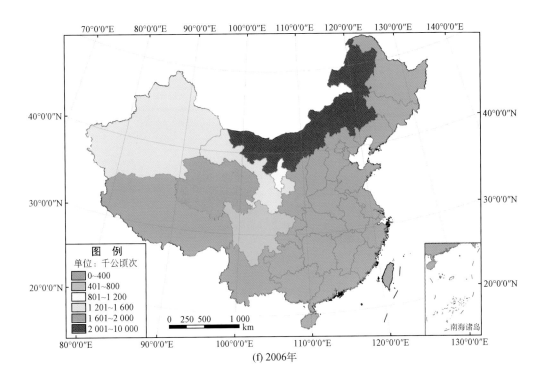

(f) 2006年

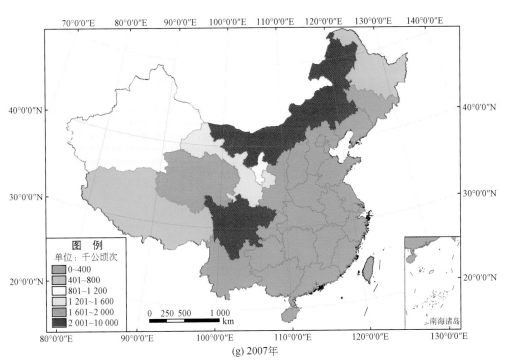

(g) 2007年

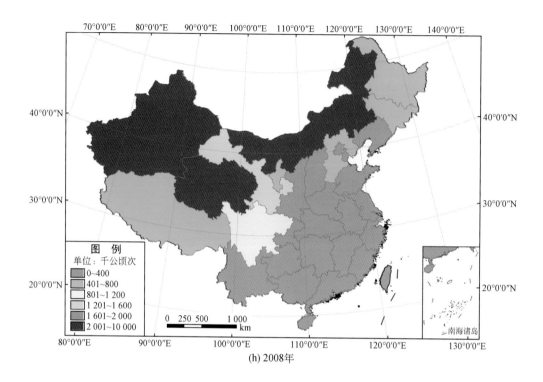

(h) 2008年

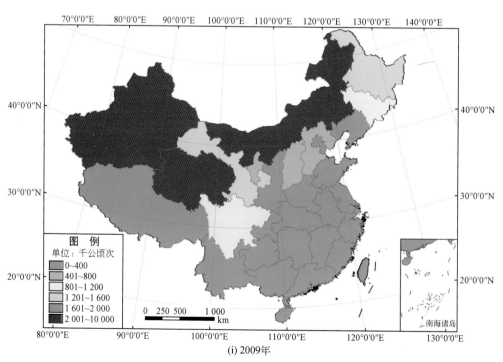

(i) 2009年

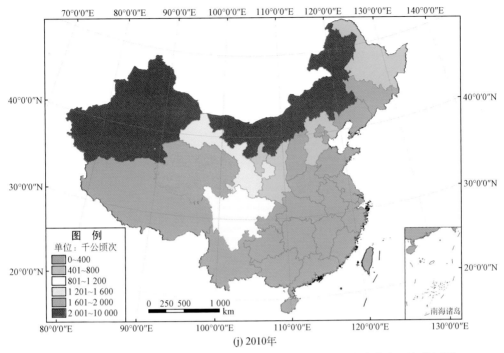

(j) 2010年

图 3-13　2000~2010 年中国各省（自治区、直辖市）草地虫害发生面积分级图

2002 年草地虫害发生面积大于 2000 千公顷次以上的省份有内蒙古。草地虫害发生面积为 1600 千~2000 千公顷次的省份有青海；为 1200 千~1600 千公顷次的省份有新疆和黑龙江；为 800 千~1200 千公顷次的省份有甘肃和四川。其他省份的虫害发生面积均小于 800 千公顷次。

2003 年草地虫害发生面积大于 2000 千公顷次以上的省份有内蒙古和青海。草地虫害发生面积为 1200 千~1600 千公顷次的省份有甘肃；为 800 千~1200 千公顷次的省份有新疆。其他省份的虫害发生面积均小于 800 千公顷次。

2004 年草地虫害发生面积大于 2000 千公顷次以上的省份有内蒙古。草地虫害发生面积为 1600 千~2000 千公顷次的省份有甘肃；为 800 千~1200 千公顷次的省份有新疆和吉林。其他省份的虫害发生面积均小于 800 千公顷次。

2005 年草地虫害发生面积大于 2000 千公顷次以上的省份有内蒙古。草地虫害发生面积为 1600 千~2000 千公顷次的省份有青海和甘肃；为 1200 千~1600 千公顷次的省份有新疆；为 800 千~1200 千公顷次的省份有宁夏。其他省份的虫害发生面积均小于 800 千公顷次。

2006 年草地虫害发生面积大于 2000 千公顷次以上的省份有内蒙古。草地虫害发生面积为 1600 千~2000 千公顷次的省份有青海；为 1200 千~1600 千公顷次的省份有青海和甘肃；为 800 千~1200 千公顷次的省份有宁夏。其他省份的虫害发生面积均小于 800 千公顷次。

2007 年草地虫害发生面积大于 2000 千公顷次以上的省份有内蒙古和四川。草地虫害发生面积为 1600 千~2000 千公顷次的省份有青海；为 1200 千~1600 千公顷次的省份有甘肃；为 800 千~1200 千公顷次的省份有新疆和宁夏。其他省份的虫害发生面积均小于 800 千公顷次。

2008 年草地虫害发生面积大于 2000 千公顷次以上的省份有内蒙古、新疆和青海。草地虫害发生面积为 1200 千~1600 千公顷次的省份有甘肃；为 800 千~1200 千公顷次的省份有四川。其他省份的虫害发生面积均小于 800 千公顷次。

2009 年草地虫害发生面积大于 2000 千公顷次以上的省份有内蒙古、新疆和青海。草地虫害发生面积为 1200 千~1600 千公顷次的省份有甘肃和黑龙江；为 800 千~1200 千公顷次的省份有四川和吉林。其他省份的虫害发生面积均小于 800 千公顷次。

2010 年草地虫害发生面积大于 2000 千公顷次以上的省份有内蒙古和新疆。草地虫害发生面积为 1600 千~2000 千公顷次的省份有青海；为 1200 千~1600 千公顷次的省份有甘肃；为 800 千~1200 千公顷次的省份有四川。其他省份的虫害发生面积均小于 800 千公顷次。

3.4 草地生物灾害发生程度

本评估内容有害生物的发生程度定义为单位种植面积的有害生物的发生面积，即等于发生面积除以草地面积。发生程度分为 5 个等级：1 级轻发生，2 级中等偏轻发生，3 级中等发生，4 级中等偏重发生，5 级大发生。本节分别从全国、全国各区域和全国各省 3 个空间尺度分析草地生物灾害发生程度的变化趋势和空间分布。

草地鼠、虫害发生程度 D（发生率）＝鼠、虫害发生面积／草地面积×100%

1 级（0<D≤5%）轻发生；

2 级（5<D≤10%）中等偏轻发生；

3 级（10<D≤15%）中等发生；

4 级（15<D≤20%）中等偏重发生；

5 级（20<D≤60%）大发生。

3.4.1 全国草地鼠、虫害

据中国畜牧业统计资料，线性回归分析结果表明：2000~2010 年中国草地生物灾害发生程度总体上呈增长趋势（图 3-14，表 3-3）。中国草地鼠、虫害发生程度 2000~2006 年波动上升，2007~2010 年发生程度稳定在 9% 左右；类似地，草地鼠害发生程度 2000~2006 年波动上升，2007~2010 年发生程度稳定在 6% 左右；草地鼠害发生程度在 3% 左右波动变化。

表 3-3　全国草原生物灾害发生程度与年份的线性关系

区域范围	草原生物灾害	线性方程	相关系数 R^2	P 值	趋势	
全国	草原鼠虫害	$Y=0.385X-762.6995$	0.3433	0.0582	波动增加	↗
	草原鼠害	$Y=0.2701X-535.8325$	0.2865	0.0898	波动增加	↗
	草原虫害	$Y=0.1172X-231.5755$	0.3236	0.0678	波动增加	↗

注：Y 为草原生物灾害发生程度/%；X 为年份，2000~2010 年。X 系数>0 为线性趋势增加，X 系数<0 为线性趋势减少；P 值<0.05 为线性趋势显著，P 值>0.05 为线性趋势波动。

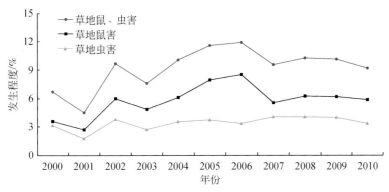

图 3-14　2000～2010 年中国草地鼠、虫害发生程度趋势图

3.4.2　各区域草地鼠、虫害

从全国各区域来看，线性回归分析结果表明：2000～2010 年西北、东北和华北地区草地鼠、虫害发生程度呈增长趋势；西南地区草地鼠、虫害发生程度前期先增加，后期减少（图 3-15，表 3-4）。

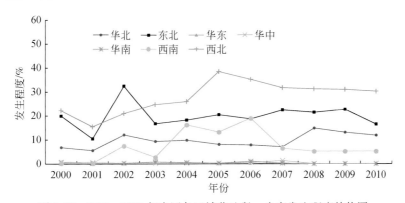

图 3-15　2000～2010 年中国各区域草地鼠、虫害发生程度趋势图

表 3-4　全国各地区草原生物灾害发生程度与年份的线性关系

草原生物灾害	区域范围	线性方程	相关系数 R^2	P 值	趋势	
草原鼠、虫害	华北	$Y=0.5128X-1018.7541$	0.3390	0.0602	波动增加	↗
	东北	$Y=0.0905X-161.5412$	0.0031	0.8708	波动增加	↗
	华东	$Y=-0.0043X+8.5573$	0.3081	0.0763	波动减少	↘
	华中	$Y=-0.0311X+62.5671$	0.0874	0.3773	波动减少	↘
	华南	$Y=-0.0251X+50.609$	0.0717	0.4259	波动减少	↘
	西南	$Y=0.4442X-883.3075$	0.0560	0.4835	波动增加	↗
	西北	$Y=1.4152X-2809.6371$	0.4840	0.0174	显著增加	↑

续表

草原生物灾害	区域范围	线性方程	相关系数 R^2	P 值	趋势	
草原鼠害	华北	$Y = 0.3735X - 744.5971$	0.4652	0.0208	显著增加	↑
	东北	$Y = 0.0809X - 152.4944$	0.0099	0.7705	波动增加	↗
	华东	$Y = -0.0039X + 7.8177$	0.4354	0.0272	显著减少	↓
	华中	$Y = -0.0143X + 28.8286$	0.1125	0.3133	波动减少	↘
	华南	$Y = -0.0212X + 42.7634$	0.0542	0.4907	波动减少	↘
	西南	$Y = 0.3642X - 723.9204$	0.0429	0.5412	波动增加	↗
	西北	$Y = 0.9153X - 1816.0479$	0.4829	0.0176	显著增加	↑
草原虫害	华北	$Y = 0.1355X - 266.5375$	0.1084	0.3227	波动增加	↗
	东北	$Y = 0.0095X - 8.9768$	0.0001	0.9786	波动增加	↗
	华东	$Y = 0.0001X + 0.0952$	0.0001	0.9753	波动减少	↘
	华中	$Y = -0.0173X + 34.7689$	0.0385	0.5631	波动减少	↘
	华南	$Y = -0.0081X + 16.2951$	0.0990	0.3461	波动减少	↘
	西南	$Y = 0.105X - 209.7677$	0.2929	0.0856	波动增加	↗
	西北	$Y = 0.4956X - 984.8487$	0.3115	0.0744	波动增加	↗

注：Y 草原生物灾害发生程度/%；X 为年份，2000~2010 年。X 系数>0 为线性趋势增加，X 系数<0 为线性趋势减少；P 值<0.05 为线性趋势显著，P 值>0.05 为线性趋势波动。

3.4.2.1　各区域草地鼠害

从全国各区域来看，线性回归分析结果表明：2000~2010 年西北、东北和华北地区草地鼠害发生程度呈现增长趋势；西南地区草地鼠害发生程度前期先增加，后期减少（图 3-16，表 3-4）。

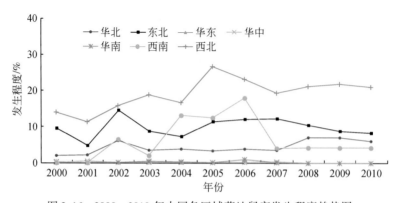

图 3-16　2000~2010 年中国各区域草地鼠害发生程度趋势图

3.4.2.2 各区域草地虫害

从全国各区域来看，2000～2010 年西北、东北和华北地区草地鼠、虫害发生程度呈增长趋势（图 3-17，表 3-4）。

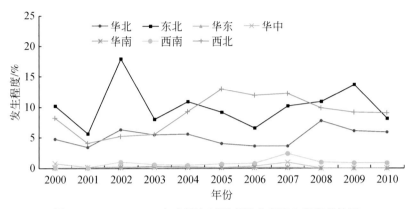

图 3-17 2000～2010 年全国各区域草地虫害发生程度趋势图

3.4.3 各省（自治区、直辖市）草地鼠、虫害

草地鼠、虫害的发生程度（发生率）定义为单位草地面积的有害生物的发生面积，即等于发生面积（千公顷次）除以草地面积（千 hm²）。草地鼠虫害发生程度 D（发生率）＝鼠虫害发生面积/草地面积×100％，发生程度分为 5 个等级：

1 级（0<D≤5％）轻发生；

2 级（5<D≤10％）中等偏轻发生；

3 级（10<D≤15％）中等发生；

4 级（15<D≤20％）中等偏重发生；

5 级（20<D≤60％）大发生。

2000～2010 年，从全国各省（自治区、直辖市）来看，草地鼠、虫害发生程度为 5 级大发生范围有扩张趋势。具体如下所述。

图 3-18 表明，2000 年草地鼠、虫害发生程度为 5 级大发生的省份有黑龙江、青海、陕西和宁夏；4 级中等偏重发生的省份有内蒙古、吉林和辽宁；3 级中等发生的省份有甘肃和河北。其他省份为 2 级中等偏轻发生和 1 级轻发生。

图 3-19 表明，2001 年草地鼠、虫害发生程度为 5 级大发生的省份有宁夏；4 级中等偏重发生的省份有内蒙古、青海、甘肃和辽宁。其他省份为 2 级中等偏轻发生和 1 级轻发生。

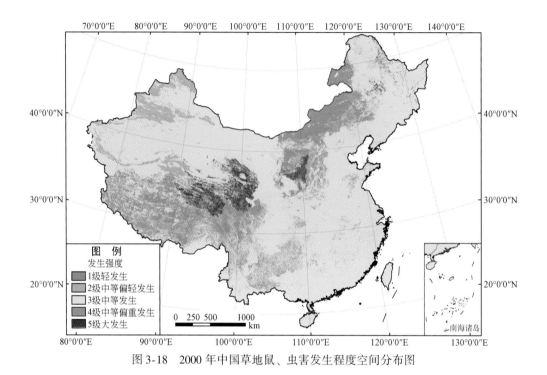

图 3-18　2000 年中国草地鼠、虫害发生程度空间分布图

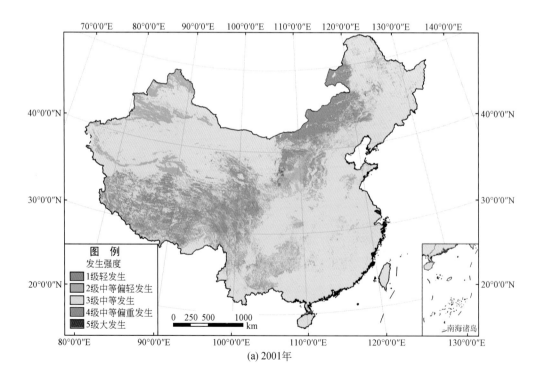

(a) 2001年

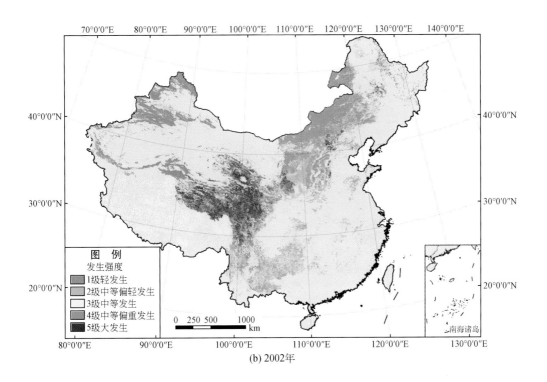

(b) 2002年

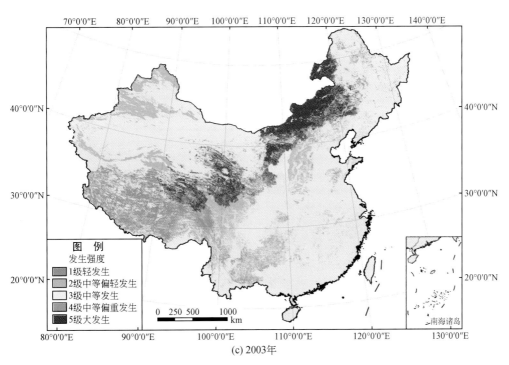

(c) 2003年

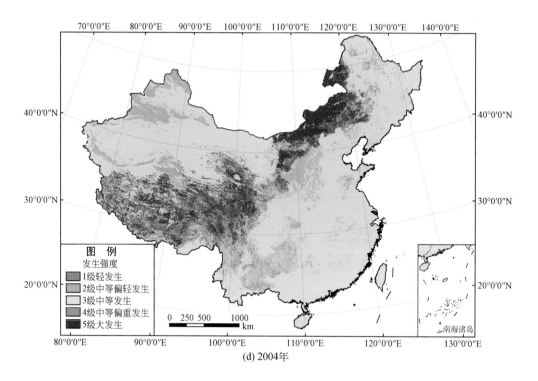

(d) 2004年

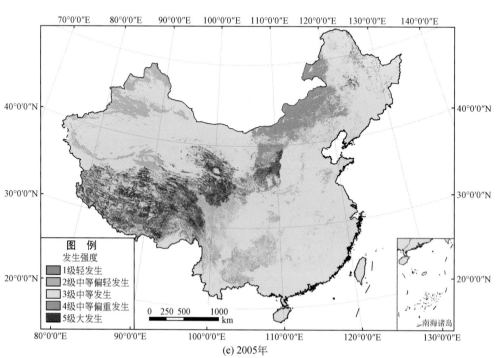

(e) 2005年

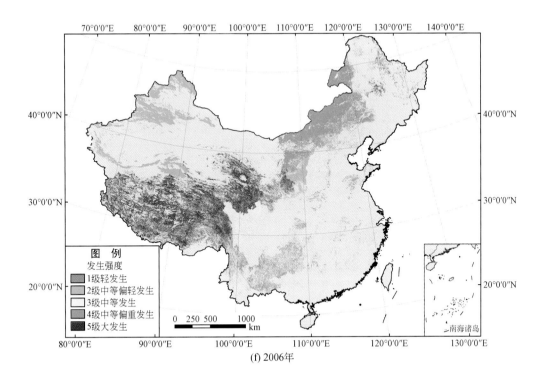

(f) 2006年

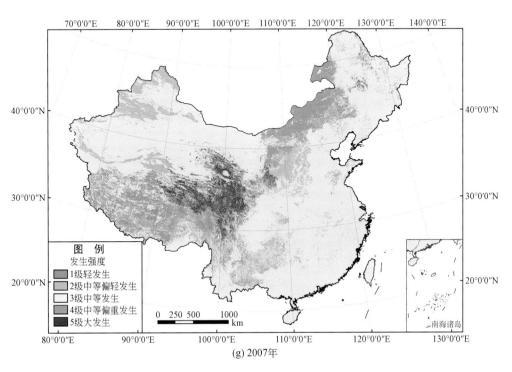

(g) 2007年

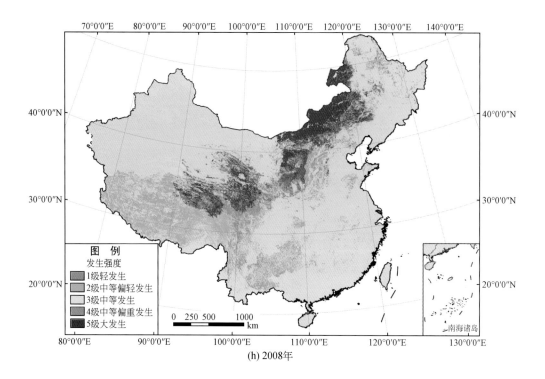

(h) 2008年

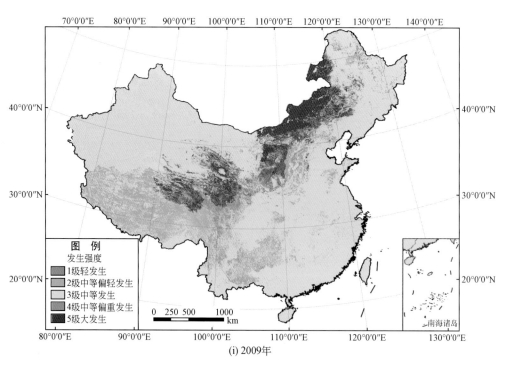

(i) 2009年

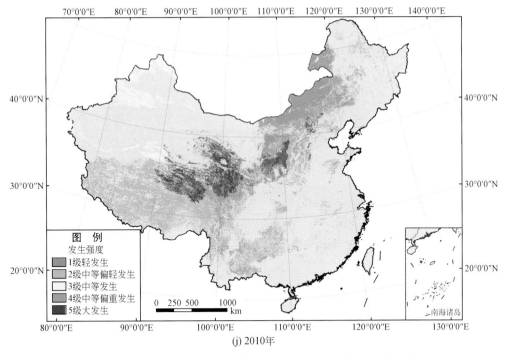

图 3-19　2001～2010 年中国草地鼠、虫害发生程度空间分布图

2002 年草地鼠、虫害发生程度为 5 级大发生的省份有青海、四川、甘肃、河北和宁夏；4 级中等偏重发生的省份有内蒙古和吉林；3 级中等发生的省份有辽宁。其他省份为 2 级中等偏轻发生和 1 级轻发生。

2003 年草地鼠、虫害发生程度为 5 级大发生的省份有内蒙古、青海、甘肃、辽宁、吉林和宁夏；4 级中等偏重发生的省份有河北；3 级中等发生的省份有陕西。其他省份为 2 级中等偏轻发生和 1 级轻发生。

2004 年草地鼠、虫害发生程度为 5 级大发生的省份有内蒙古、青海、甘肃、宁夏、西藏、四川、辽宁和吉林；3 级中等发生的省份有河北。其他省份为 2 级中等偏轻发生和 1 级轻发生。

2005 年草地鼠、虫害发生程度为 5 级大发生的省份有黑龙江、辽宁、青海、西藏、陕西和甘肃；4 级中等偏重发生的省份有内蒙古；3 级中等发生的省份有山西。其他省份为 2 级中等偏轻发生和 1 级轻发生。

2006 年草地鼠、虫害发生程度为 5 级大发生的省份有黑龙江、青海和甘肃；4 级中等偏重发生的省份有内蒙古和辽宁；3 级中等发生的省份有吉林、山西和四川 3 个省。其他省份为 2 级中等偏轻发生和 1 级轻发生。

2007 年草地鼠、虫害发生程度为 5 级大发生的省份有黑龙江、青海、甘肃和四川；4 级中等偏重发生的省份有内蒙古；3 级中等发生的省份有吉林和河北。其他省份为 2 级中等偏轻发生和 1 级轻发生。

2008 年草地鼠、虫害发生程度为 5 级大发生的省份有黑龙江、内蒙古、河北、青海、甘肃、陕西和宁夏；4级中等偏重发生的省份有四川、山西、吉林和辽宁；3级中等发生的省份有新疆。其他省份为2级中等偏轻发生和1级轻发生。

2009年草地鼠、虫害发生程度为5级大发生的省份有黑龙江、吉林、内蒙古、河北、青海、甘肃、陕西和宁夏；4级中等偏重发生的省份有山西和四川；3级中等发生的省份有河北和新疆。其他省份2级中等偏轻发生和1级轻发生。

2010年草地鼠、虫害发生程度为5级大发生的省份有青海、甘肃、陕西、河北和宁夏；4级中等偏重发生的省份有内蒙古、黑龙江、吉林、辽宁、山西和四川；3级中等发生的省份有新疆。其他省份为2级中等偏轻发生和1级轻发生。

3.4.3.1 各省（自治区、直辖市）草地鼠害

草地鼠害的发生程度（发生率）定义为单位草地面积的有害生物的发生面积，即等于发生面积（千公顷次）除以草地面积（千 hm^2）。草地鼠害发生程度 D（发生率）= 鼠害发生面积／草地面积×100% ，发生程度分为5个等级：

1级（$0 < D \leqslant 3\%$）轻发生；

2级（$3 < D \leqslant 6\%$）中等偏轻发生；

3级（$6 < D \leqslant 9\%$）中等发生；

4级（$9 < D \leqslant 12\%$）中等偏重发生；

5级（$12 < D \leqslant 40\%$）大发生。

2000~2010年，从全国各省（自治区、直辖市）来看，草地鼠害发生程度多年为5级大发生的省份有青海、甘肃、宁夏和黑龙江等。具体如下所述。

图3-20表明，2000年草地鼠害发生程度为5级大发生的省份有吉林、青海、陕西和宁夏；4级中等偏重发生的省份有辽宁；3级中等发生的省份有黑龙江和甘肃。其他省份为2级中等偏轻发生和1级轻发生。

图3-21表明，2001年草地鼠害发生程度为5级大发生的省份有青海、宁夏和甘肃；3级中等偏重发生的省份有内蒙古和辽宁。其他省份为2级中等偏轻发生和1级轻发生。

2002年草地鼠害发生程度为5级大发生的省份有黑龙江、河北、青海、甘肃、西藏、四川和宁夏；3级中等发生的省份有内蒙古和吉林。其他省份为2级中等偏轻发生和1级轻发生。

2003年草地鼠害发生程度为5级大发生的省份有吉林、青海和甘肃；4级中等偏重发生的省份有辽宁；3级中等发生的省份有内蒙古、河北、陕西和四川。其他省份为2级中等偏轻发生和1级轻发生。

2004年草地鼠害发生程度为5级大发生的省份有辽宁、青海、陕西和宁夏；4级中等偏重发生的省份有内蒙古；3级中等发生的省份有吉林、河北和四川。其他省份为2级中等偏轻发生和1级轻发生。

2005年草地鼠害发生程度为5级大发生的省份有黑龙江、辽宁、青海、甘肃和陕西；4级中等偏重发生的省份有内蒙古；3级中等发生的省份有新疆和吉林。其他省份为2级中等偏轻发生和1级轻发生。

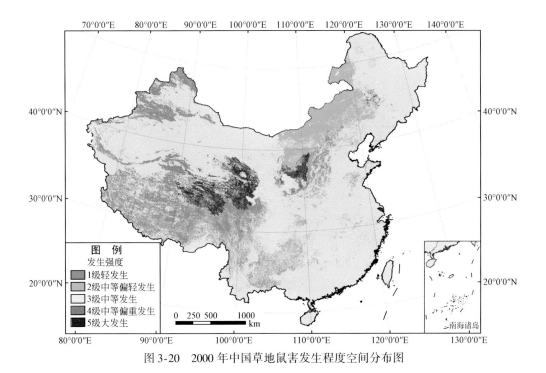

图 3-20　2000 年中国草地鼠害发生程度空间分布图

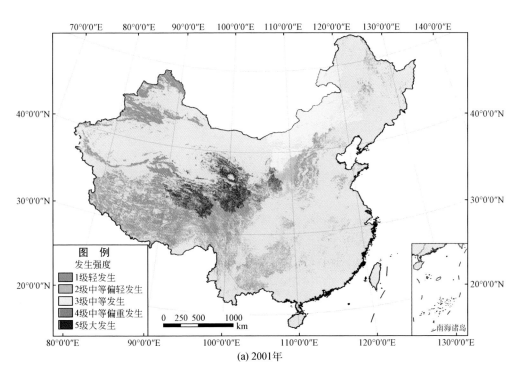

(a) 2001年

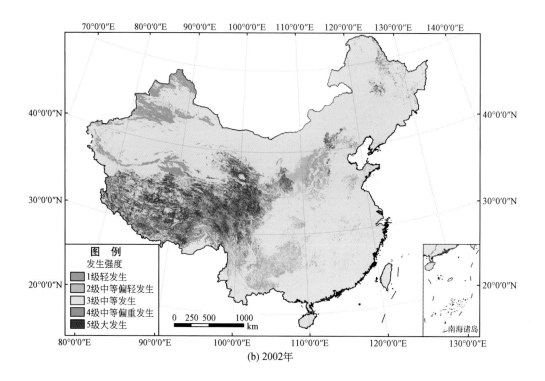

(b) 2002年

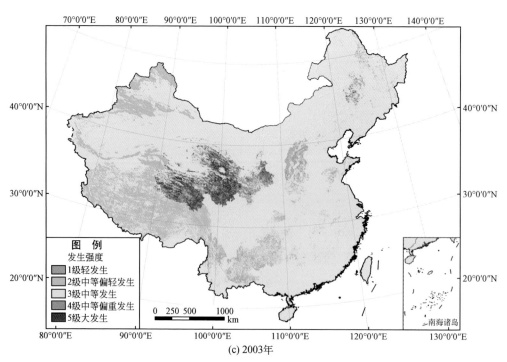

(c) 2003年

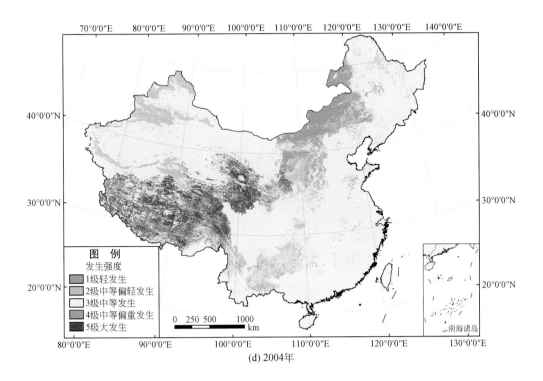

(d) 2004年

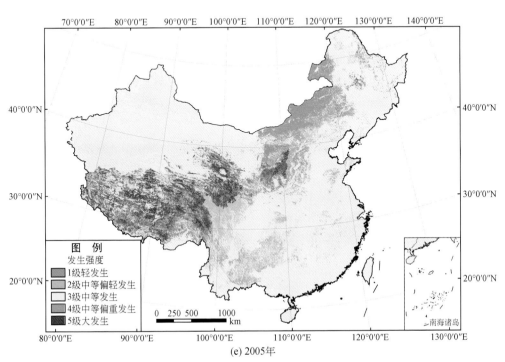

(e) 2005年

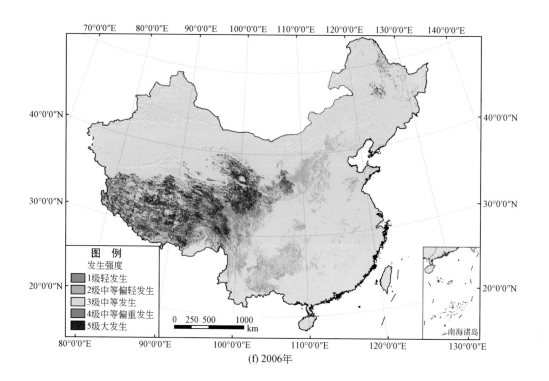

(f) 2006年

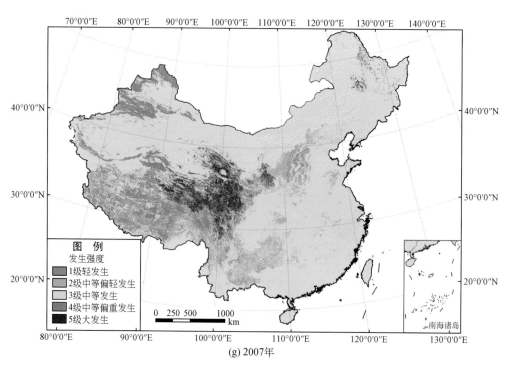

(g) 2007年

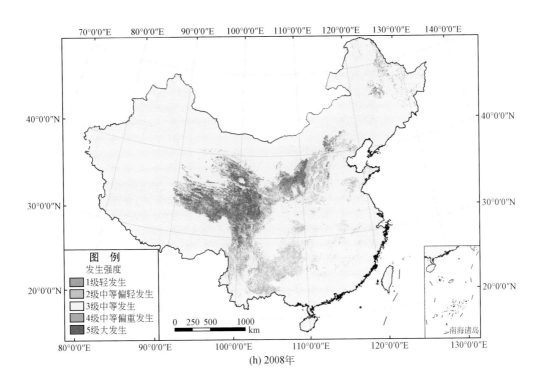

(h) 2008年

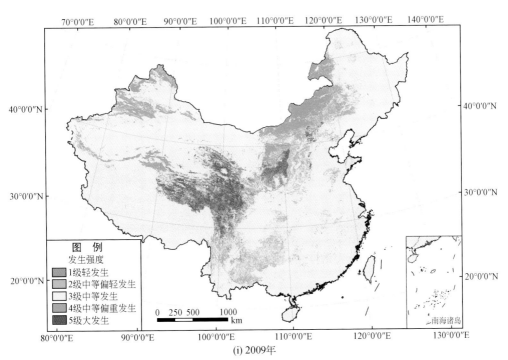

(i) 2009年

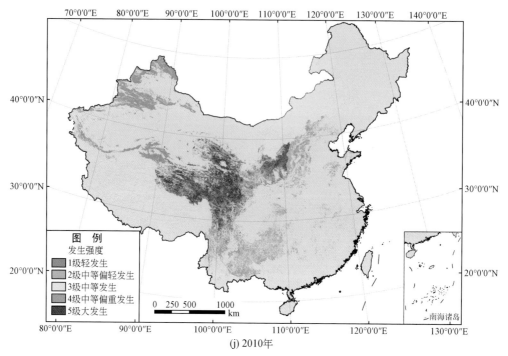

(j) 2010年

图3-21　2001～2010年中国草地鼠害发生程度空间分布图

2006 年草地鼠害发生程度为 5 级大发生的省份有黑龙江、青海和甘肃；4 级中等偏重发生的省份有辽宁；3 级中等发生的省份有吉林、内蒙古和新疆。其他省份为 2 级中等偏轻发生和 1 级轻发生。

2007 年草地鼠害发生程度为 5 级大发生的省份有黑龙江、青海、四川、甘肃和宁夏；4 级中等偏重发生的省份有辽宁；3 级中等发生的省份有吉林和内蒙古。其他省份为 2 级中等偏轻发生和 1 级轻发生。

2008 年草地鼠害发生程度为 5 级大发生的省份有黑龙江、青海、四川、陕西、甘肃、宁夏和河北；4 级中等偏重发生的省份有山西；3 级中等发生的省份有吉林、辽宁、内蒙古、西藏和新疆。其他省份为 2 级中等偏轻发生和 1 级轻发生。

2009 年草地鼠害发生程度为 5 级大发生的省份有河北、青海、四川、甘肃、陕西和宁夏；4 级中等偏重发生的省份有吉林、山西、内蒙古和新疆；3 级中等发生的省份有黑龙江、西藏和辽宁。其他省份为 2 级中等偏轻发生和 1 级轻发生。

2010 年草地鼠害发生程度为 5 级大发生的省份有青海、甘肃、四川、陕西和宁夏；4 级中等偏重发生的省份有河北、山西和新疆；3 级中等发生的省份有黑龙江、吉林、辽宁、内蒙古和西藏。其他省份为 2 级中等偏轻发生和 1 级轻发生。

3.4.3.2　各省（自治区、直辖市）草地虫害

草地虫害的发生程度（发生率）定义为单位草地面积的有害生物的发生面积，即等于发生面积（千公顷次）除以草地面积（千 hm^2）。草地虫害发生程度 D（发生率）＝虫害

发生面积/草地面积×100% ，发生程度分为 5 个等级：

1 级（0<D≤2%）轻发生；

2 级（2<D≤4%）中等偏轻发生；

3 级（4<D≤6%）中等发生；

4 级（6<D≤8%）中等偏重发生；

5 级（8<D≤40%）大发生。

2000~2010 年，从全国各省（自治区、直辖市）来看，草地虫害发生程度多年为 5 级大发生的省份有青海、甘肃、宁夏和黑龙江等。具体如下所述。

图 3-22 表明，2000 年草地虫害发生程度为 5 级大发生的省份有黑龙江、内蒙古、陕西和河北；4 级中等偏重发生的省份有辽宁；3 级中等发生的省份有吉林和宁夏。其他省份为 2 级中等偏轻发生和 1 级轻发生。

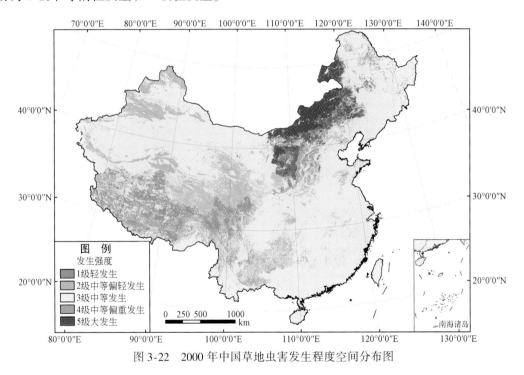

图 3-22 2000 年中国草地虫害发生程度空间分布图

图 3-23 表明，2001 年草地虫害发生程度为 5 级大发生的省份有内蒙古和辽宁；3 级中等偏重发生的省份有甘肃、陕西和宁夏。其他省份为 2 级中等偏轻发生和 1 级轻发生。

2002 年草地虫害发生程度为 5 级大发生的省份有黑龙江、吉林、辽宁、内蒙古、河北和宁夏；4 级中等偏重发生的省份有辽宁；3 级中等发生的省份有吉林和宁夏。其他省份为 2 级中等偏轻发生和 1 级轻发生。

2003 年草地虫害发生程度为 5 级大发生的省份有吉林、辽宁、内蒙古、河北和宁夏；4 级中等偏重发生的省份有甘肃和河北；3 级中等发生的省份有青海和陕西。其他省份为 2 级中等偏轻发生和 1 级轻发生。

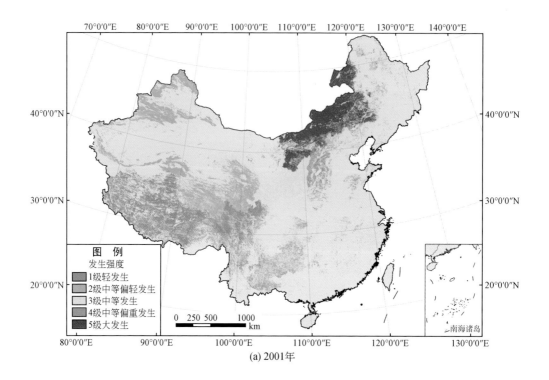

(a) 2001年

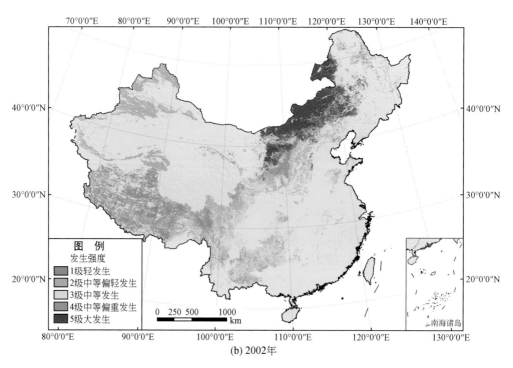

(b) 2002年

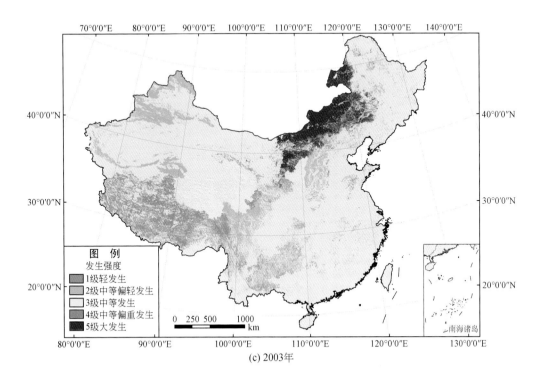

(c) 2003年

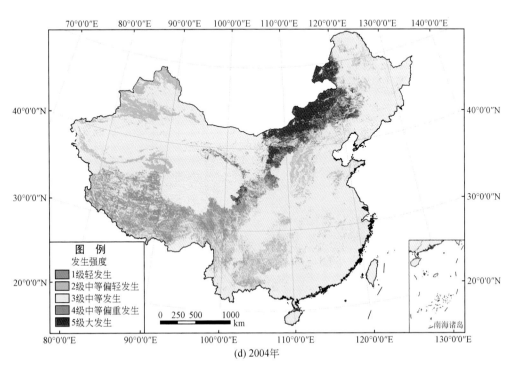

(d) 2004年

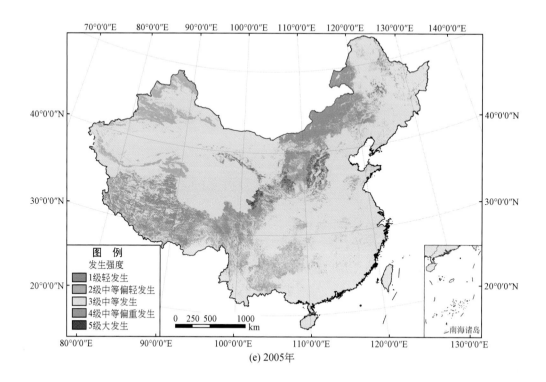

(e) 2005年

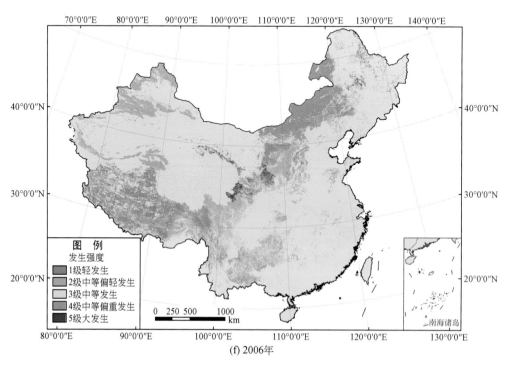

(f) 2006年

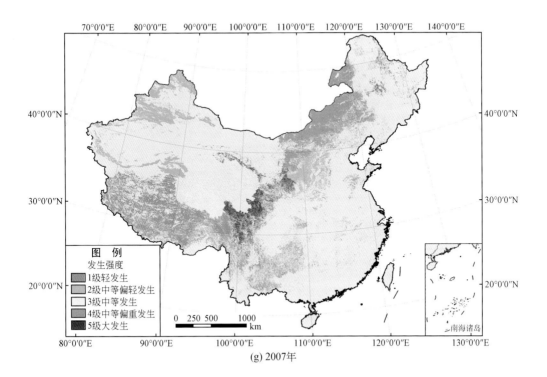

(g) 2007年

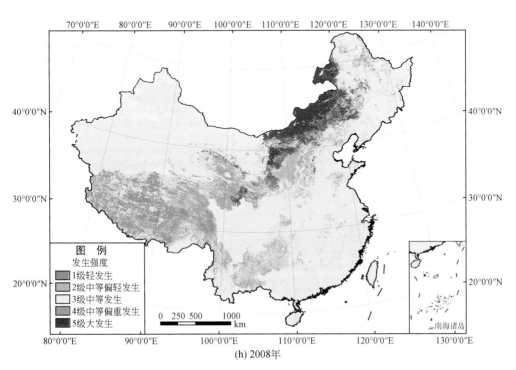

(h) 2008年

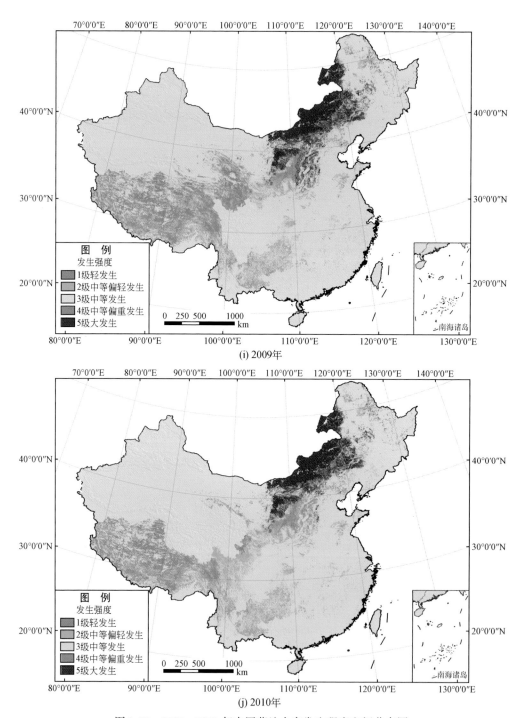

(i) 2009年

(j) 2010年

图3-23　2001～2010年中国草地虫害发生程度空间分布图

2004 年草地虫害发生程度为 5 级大发生的省份有吉林、辽宁、内蒙古、甘肃和宁夏；4 级中等偏重发生的省份有河北；3 级中等发生的省份有青海和陕西。其他省份为 2 级中等偏轻发生和 1 级轻发生。

2005 年草地虫害发生程度为 5 级大发生的省份有黑龙江、辽宁、山西、甘肃和宁夏；4 级中等偏重发生的省份有内蒙古和陕西；3 级中等发生的省份有青海和河北。其他省份为 2 级中等偏轻发生和 1 级轻发生。

2006 年草地虫害发生程度为 5 级大发生的省份有黑龙江、辽宁和甘肃；4 级中等偏重发生的省份有山西和内蒙古；3 级中等发生的省份有青海和河北。其他省份为 2 级中等偏轻发生和 1 级轻发生。

2007 年草地虫害发生程度为 5 级大发生的省份有黑龙江、辽宁、甘肃和四川；4 级中等偏重发生的省份有河北和内蒙古；3 级中等发生的省份有吉林和青海。其他省份为 2 级中等偏轻发生和 1 级轻发生。

2008 年草地虫害发生程度为 5 级大发生的省份有黑龙江、吉林、辽宁、内蒙古、河北、甘肃和宁夏；4 级中等偏重发生的省份有陕西、甘肃和青海；3 级中等发生的省份有辽宁、新疆和四川。其他省份为 2 级中等偏轻发生和 1 级轻发生。

2009 年草地虫害发生程度为 5 级大发生的省份有黑龙江、吉林、内蒙古、河北、山西和宁夏；4 级中等偏重发生的省份有辽宁；3 级中等发生的省份有吉林和宁夏。其他省份为 2 级中等偏轻发生和 1 级轻发生。

2010 年草地虫害发生程度为 5 级大发生的省份有黑龙江、吉林、辽宁、内蒙古、河北和宁夏；4 级中等偏重发生的省份有甘肃、山西和陕西；3 级中等发生的省份有青海和新疆。其他省份为 2 级中等偏轻发生和 1 级轻发生。

第4章 森林生物灾害致灾因素的危险性

明确森林生物灾害致灾因素的危险性是森林保护的重要环节。本章重点阐述了中国 2000~2010 年森林病、虫、鼠害等的类型、分布范围、发生面积和发生程度。

4.1 森林生物灾害类型

中国森林构成复杂、类型多样，南北各异，因而病、虫、鼠害发生情况也颇为复杂、多样，且因不同森林树种、类型而使其严重受害的病、虫、鼠害情况各异。

4.1.1 森林病、虫害

4.1.1.1 杨树主要有害生物类型

主要病害：青杨叶锈病、胡杨锈病、杨树叶枯病、杨树黑斑病（杨树褐斑病）、毛白杨瘿螨、杨树白粉病、杨树炭疽病、杨树花叶病毒病、杨树大斑病、杨树黑星病、杨树破腹病（生理性）、杨树冠瘿病、杨树灰斑病、杨树细菌溃疡病、杨树烂皮病等。

主要食叶类害虫：山杨麦蛾、春尺蠖、白杨枯叶蛾、黄翅缀叶野螟、杨二尾舟蛾、杨扇舟蛾、分月扇舟蛾、柳扇舟蛾、杨柳小卷蛾、美国白蛾、杨白潜蛾、柳细蛾、黄褐天幕毛虫、杨小舟蛾、杨银叶潜蛾、蓝目天蛾、杨毒蛾、柳毒蛾、杨锤角叶蜂、杨大叶蜂、杨潜叶叶蜂、河曲丝角叶蜂、杨扁角叶蜂、白杨叶甲、柳九星叶甲、黑绒鳃金龟、杨梢叶甲、柳蓝叶甲、杨潜叶跳象、大灰象等。

主要蛀干类害虫：光肩星天牛、桑天牛、杨红颈天牛、云斑天牛、杨干象、杨锦纹截尾吉丁、锈斑楔天牛、青杨楔天牛、青杨脊虎天牛、芳香木蠹蛾东方亚种、白杨透翅蛾、杨干透翅蛾、钻具木蠹蛾、烟扁角树蜂等。

4.1.1.2 松树主要有害生物类型

主要病害：松材线虫病、松针锈病、松树落针病、赤落叶病、松针褐斑病、松针红斑病、赤枯病、云杉叶锈病、云杉雪枯病、云杉落针病、松枯梢病、松疱锈病、松树烂皮病、落叶松褐锈病、落叶松枯梢病、松树溃疡病、松瘤锈病等。

主要食叶类害虫：云南松毛虫、思茅松毛虫、马尾松毛虫、德昌松毛虫、文山松毛虫、赤松毛虫、侧柏松毛虫、落叶松毛虫、油松毛虫、云杉黄卷蛾、双肩尺蛾、华北落叶松鞘蛾、落叶松尺蛾、落叶松卷蛾、松线小卷蛾、落叶松绥尺蛾、阿扁叶蜂属、腮扁叶蜂属、松叶蜂属、油松吉松叶蜂、新松叶蜂属、伊藤厚丝叶蜂、落叶松叶蜂（落叶松红腹叶蜂）、落叶松锉叶蜂、魏氏锉叶蜂、青缘尺蛾、高山小毛虫、冷杉芽小卷蛾、马尾松点尺蛾、白头松巢蛾、黄斑波纹杂毛虫、松茸毒蛾、焦艺夜蛾、油松巢蛾、甘伪小眼夜蛾、短带长毛象等。

主要刺吸类害虫：落叶松球蚜、松大蚜、柏大蚜、华山松球蚜、红松球蚜、松突圆蚧、中华松梢（针）蚧、日本松干蚧、湿地松粉蚧、松沫蝉、云南松脂瘿蚊等。

主要蛀干类害虫：大小蠹属、松黄星象、云南木蠹象、纵坑切梢小蠹、横坑切梢小蠹、松幽天牛、杉棕天牛、萧氏松茎象、松墨天牛、云杉小墨天牛、云杉大墨天牛、双条杉天牛、粗鞘双条杉天牛、马尾松角胫象、云杉梢斑螟、梢螟、油松球果小卷蛾、松瘿小卷蛾、杉梢小卷蛾、松实小卷蛾、甘肃线小卷蛾。建庄油松梢小蠹、松树皮象、松瘤象、齿小蠹属、松皮小卷蛾、薄翅天牛、柏肤小蠹、杉肤小蠹、中穴星坑小蠹、多毛切梢小蠹等。

4.1.1.3　杉、柏树主要有害生物类型

主要病害：杉木黄化病（生理）、云杉叶锈病、云杉雪枯病、云杉落针病、侧柏叶枯病、炭疽病、杉木叶枯病、云杉球果锈病等。

主要食叶类害虫：侧柏金银蛾、侧柏松毛虫、柳杉云毛虫、柳杉长卷蛾、侧柏毒蛾、蜀柏毒蛾、鞭角华扁叶蜂。青缘尺蛾、高山小毛虫、冷杉芽小卷蛾等。

主要蛀干类害虫：云杉小墨天牛、云杉大墨天牛、双条杉天牛、粗鞘双条杉天牛、云杉梢斑螟、杉梢小卷蛾、杉肤小蠹、柏肤小蠹等。

4.1.1.4　榆树、槐树、泡桐、桦树主要有害生物类型

主要病害：榆树溃疡病、榆树枝枯病、榆树炭疽病、榆树黑斑病、槐树枝枯病、根癌病、泡桐炭疽病、泡桐黑痘病、泡桐褐斑病、根瘤线虫病、泡桐腐烂病、泡桐丛枝病等。

主要食叶类害虫：刺槐外斑尺蛾、刺槐眉尺蠖、刺槐尺蠖、槐尺蠖、榆白长翅卷蛾、榆毒蛾、榆凤蛾、榆黄黑蛱蝶、榆掌舟蛾、榆夏叶甲、榆紫叶甲、榆蓝叶甲、榆跳象、榆三节叶蜂、泡桐叶甲、袋蛾、高山毛顶蛾、中带齿舟蛾、白桦尺蠖、桦三节叶蜂等。

主要刺吸类害虫：刺槐叶瘿蚊、刺槐蚜、榆全爪螨等。

4.1.1.5　其他阔叶树有害生物类型

主要病害：桉树焦枯病、泡桐炭疽、桉树紫斑病、柳树漆斑病、泡桐黑痘病等。

主要食叶类害虫：桉袋蛾、绿尾大蚕蛾、栎枯叶蛾、油茶尺蠖、元宝枫细蛾、檫角丽细蛾、丝棉木金星尺蛾、花布灯蛾、白裙赭夜蛾、沙枣白眉天蛾、白蠹袋蛾、蜡彩袋蛾、南方豆天蛾、黄刺蛾、黄连木尺蛾、黛袋蛾、窃达刺蛾、黄杨绢野螟、银杏大蚕蛾、栓皮栎尺蛾、樟蚕、大袋蛾、乌桕黄毒蛾、缀黄毒蛾、灰拟花尺蛾、乌桕金带蛾、栎粉舟蛾、

美国白蛾、栓皮栎薄尺蛾、黄二星舟蛾、褐边绿刺蛾（绿刺蛾）、缀叶丛螟、条毒蛾、棕色天幕毛虫、绵山天幕毛虫、大新二尾舟蛾、黑地狼夜蛾、楸螟、灰斑古毒蛾、樟巢螟、杨梦尼夜蛾、柑橘凤蝶、栎毛虫、栎黄掌舟蛾、双线盗毒蛾、霜天蛾、柚木野螟、樗蚕、龙眼蚁舟蛾、桉小卷蛾、栎黄枯叶蛾、桑褐翅尺蛾、樟萤叶甲、桤木叶甲、柽柳条叶甲、绿鳞象、黑绒鳃金龟、黄点直缘跳甲、漆树叶甲、樟叶蜂、棉蝗、崇信短肛棒䗛、小齿短肛棒䗛、白带短肛棒䗛、白水江瘦枝䗛等。

主要刺吸类害虫：小板网蝽、柳蛎盾蚧、糖槭蚧、杨圆蚧等。

主要蛀干类害虫：花曲柳窄吉丁、星天牛、锈色粒肩天牛、红缘天牛、黑跗眼天牛、槲柞瘿蜂、臭椿沟眶象、柳蝙蛾、柳瘿蚊、日本双棘长蠹、栎旋木柄天牛、双钩异翅长蠹、榆木蠹蛾、栗山天牛、四点象天牛、坡面材小蠹、咖啡木蠹蛾、木麻黄豹蠹蛾等。

4.1.1.6　竹类植物有害生物类型

主要病害：竹水枯病、竹笋腐病、竹苗生枯病、竹苗麻点病、竹丛枝病、毛竹枯梢病、毛竹叶斑枯病、竹黑痣病、竹杆锈病等。

主要害虫：竹笋夜蛾、笋秀禾夜蛾、竹秀夜蛾、竹象、竹缘蝽、竹织叶野螟、竹小斑蛾、竹篦舟蛾、青脊竹蝗、竹绒野螟、毛竹黑叶蜂、卵圆蝽、两色绿刺蛾、竹镂舟蛾、黄脊竹蝗、刚竹毒蛾、华竹毒蛾、竹广肩小蜂、竹枝小蜂、长尾小蜂等。

4.1.1.7　经济林有害生物类型

主要病害：油茶软腐病、葡萄黑痘病、柑橘疮痂病、桃炭疽病、核桃炭疽病、八角炭疽病、油茶炭疽病、梨桧锈病、花椒褐斑病、油茶煤污病、枣锈病、苹果白粉病、板栗锈病、苹果黑星病、枣疯病、枣炭疽病、枸杞炭疽病、板栗疫病、核桃腐烂病、核桃溃疡病、肉桂枝枯病、核桃枝枯病、板栗膏药病、花椒流胶病、板栗溃疡病、苹果腐烂病、核桃黑斑病等。

主要食叶类害虫：枣镰翅小卷蛾（枣黏虫）、山楂粉蝶、枣尺蠖、银杏大蚕蛾、八角尺蠖、茶毒蛾、梨星毛虫、舞毒蛾、肉桂双瓣卷蛾、稠李巢蛾、苹果巢蛾、枣叶瘿蚊、枸杞红瘿蚊、梨卷叶象、苹果卷叶象、核桃扁叶甲黑胸亚种、八角叶甲、花椒跳叶甲、枣飞象、枸杞刺皮瘿螨、针叶小爪螨、红蜘蛛等。

主要刺吸类害虫：日本龟蜡蚧、杏毛球坚蚧、瘤球坚蚧、栗绛蚧、橄榄片盾蚧、扁平球坚蚧、花椒绵粉蚧、梨圆蚧、杏球坚蚧等。

主要蛀干类（含蛀果）害虫：苹小吉丁、核桃长足象、桃条麦蛾、桃红颈天牛、核桃举肢蛾、桃小食心虫、油茶织蛾、花椒虎天牛、油茶象、栗实象、板栗剪枝象、板栗瘿蜂、二斑黑绒天、杏仁蜂、梨小食心虫、沙棘木蠹蛾、板栗雪片象、赤腰透翅蛾、柿举肢蛾、板栗兴透翅蛾等。

4.1.2　森林鼠害

鼢鼠、田鼠、姬鼠、绒鼠、沙鼠类等。

4.2 森林生物灾害发生范围

森林有害生物的发生范围是指有害生物的地理分布区域，其与气候条件、森林空间分布、森林类型和面积等密切相关。

4.2.1 森林生物灾害发生范围

根据 2000 年、2005 年、2010 年遥感调查和土地覆盖分类的草原数据及中国林业年鉴数据估计了生物灾害的发生范围，如图 4-1 ~ 图 4-3 所示。以 2010 年为例，从全国各区域来看，森林有害生物的发生范围在西南、东北、华东、华北、西北、华中和华南均有分布，分别占森林总面积的 23.71%、15.65%、15.08%、13.71%、11.06%、11.05% 和 9.74%。

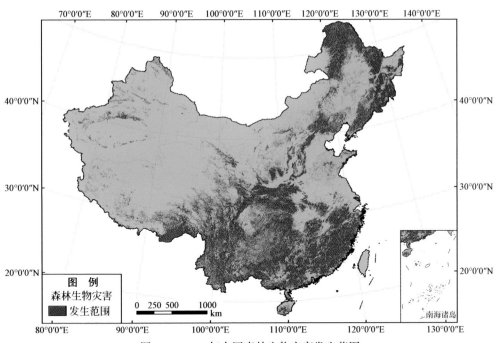

图 4-1 2000 年中国森林生物灾害发生范围

从全国各省来看，发生范围较大的省份有黑龙江、四川、云南、内蒙古、广西、湖南、西藏、吉林、广东、河北、陕西、江西、河南、湖北、新疆、辽宁和甘肃，分别占全国总森林面积的 8.63%、8.04%、7.61%、7.29%、5.34%、4.57%、4.13%、3.97%、3.65%、3.53%、3.51%、3.43%、3.30%、3.18%、3.12%、3.05% 和 3.03%。

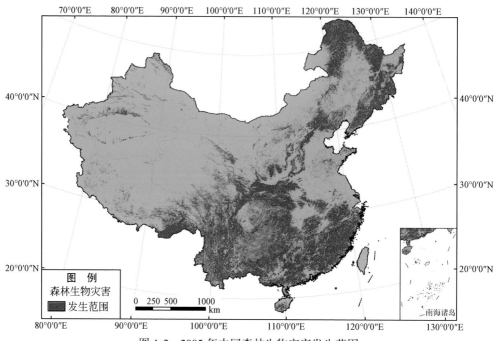

图 4-2 2005 年中国森林生物灾害发生范围

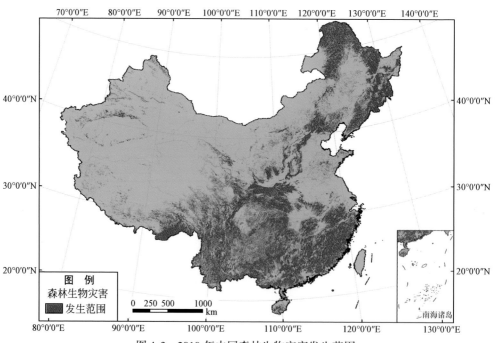

图 4-3 2010 年中国森林生物灾害发生范围

4.2.2　2000～2010 年森林生物灾害发生范围的变化

森林面积会影响生物灾害的发生范围。生物灾害发生范围随森林面积的变化而改变。据 2000 年、2005 年、2010 年遥感调查和土地覆盖分类的森林数据及中国畜牧业年鉴数据可知，2000～2005 年森林总面积增加了 0.36%，2005～2010 年森林总面积增加了 0.26%，2000～2010 年森林总面积共减少了 0.61%。总体森林生物灾害发生范围变化不大，但是并不意味着某种或某类虫、鼠等有害生物发生范围变化不大。

4.3　森林生物灾害发生面积

森林生物灾害发生面积，即通过各类有代表性地块的抽样调查，有害生物发生程度达到防治指标的面积。本节分别从全国、全国各区域和全国各省 3 个空间尺度分析森林生物灾害发生面积的变化趋势。

4.3.1　全国森林病、虫、鼠害

据林业统计资料分析，通过线性回归分析，结果表明：2000～2010 年中国森林生物灾害发生面积总体呈增长趋势（图 4-4，表 4-1）。森林虫害发生面积大于病害和鼠害发生面积。森林鼠害发生面积多数年份大于病害发生面积。森林病、虫、鼠害 3 类有害生物的发生面积从 2000 年的 83.90 亿公顷次增加到 2010 年的 115.14 亿公顷次，增幅达 37.24%；病害发生面积从 2000 年的 9.35 亿公顷次增加到 2010 年的 12.91 亿公顷次，增幅达 38.11%；虫害发生面积从 2000 年的 66.93 亿公顷次增加到 2010 年的 85.23 亿公顷次，增幅达 27.35%；鼠害发生面积从 2000 年的 8.91 亿公顷次增加到 2010 年的 18.29 亿公顷次，增幅达 105.18%。

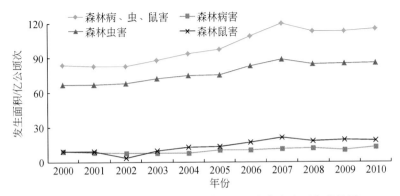

图 4-4　2000～2010 年中国森林病、虫、鼠害发生面积趋势图

表4-1　全国森林生物灾害发生面积与年份的线性关系

区域范围	森林生物灾害	线性方程	相关系数 R^2	P 值	趋势
全国	森林病、虫、鼠害	$Y=4.0424X-8005.0745$	0.8719	<0.0001	增加
	森林病害	$Y=0.4489X-890.3791$	0.6494	0.0027	增加
	森林虫害	$Y=2.3355X-4605.5986$	0.8686	<0.0001	增加
	森林鼠害	$Y=1.4376X-2868.8491$	0.7517	0.0005	增加

注：Y 为森林生物灾害发生面积/亿公顷次；X 为年份，2000～2010 年。

4.3.2　各区域森林病、虫、鼠害

从全国各区域来看，线性回归分析结果表明：2000～2010 年华北、东北、华东、华中、西南和西北 6 个区域森林病、虫、鼠害的发生面积均呈增长趋势（图4-5，表4-2）。华北地区的森林病、虫、鼠害发生面积从 2000 年的 13.22 亿公顷次增加到 2010 年的20.28 亿公顷次，增幅达 53.37%；东北地区的森林病、虫、鼠害发生面积从 2000 年的10.27 亿公顷次增加到 2010 年的 15.55 亿公顷次，增幅达 51.44%；华东地区的森林病、虫、鼠害发生面积从 2000 年的 16.11 亿公顷次增加到 2010 年的 17.13 亿公顷次，增幅达6.23%；华中地区的森林病、虫、鼠害发生面积从 2000 年的 10.43 亿公顷次增加到 2010年的 12.31 亿公顷次，增幅达 17.98%；西南地区的森林病、虫、鼠害发生面积从 2000 年的 11.91 亿公顷次增加到 2010 年的 18.93 亿公顷次，增幅达 58.91%；西北地区的森林病、虫、鼠害发生面积从 2000 年的 11.88 亿公顷次增加到 2010 年的 23.12 亿公顷次，增幅达 94.58%；华南地区的森林病、虫、鼠害发生面积波动减少。

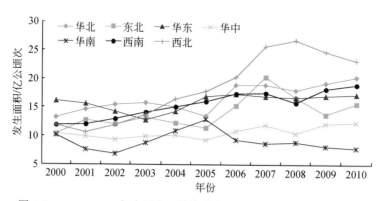

图4-5　2000～2010 年中国各区域森林病、虫、鼠害发生面积趋势图

表4-2　全国各区域森林生物灾害发生面积与年份的线性关系

森林生物灾害	区域范围	线性方程	相关系数 R^2	P 值	趋势
森林 病虫鼠害	华北	$Y=0.6499X-1286.4423$	0.7380	0.0007	增加
	东北	$Y=0.5557X-1100.3277$	0.4237	0.0301	增加

森林生物灾害	区域范围	线性方程	相关系数 R^2	P 值	趋势
森林 病虫鼠害	华东	$Y=0.2638X-513.1$	0.3363	0.0615	增加
	华中	$Y=0.2365X-463.505$	0.5444	0.0095	增加
	华南	$Y=-0.0451X+99.4509$	0.0078	0.7963	波动减少
	西南	$Y=0.7016X-1391$	0.8999	<0.0001	增加
	西北	$Y=1.6803X-3350.5323$	0.8645	<0.0001	增加
森林病害	华北	$Y=0.0331X-65.8064$	0.2677	0.1031	波动增加
	东北	$Y=0.1318X-262.7391$	0.3675	0.0480	波动增加
	华东	$Y=-0.011X+24.9741$	0.0079	0.7944	波动减少
	华中	$Y=0.0281X-55.2623$	0.1353	0.2657	波动增加
	华南	$Y=0.0156X-30.5523$	0.1475	0.2436	波动增加
	西南	$Y=0.1432X-285.5214$	0.7879	0.0003	增加
	西北	$Y=0.1091X-217.2945$	0.2959	0.0837	波动增加
森林虫害	华北	$Y=0.3006X-589.1691$	0.5721	0.0071	增加
	东北	$Y=0.5449X-1081.93$	0.3704	0.0469	增加
	华东	$Y=0.2744X-537.1646$	0.5194	0.0123	增加
	华中	$Y=0.2083X-408.1432$	0.4352	0.0272	增加
	华南	$Y=-0.0606X+130.0032$	0.0144	0.7249	波动减少
	西南	$Y=0.4732X-936.1205$	0.8975	<0.0001	增加
	西北	$Y=0.5947X-1183$	0.7994	0.0002	增加
森林鼠害	华北	$Y=0.3529X-705.0464$	0.5772	0.0067	增加
	东北	$Y=-0.0844X+171.9664$	0.1140	0.3098	波动减少
	华东	NA	NA	NA	波动
	华中	$Y=0.0018X-3.5691$	0.0221	0.6627	波动增加
	华南	NA	NA	NA	波动
	西南	$Y=0.1349X-269.3927$	0.5299	0.0111	增加
	西北	$Y=1.0325X-2063.1755$	0.8395	0.0001	增加

注：Y 为森林生物灾害发生面积/亿公顷次；X 为年份，2000～2010 年；NA 为零值多。

4.3.2.1 各区域森林病害

从全国各区域来看（图 4-6，表 4-2），线性回归分析结果表明：2000～2010 年西南地区森林病害发生面积明显呈增长趋势，从 2000 年的 0.81 亿公顷次增加到 2010 年的 2.70 亿公顷次，增幅达 232.95%；华北地区的森林病害发生面积波动增加，从 2000 年的 0.48 亿公顷次增加到 2010 年的 0.75 亿公顷次，增幅达 56.46%；东北地区的森林病害发生面积波动增加，从 2000 年的 1.24 亿公顷次增加到 2010 年的 3.61 亿公顷次，增幅达

191.39%；华中、华南和西部地区的森林病害发生面积波动增加；华东地区的森林病害发生面积波动减少。

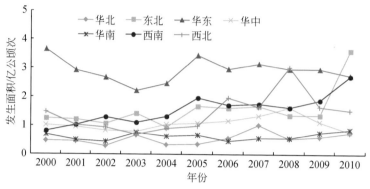

图 4-6 2000~2010 年中国各区域森林病害发生面积趋势图

4.3.2.2 各区域森林虫害

从全国各区域来看（图 4-7，表 4-2），线性回归分析结果表明：2000~2010 年华北地区森林虫害发生面积明显呈增长趋势，从 2000 年的 11.45 亿公顷次增加到 2010 年的 15.94 亿公顷次，增幅达 39.20%；东北地区的森林虫害发生面积显著增加，从 2000 年的 6.45 亿公顷次增加到 10.40 亿公顷次，增幅达 61.22%；华东地区的森林虫害发生面积明显增加，从 2000 年的 12.47 亿公顷次增加到 2010 年的 14.40 亿公顷次，增幅达 15.54%；华中地区的森林虫害发生面积明显增加，从 2000 年的 9.28 亿公顷次增加到 2010 年的 11.47 亿公顷次，增幅达 23.56%；西南地区的森林虫害发生面积明显增加，从 2000 年的 10.16 亿公顷次增加到 2010 年的 14.95 亿公顷次，增幅达 47.15%；西北地区的森林虫害发生面积明显增加，从 2000 年的 7.74 亿公顷次增加到 2010 年的 11.10 亿公顷次，增幅达 43.49%；华南地区的森林虫害发生面积波动减少，从 2000 年的 9.39 亿公顷次减少到 2010 年的 6.97 亿公顷次，减幅达 25.70%。

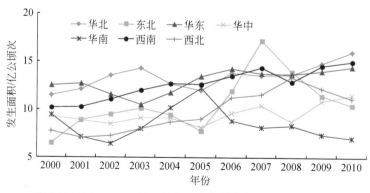

图 4-7 2000~2010 年中国各区域森林虫害发生面积趋势图

4.3.2.3　各区域森林鼠害

从全国各区域来看（图4-8，表4-2），线性回归分析结果表明：2000～2010年华北地区森林鼠害发生面积明显呈增长趋势，从2000年的1.29亿公顷次增加到2010年的3.59亿公顷次，增幅达177.65%；西南地区的森林鼠害发生面积显著增加，从2000年的0.61亿公顷次增加到2010年的1.28亿公顷次，增幅达112.12%；西北地区的森林鼠害发生面积明显增加，从2000年的2.66亿公顷次增加到2010年的10.50亿公顷次，增幅达294.37%；华中地区的森林鼠害发生面积波动增加；东北地区的森林鼠害发生面积波动减少。

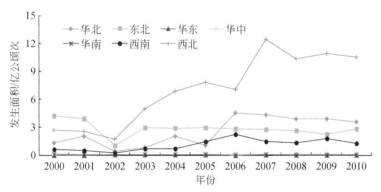

图4-8　2000～2010年中国各区域森林鼠害发生面积趋势图

4.3.3　各省（自治区、直辖市）森林病、虫、鼠害

2000～2010年，从全国各省（自治区、直辖市）来看，森林病、虫、鼠害发生面积多数年份大于7.5亿公顷次的省份有内蒙古、广东、新疆和四川。具体如下所述。

图4-9表明，2000年森林病、虫、鼠害发生面积为6.0亿～7.5亿公顷次的省份有山东、河南、广东和四川；为4.5亿～6.0亿公顷次的省份有黑龙江。其他省份的森林病、虫、鼠害发生面积均小于4.5亿公顷次。

图4-10表明，2001年森林病、虫、鼠害发生面积为6.0亿～7.5亿公顷次的省份有四川；为4.5亿～6.0亿公顷次的省份有黑龙江、内蒙古、辽宁、山东、河南和广东。其他省份的森林病、虫、鼠害发生面积均小于4.5亿公顷次。

2002年森林病、虫、鼠害发生面积大于7.5亿公顷次的省份有内蒙古；为6.0亿～7.5亿公顷次的省份有四川；为4.5亿～6.0亿公顷次的省份有黑龙江、辽宁、山东、河南和广东。其他省份的森林病、虫、鼠害发生面积均小于4.5亿公顷次。

2003年森林病、虫、鼠害发生面积为6.0亿～7.5亿公顷次的省份有内蒙古、广东和四川；为4.5亿～6.0亿公顷次的省份有黑龙江、辽宁和河南。其他省份的森林病、虫、鼠害发生面积均小于4.5亿公顷次。

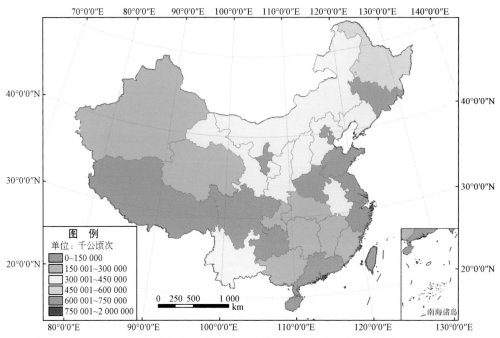

图 4-9　2000~2010 年中国各省（自治区、直辖市）森林病、虫、鼠害发生面积分级图

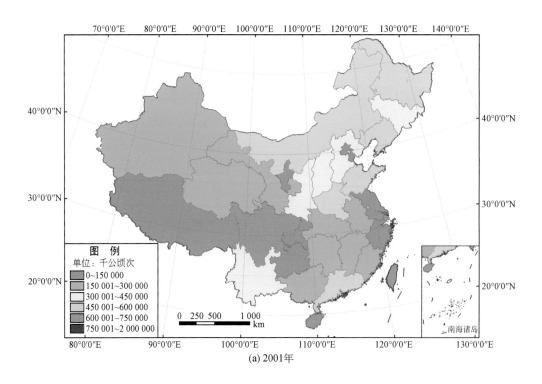

(a) 2001年

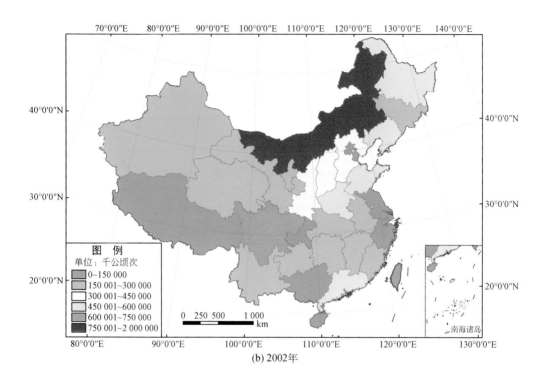

(b) 2002年

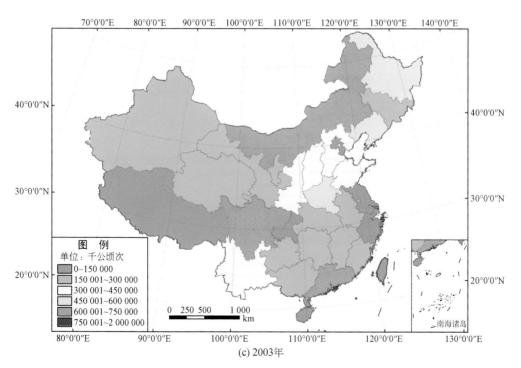

(c) 2003年

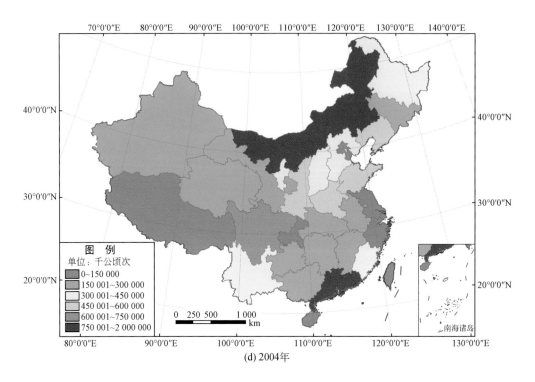

(d) 2004年

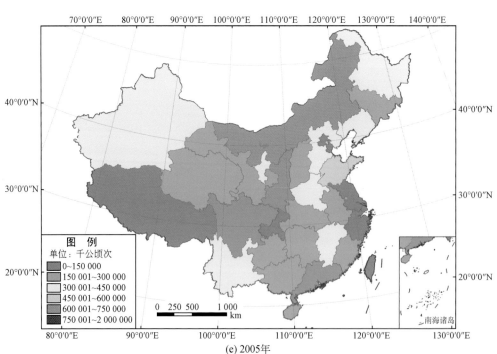

(e) 2005年

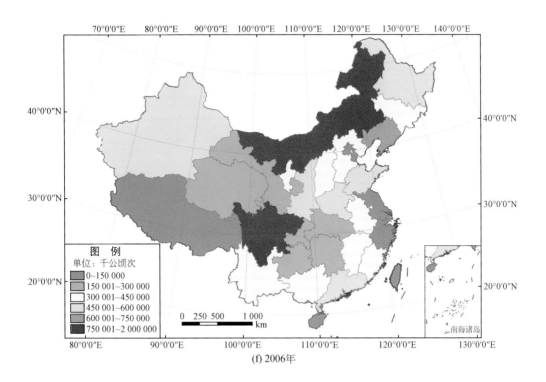

(f) 2006年

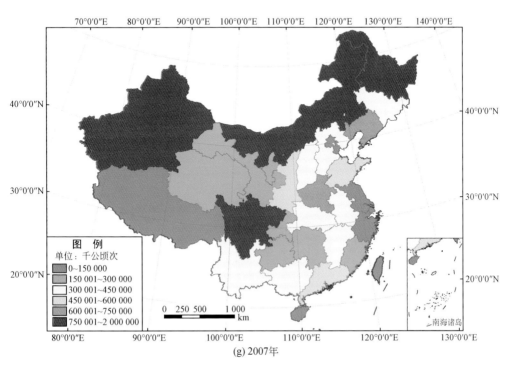

(g) 2007年

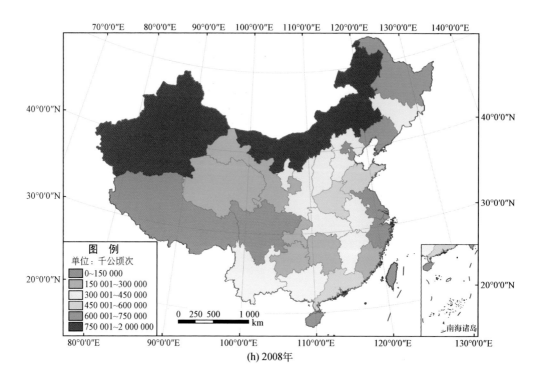

(h) 2008年

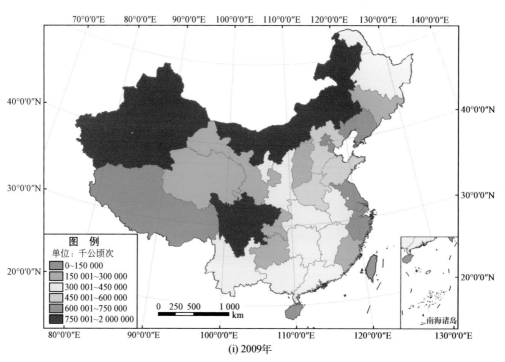

(i) 2009年

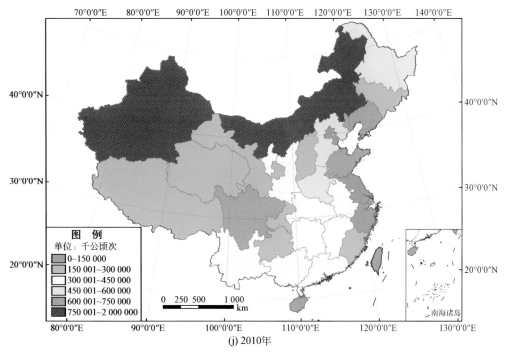

(j) 2010年

图 4-10 2001 ~ 2010 年中国各省（自治区、直辖市）森林病、虫、鼠害发生面积分级图

2004 年森林病、虫、鼠害发生面积大于 7.5 亿公顷次省份有内蒙古和广东；为 6.0 亿 ~ 7.5 亿公顷次的省份有四川；为 4.5 亿 ~ 6.0 亿公顷次的省份有山东、陕西、辽宁和河南。其他省份的森林病、虫、鼠害发生面积均小于 4.5 亿公顷次。

2005 年森林病、虫、鼠害发生面积为 6.0 亿 ~ 7.5 亿公顷次的省份有内蒙古、陕西、广东和四川；为 4.5 亿 ~ 6.0 亿公顷次的省份有山东。其他省份的森林病、虫、鼠害发生面积均小于 4.5 亿公顷次。

2006 年森林病、虫、鼠害发生面积大于 7.5 亿公顷次省份有内蒙古和四川；为 6.0 亿 ~ 7.5 亿公顷次的省份有辽宁；为 4.5 亿 ~ 6.0 亿公顷次的省份有黑龙江、山东、河南、陕西、广东、新疆和河南。其他省份的森林病、虫、鼠害发生面积均小于 4.5 亿公顷次。

2007 年森林病、虫、鼠害发生面积大于 7.5 亿公顷次省份有黑龙江、内蒙古、新疆和四川；为 6.0 亿 ~ 7.5 亿公顷次的省份有辽宁和河南；为 4.5 亿 ~ 6.0 亿公顷次的省份有山东、陕西和广东。其他省份的森林病、虫、鼠害发生面积均小于 4.5 亿公顷次。

2008 年森林病、虫、鼠害发生面积大于 7.5 亿公顷次省份有内蒙古和新疆；为 6.0 亿 ~ 7.5 亿公顷次的省份有黑龙江、四川和辽宁；为 4.5 亿 ~ 6.0 亿公顷次的省份有山东、河南和广东。其他省份的森林病、虫、鼠害发生面积均小于 4.5 亿公顷次。

2009 年森林病、虫、鼠害发生面积大于 7.5 亿公顷次省份有内蒙古、新疆和四川；为 6.0 亿 ~ 7.5 亿公顷次的省份有辽宁；为 4.5 亿 ~ 6.0 亿公顷次的省份有河北、山东和河南。其他省份的森林病、虫、鼠害发生面积均小于 4.5 亿公顷次。

2010年森林病、虫、鼠害发生面积大于7.5亿公顷次省份有内蒙古和新疆；为6.0亿～7.5亿公顷次的省份有辽宁、山东和四川；为4.5亿～6.0亿公顷次的省份有河北和河南。其他省份的森林病、虫、鼠害发生面积均小于4.5亿公顷次。

4.3.3.1 各省（自治区、直辖市）森林病害

2000～2010年，从全国各省（自治区、直辖市）来看，森林病害发生面积多数年份大于7500千公顷次的省份有山东和河南。具体如下所述。

图4-11表明，2000年森林病害发生面积大于7500千公顷次的省份有黑龙江和福建；为6000千～7500千公顷次的省份有甘肃、山东和河南；为4500千～6000千公顷次的省份有陕西、安徽和江苏。其他省份的森林病害发生面积均小于4500千公顷次。

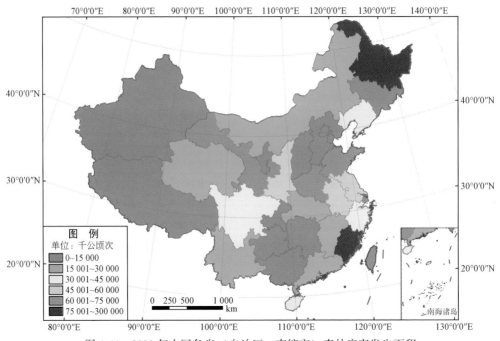

图4-11　2000年中国各省（自治区、直辖市）森林病害发生面积

图4-12表明，2001年森林病害发生面积大于7500千公顷次的省份有山东和河南；为6000千～7500千公顷次的省份有福建和陕西；为4500千～6000千公顷次的省份有四川。其他省份的森林病害发生面积均小于4500千公顷次。

2002年森林病害发生面积大于7500千公顷次的省份有山东；为6000千～7500千公顷次的省份有黑龙江、四川和河南。其他省份的森林病害发生面积均小于4500千公顷次。

2003年森林病害发生面积大于7500千公顷次的省份有山东；为4500千～6000千公顷次的省份有黑龙江、吉林、河南和四川。其他省份的森林病害发生面积均小于4500千公顷次。

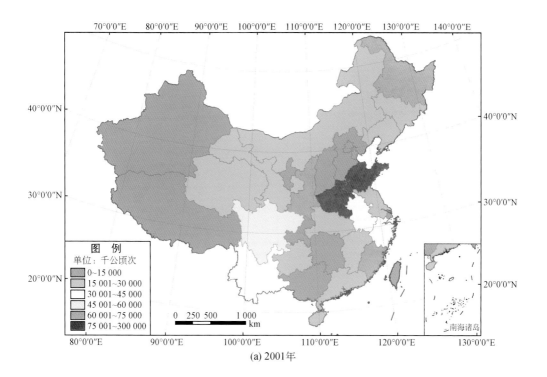

(a) 2001年

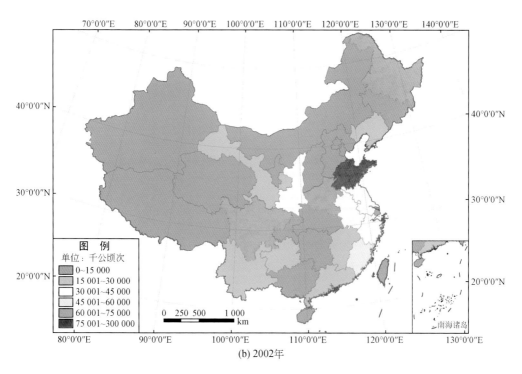

(b) 2002年

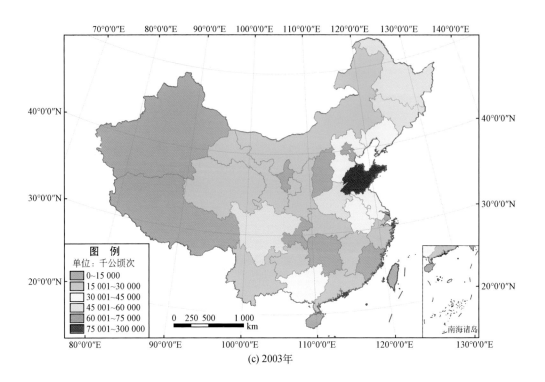

(c) 2003年

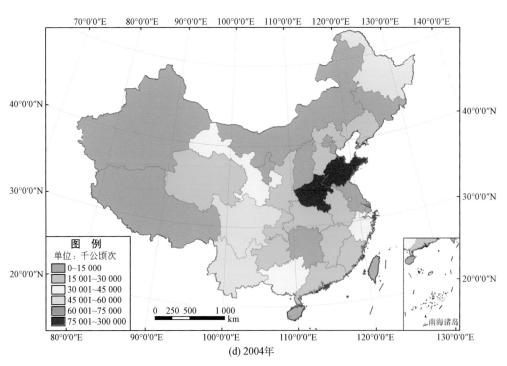

(d) 2004年

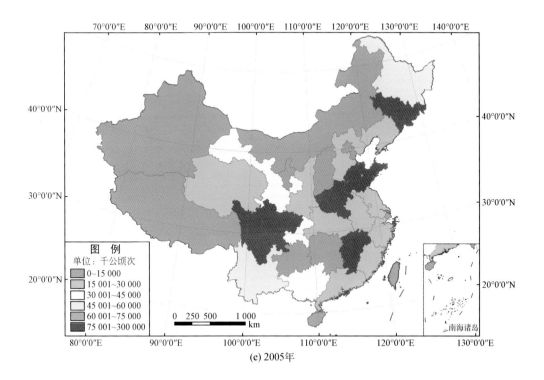

(e) 2005年

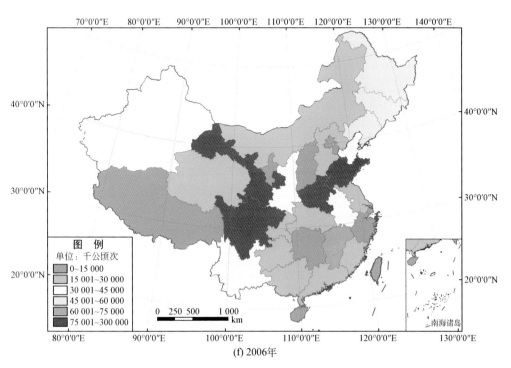

(f) 2006年

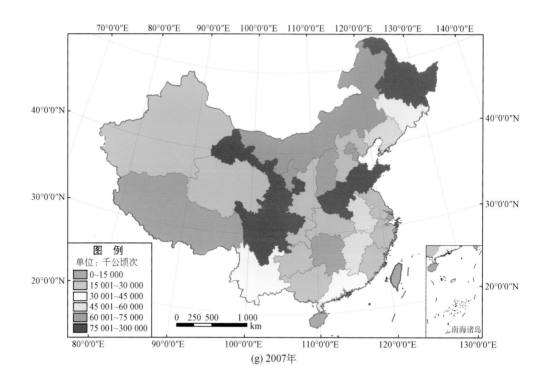

(g) 2007年

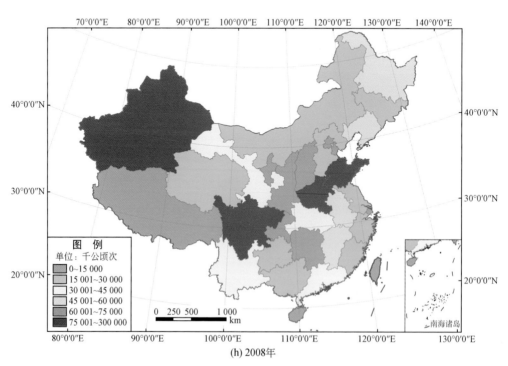

(h) 2008年

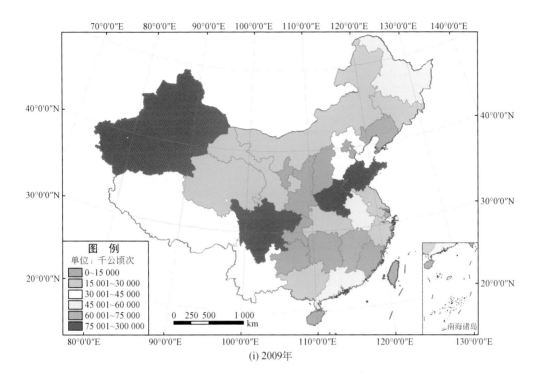

(i) 2009年

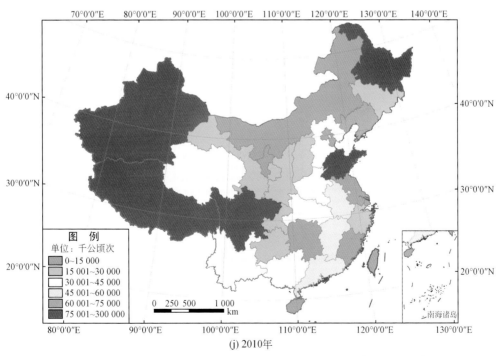

(j) 2010年

图4-12　2000～2010年中国各省（自治区、直辖市）森林病害发生面积分级图

2004 年森林病害发生面积大于 7500 千公顷次的省份有山东和河南；为 4500 千~6000 千公顷次的省份有黑龙江、云南和四川。其他省份的森林病害发生面积均小于 4500 千公顷次。

2005 年森林病害发生面积大于 7500 千公顷次的省份有吉林、四川、江西、山东和河南；为 4500 千~6000 千公顷次的省份有黑龙江和云南。其他省份的森林病害发生面积均小于 4500 千公顷次。

2006 年森林病害发生面积大于 7500 千公顷次的省份有甘肃、四川、山东和河南；为 6000 千~7500 千公顷次的省份有江西；为 4500 千~6000 千公顷次的省份有黑龙江、吉林和辽宁。其他省份的森林病害发生面积均小于 4500 千公顷次。

2007 年森林病害发生面积大于 7500 千公顷次的省份有黑龙江、甘肃、四川、山东和河南；为 6000 千~7500 千公顷次的省份有内蒙古；为 4500 千~6000 千公顷次的省份有辽宁、安徽和江西。其他省份的森林病害发生面积均小于 4500 千公顷次。

2008 年森林病害发生面积大于 7500 千公顷次的省份有新疆、山东和河南；为 4500 千~6000 千公顷次的省份有黑龙江、辽宁、安徽和江西。其他省份的森林病害发生面积均小于 4500 千公顷次。

2009 年森林病害发生面积大于 7500 千公顷次的省份有新疆、四川、山东和河南；为 6000 千~7500 千公顷次的省份有辽宁和江西；为 4500 千~6000 千公顷次的省份有安徽和广东。其他省份的森林病害发生面积均小于 4500 千公顷次。

2010 年森林病害发生面积大于 7500 千公顷次的省份有黑龙江、新疆、四川、山东和西藏；为 6000 千~7500 千公顷次的省份有辽宁；为 4500 千~6000 千公顷次的省份有安徽、江西和广东。其他省份的森林病害发生面积均小于 4500 千公顷次。

4.3.3.2 各省（自治区、直辖市）森林虫害

2000~2010 年，从全国各省（自治区、直辖市）来看，内蒙古、辽宁和四川等省（自治区）森林虫害发生面积大多数年份大于 1.00 亿公顷次。具体如下所述。

图 4-13 表明，2000 年森林虫害发生面积大于 1.00 亿公顷次的省份有黑龙江；为 8000 千~10 000 千公顷次的省份有黑龙江、吉林和青海；为 3000 千~4000 千公顷次的省份有内蒙古、辽宁、河北和安徽。其他省份的森林虫害发生面积均小于 3000 千公顷次。

图 4-14 表明，2001 年森林虫害发生面积大于 5000 千公顷次的省份有四川和广东；为 4000 千~5000 千公顷次的省份有辽宁、山东和河南；为 3000 千~4000 千公顷次的省份有内蒙古、河北、山西和陕西。其他省份的森林虫害发生面积均小于 3000 千公顷次。

2002 年森林虫害发生面积大于 5000 千公顷次的省份有内蒙古、四川和广东；为 4000 千~5000 千公顷次的省份有辽宁、山东和河南；为 3000 千~4000 千公顷次的省份有河北和山西。其他省份的森林虫害发生面积均小于 3000 千公顷次。

2003 年森林虫害发生面积大于 5000 千公顷次的省份有内蒙古、辽宁、四川和广东；为 4000 千~5000 千公顷次的省份有河南；为 3000 千~4000 千公顷次的省份有山东、陕西、河北和山西。其他省份的森林虫害发生面积均小于 3000 千公顷次。

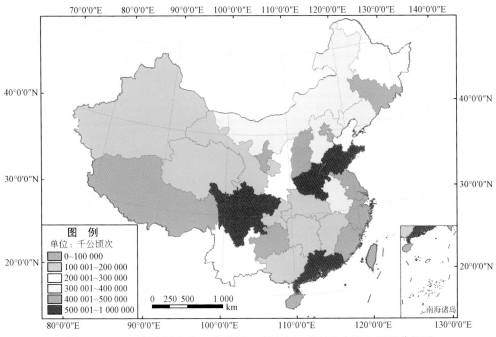

图 4-13　2000 年中国各省（自治区、直辖市）森林虫害发生面积分级图

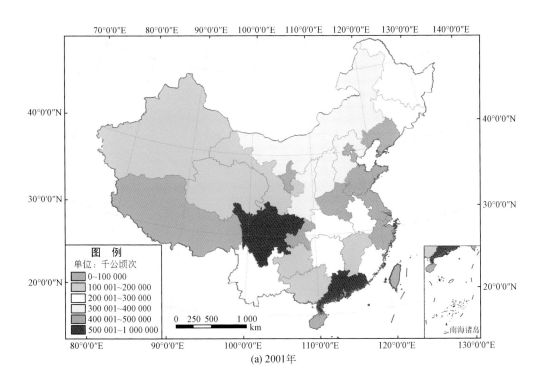

(a) 2001年

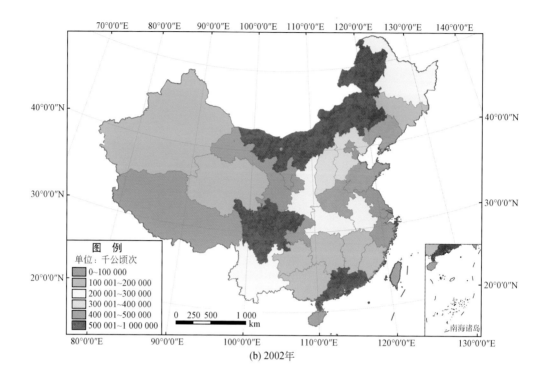

(b) 2002年

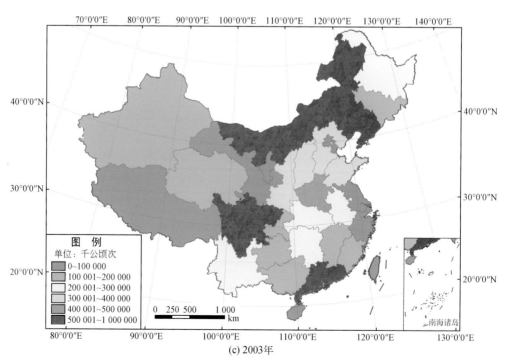

(c) 2003年

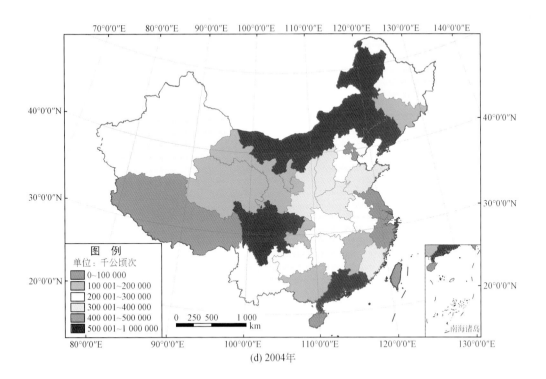

(d) 2004年

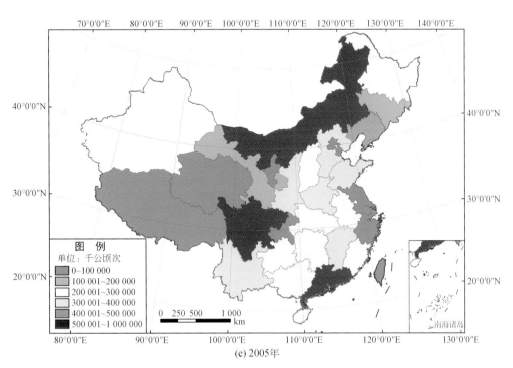

(e) 2005年

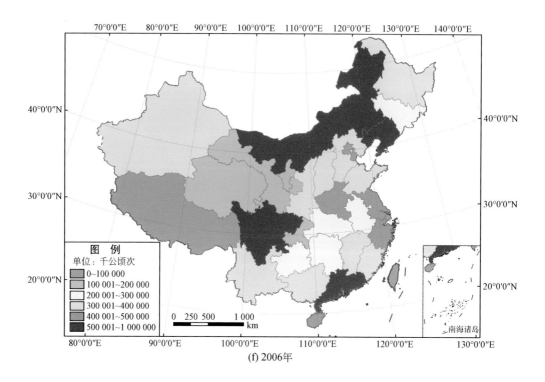

(f) 2006年

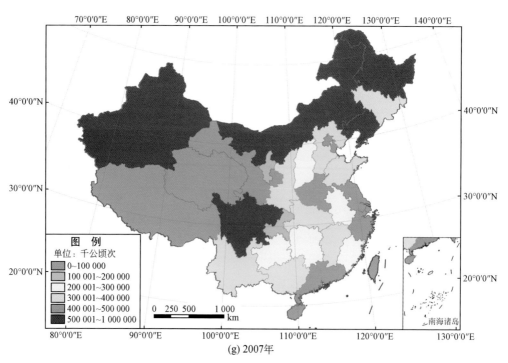

(g) 2007年

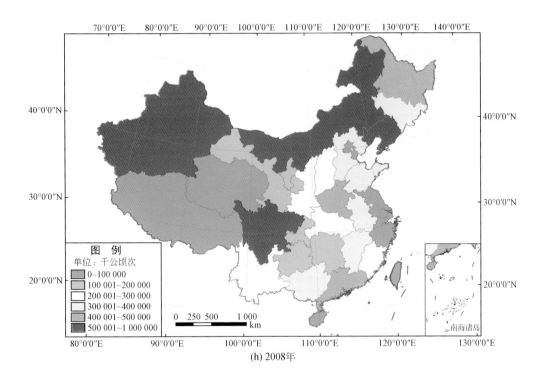

(h) 2008年

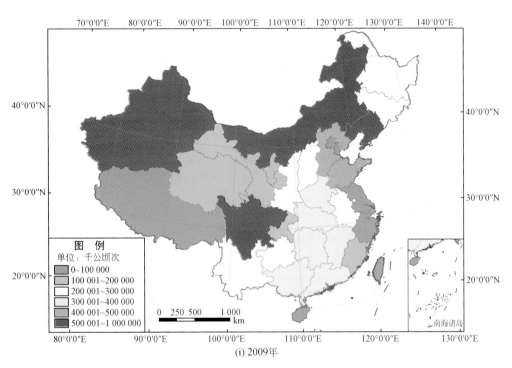

(i) 2009年

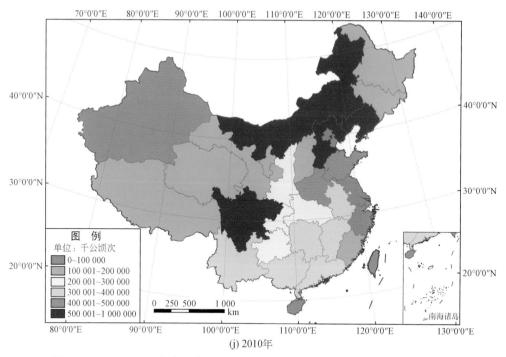

图 4-14　2001～2010 年中国各省（自治区、直辖市）森林虫害发生面积分级图

2004 年森林虫害发生面积大于 5000 千公顷次的省份有内蒙古、辽宁、四川和广东；为 3000 千～4000 千公顷次的省份有山东、陕西、福建、河北和山西。其他省份的森林虫害发生面积均小于 3000 千公顷次。

2005 年森林虫害发生面积大于 5000 千公顷次的省份有内蒙古、四川和广东；为 4000 千～5000 千公顷次的省份有辽宁；为 3000 千～4000 千公顷次的省份有山东、陕西、河北、江西、云南和河南。其他省份的森林虫害发生面积均小于 3000 千公顷次。

2006 年森林虫害发生面积大于 5000 千公顷次的省份有内蒙古、辽宁、四川和广东；为 4000 千～5000 千公顷次的省份有河南；为 3000 千～4000 千公顷次的省份有黑龙江、山东、河北、陕西、山西、福建、江西、广西、云南和新疆。其他省份的森林虫害发生面积均小于 3000 千公顷次。

2007 年森林虫害发生面积大于 5000 千公顷次的省份有黑龙江、内蒙古、辽宁、四川和新疆；为 4000 千～5000 千公顷次的省份有河南和广东；为 3000 千～4000 千公顷次的省份有吉林、山东、河北、陕西、湖北、云南、江西、广西和山西。其他省份的森林虫害发生面积均小于 3000 千公顷次。

2008 年森林虫害发生面积大于 5000 千公顷次的省份有内蒙古、辽宁、四川和新疆；为 4000 千～5000 千公顷次的省份有黑龙江、河南和广东；为 3000 千～4000 千公顷次的省份有山东、河北、安徽、江西、广西和山西。其他省份的森林虫害发生面积均小于 3000 千公顷次。

2009 年森林虫害发生面积大于 5000 千公顷次的省份有内蒙古、辽宁、四川和新疆；为 4000 千～5000 千公顷次的省份有山东和河北；为 3000 千～4000 千公顷次的省份有河南、湖北、湖南、江西、广西和广东。其他省份的森林虫害发生面积均小于 3000 千公顷次。

2010 年森林虫害发生面积大于 5000 千公顷次的省份有内蒙古、辽宁、四川和河北；为 4000 千～5000 千公顷次的省份有山东、河南和新疆；为 3000 千～4000 千公顷次的省份有安徽、湖南、江西、云南、广东和广西。其他省份的森林虫害发生面积均小于 3000 千公顷次。

4.3.3.3 各省（自治区、直辖市）森林鼠害

2000～2010 年，从全国各省（自治区、直辖市）来看，森林鼠害发生面积多数年份大于 10 000 千公顷次的省份有黑龙江、内蒙古、青海、陕西和宁夏等。具体如下所述。

图 4-15 表明，2000 年森林鼠害发生面积大于 10 000 千公顷次的省份有黑龙江；为 8000 千～10 000 千公顷次的省份有内蒙古、吉林和青海；为 6000 千～8000 千公顷次的省份有甘肃。其他省份的森林鼠害发生面积均小于 6000 千公顷次。

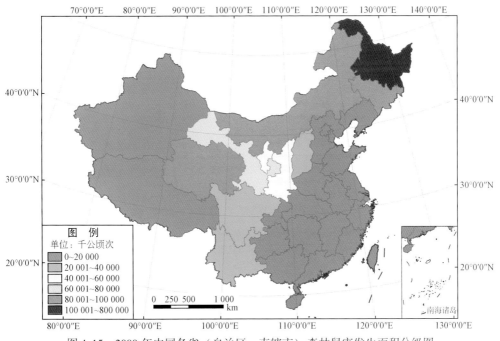

图 4-15　2000 年中国各省（自治区、直辖市）森林鼠害发生面积分级图

图 4-16 表明 2001 年森林鼠害发生面积大于 10 000 千公顷次的省份有黑龙江和内蒙古；为 8000 千～10 000 千公顷次的省份有吉林和青海；为 6000 千～8000 千公顷次的省份有陕西。其他省份的森林鼠害发生面积均小于 6000 千公顷次。

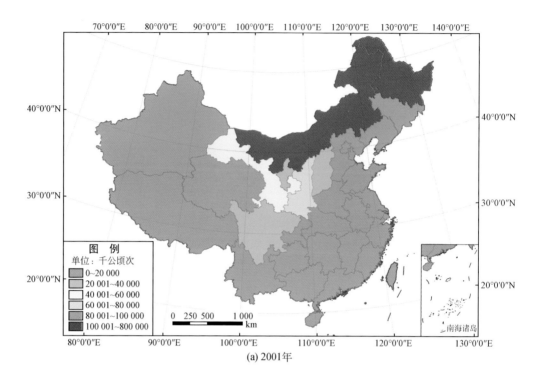

(a) 2001年

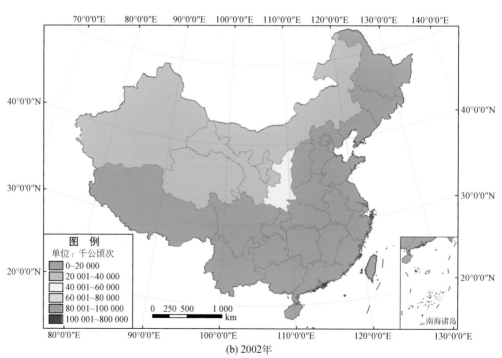

(b) 2002年

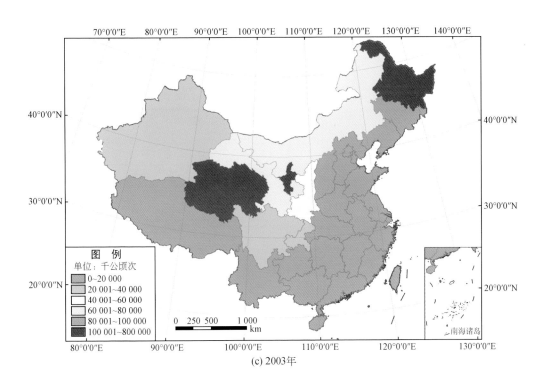

(c) 2003年

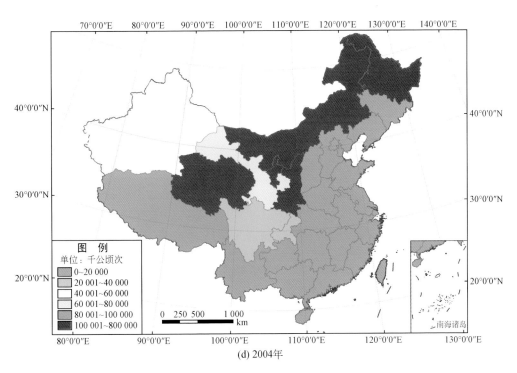

(d) 2004年

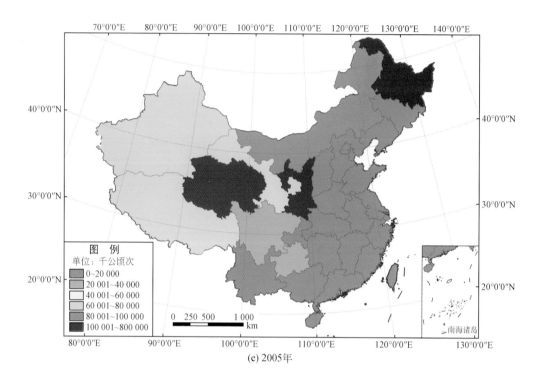

(e) 2005年

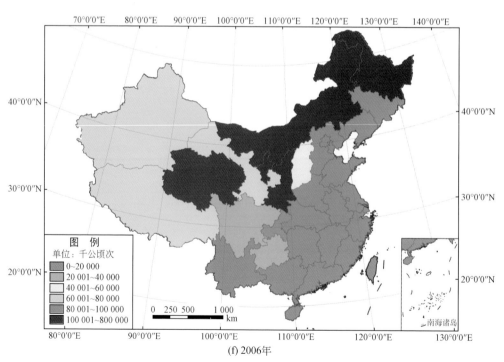

(f) 2006年

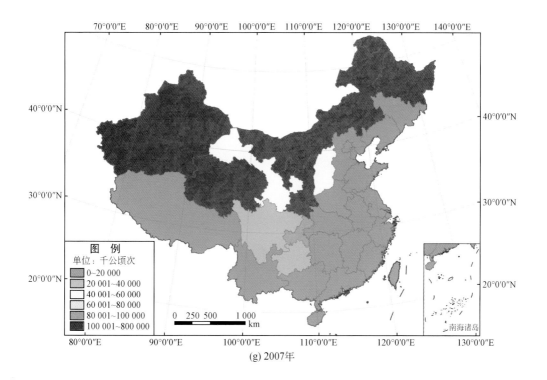

(g) 2007年

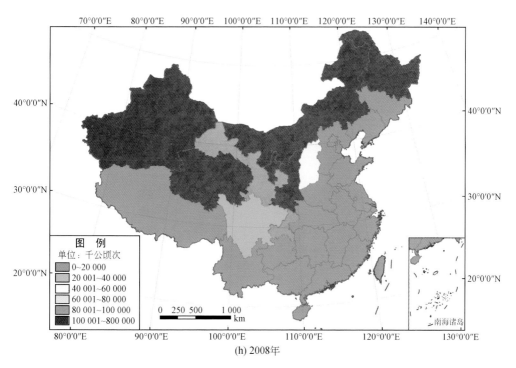

(h) 2008年

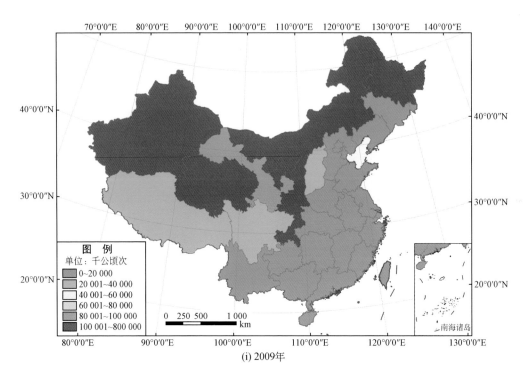

(i) 2009年

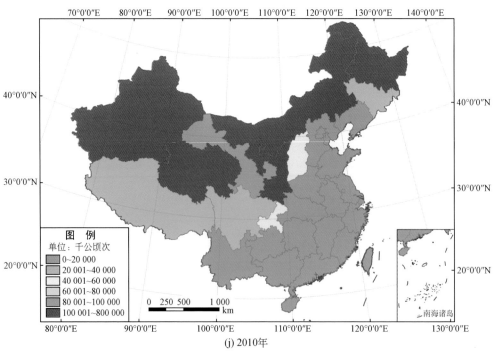

(j) 2010年

图4-16 2000~2010年中国各省（自治区、直辖市）森林鼠害发生面积分级图

2002 年森林鼠害发生面积为 6000 千～8000 千公顷次的省份有黑龙江。其他省份的森林鼠害发生面积均小于 6000 千公顷次。

2003 年森林鼠害发生面积大于 10 000 千公顷次的省份有黑龙江、宁夏和青海；为 6000 千～8000 千公顷次的省份有内蒙古和甘肃。其他省份的森林鼠害发生面积均小于 6000 千公顷次。

2004 年森林鼠害发生面积大于 10 000 千公顷次的省份有黑龙江、内蒙古、陕西、宁夏和青海；为 6000 千～8000 千公顷次的省份有甘肃。其他省份的森林鼠害发生面积均小于 6000 千公顷次。

2005 年森林鼠害发生面积大于 10 000 千公顷次的省份有黑龙江、陕西、宁夏和青海；为 8000 千～10 000 千公顷次的省份有内蒙古；为 6000 千～8000 千公顷次的省份有新疆、西藏和甘肃。其他省份的森林鼠害发生面积均小于 6000 千公顷次。

2006 年森林鼠害发生面积大于 10 000 千公顷次的省份有黑龙江、宁夏、陕西和青海；为 8000 千～10 000 千公顷次的省份有重庆；为 6000 千～8000 千公顷次的省份有新疆、西藏和甘肃。其他省份的森林鼠害发生面积均小于 6000 千公顷次。

2007 年森林鼠害发生面积大于 10 000 千公顷次的省份有黑龙江、内蒙古、陕西、新疆、宁夏和青海；为 8000 千～10 000 千公顷次的省份有重庆。其他省份的森林鼠害发生面积均小于 6000 千公顷次。

2008 年森林鼠害发生面积大于 10 000 千公顷次的省份有黑龙江、内蒙古、陕西、新疆、宁夏和青海；为 8000 千～10 000 千公顷次的省份有重庆和甘肃。其他省份的森林鼠害发生面积均小于 6000 千公顷次。

2009 年森林鼠害发生面积大于 10 000 千公顷次的省份有黑龙江、内蒙古、陕西、新疆、宁夏、重庆和青海；为 8000 千～10 000 千公顷次的省份有甘肃。其他省份的森林鼠害发生面积均小于 6000 千公顷次。

2010 年森林鼠害发生面积大于 10 000 千公顷次的省份有黑龙江、内蒙古、陕西、新疆、宁夏和青海；为 8000 千～10 000 千公顷次的省份有甘肃。其他省份的森林鼠害发生面积均小于 6000 千公顷次。

4.4 森林生物灾害发生程度

有害生物发生程度的定义为单位种植面积的有害生物的发生面积，即等于发生面积除以森林面积。发生程度分为 5 个等级：1 级轻发生，2 级中等偏轻发生，3 级中等发生，4 级中等偏重发生，5 级大发生。本节分别从全国、全国各区域和全国各省 3 个空间尺度分析森林生物灾害发生程度的变化趋势和空间分布。

4.4.1 全国森林病、虫、鼠害

据林业统计资料分析，线性回归分析结果表明：2000～2010 年中国森林病、虫、鼠害发生程度总体呈波动减少趋势（图 4-17，表 4-3）。森林虫害发生程度大于病害和鼠害发

生面积。森林虫害发生程度呈显著减少趋势，森林病害呈波动减少趋势。森林鼠害波动变化。

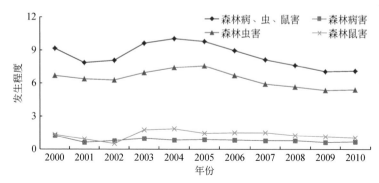

图4-17　2000～2010年全国森林病、虫、鼠害发生程度趋势图

表4-3　全国森林生物灾害发生程度与年份的线性关系

区域范围	森林生物灾害	线性方程	相关系数 R^2	P 值	趋势
全国	森林病、虫、鼠害	$Y=-0.1766X+362.4514$	0.2974	0.0827	波动减少
	森林病害	$Y=-0.0295X+59.9146$	0.3110	0.0747	波动减少
	森林虫害	$Y=-0.1389X+284.8534$	0.3669	0.0483	减少
	森林鼠害	$Y=0.0075X-13.8607$	0.0042	0.8495	波动

注：Y 为森林生物灾害发生程度/%；X 为年份，2000～2010年。

4.4.2　各区域森林病、虫、鼠害

从全国各区域来看（图4-18，表4-4），线性回归分析结果表明：2000～2010年森林病、虫、鼠害发生程度呈现明显增长趋势的有东北和西南地区，呈明显减少趋势有华东和西北地区。华中地区的森林病、虫、鼠发生程度波动增加，而华南地区的森林病、虫、鼠发生程度波动减少。

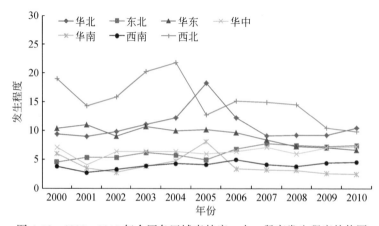

图4-18　2000～2010年全国各区域森林病、虫、鼠害发生程度趋势图

表 4-4 全国各区域森林生物灾害发生程度与年份的线性关系

森林生物灾害	区域范围	线性方程	相关系数 R^2	P 值	趋势
森林病、虫、鼠害	华北	$Y=-0.0002X+11.28$	0.0000	0.9994	波动
	东北	$Y=0.2963X-587.8583$	0.7480	0.0006	增加
	华东	$Y=-0.4102X+831.3671$	0.7603	0.0005	减少
	华中	$Y=0.1198X-233.8076$	0.1965	0.1721	波动增加
	华南	$Y=-0.214X+432.9089$	0.1707	0.2066	波动减少
	西南	$Y=0.1147X-226.1366$	0.3913	0.0395	增加
	西北	$Y=-0.7562X+1531.3919$	0.4362	0.0270	减少
森林病害	华北	$Y=0.0286X-56.8701$	0.3115	0.0744	波动增加
	东北	$Y=0.0449X-89.3692$	0.5861	0.0060	增加
	华东	$Y=-0.1190X+240.0696$	0.4565	0.0225	减少
	华中	$Y=0.0218X-43.0395$	0.1277	0.2806	波动增加
	华南	$Y=-0.0525X+105.6285$	0.4538	0.0231	减少
	西南	$Y=0.0130X-25.6307$	0.1506	0.2383	波动增加
	西北	$Y=-0.0664X+133.9418$	0.3436	0.0581	减少
森林虫害	华北	$Y=-0.0676X+145.3439$	0.0066	0.8120	波动
	东北	$Y=0.2855X-567.2073$	0.6805	0.0018	增加
	华东	$Y=-0.2948X+598.6007$	0.5442	0.0096	减少
	华中	$Y=0.0989X-192.7571$	0.1549	0.2310	波动增加
	华南	$Y=-0.1590X+322.3322$	0.1026	0.3368	波动减少
	西南	$Y=0.0295X-56.052$	0.0758	0.4127	波动增加
	西北	$Y=-0.5456X+1101.3376$	0.6711	0.0020	减少
森林鼠害	华北	$Y=0.0426X-84.9069$	0.3018	0.0800	波动增加
	东北	$Y=-0.0277X+56.0437$	0.2308	0.1348	波动减少
	华东	$Y=0.0001X+0.0336$	0.0117	0.7515	波动
	华中	$Y=-0.0005X+0.9456$	0.0031	0.8708	波动
	华南	$Y=-0.0008X+1.6592$	0.3960	0.0380	减少
	西南	$Y=0.0705X-140.9603$	0.4782	0.0184	增加
	西北	$Y=-0.0489X+104.695$	0.0053	0.8312	波动

注：Y 为森林生物灾害发生程度/% ；X 为年份，2000～2010 年。

4.4.2.1 各区域森林病害

从全国各区域来看（图 4-19，表 4-4），线性回归分析结果表明：2000～2010 年森林病害发生程度呈现明显增长趋势的有东北地区，呈明显减少趋势的有华东、西北和华南地区。华北、华中和西南地区的森林病害发生程度波动增加。

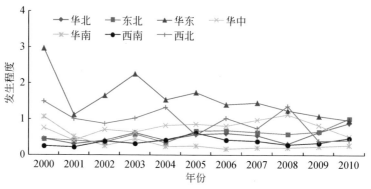

图 4-19　2000~2010 年全国各地区森林病害发生程度趋势图

4.4.2.2　各区域森林虫害

从全国各区域来看（图 4-20，表 4-4），线性回归分析结果表明：2000~2010 年森林虫害发生程度呈现明显增长趋势的有西南地区，呈明显减少趋势的有华东和西北地区。华中和西南地区的森林虫害发生程度波动增加。华南地区的森林虫害发生程度波动减少。华北地区的森林虫害发生程度高于其他地区。

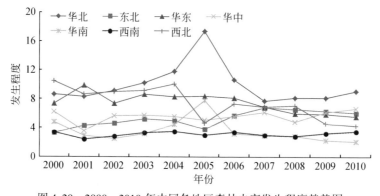

图 4-20　2000~2010 年中国各地区森林虫害发生程度趋势图

4.4.2.3　各区域森林鼠害

从全国各区域来看（图 4-21，表 4-4），线性回归分析结果表明：2000~2010 年森林鼠害发生程度呈现明显增长趋势的有西南地区，呈明显减少趋势的有华南地区。华北地区的森林鼠害发生程度波动增加。东北地区的森林鼠害发生程度波动减少。西北地区的森林鼠害发生程度高于其他地区。

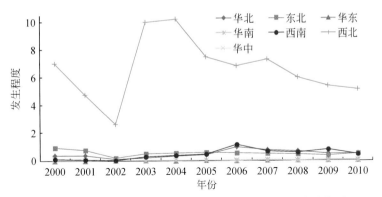

图 4-21　2000～2010 年全国各地区森林鼠害发生程度趋势图

4.4.3　各省（自治区、直辖市）森林病、虫、鼠害

森林病、虫、鼠害发生程度（发生率）的定义为单位森林面积的有害生物的发生面积，即等于发生面积（千公顷次）除以森林面积（千公顷）。森林病、虫、鼠害发生程度 D（发生率）＝病、虫、鼠害发生面积/森林面积，发生程度分为 5 个等级：

1 级（$0.0<D≤1.0$）轻发生；

2 级（$1.0<D≤2.0$）中等偏轻发生；

3 级（$2.0<D≤3.0$）中等发生；

4 级（$3.0<D≤4.0$）中等偏重发生；

5 级（$4.0<D≤8.0$）大发生。

2000～2010 年，从全国各省（自治区、直辖市）来看，森林病、虫、鼠害发生程度大多数年份为 5 级大发生的省份有山西、山东、辽宁、河南、宁夏和青海等。具体如下所述。

图 4-22 表明，2000 年森林病、虫、鼠害发生程度为 5 级大发生的省份有山东、河北、山西、河南、江苏、青海和宁夏；4 级中等偏重发生的省份有重庆、安徽和上海；3 级中等发生的省份有辽宁、广东、新疆和甘肃。其他省份为 2 级中等偏轻发生和 1 级轻发生。

图 4-23 表明，2001 年森林病、虫、鼠害发生程度为 5 级大发生的省份有山东、山西、青海、上海和宁夏；4 级中等偏重发生的省份有辽宁、河北和江苏；3 级中等发生的省份有新疆、陕西和广东。其他省份为 2 级中等偏轻发生和 1 级轻发生。

2002 年森林病、虫、鼠害发生程度为 5 级大发生的省有山东、山西、河南、上海、青海和宁夏；4 级中等偏重发生的省份有辽宁、河北、江苏和新疆；3 级中等发生的省份有甘肃、四川和安徽。其他省份为 2 级中等偏轻发生和 1 级轻发生。

2003 年森林病、虫、鼠害发生程度为 5 级大发生的省份有辽宁、山东、山西、河南、上海、青海和宁夏；4 级中等偏重发生的省份有河北、江苏和新疆；3 级中等发生的省份有重庆、广东和安徽。其他省份为 2 级中等偏轻发生和 1 级轻发生。

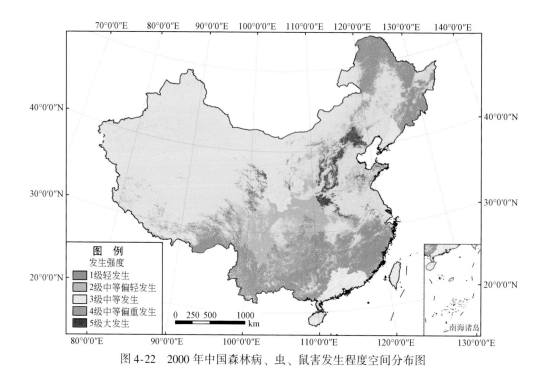

图 4-22　2000 年中国森林病、虫、鼠害发生程度空间分布图

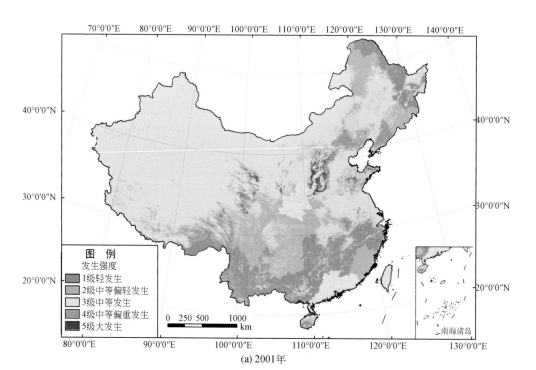

(a) 2001年

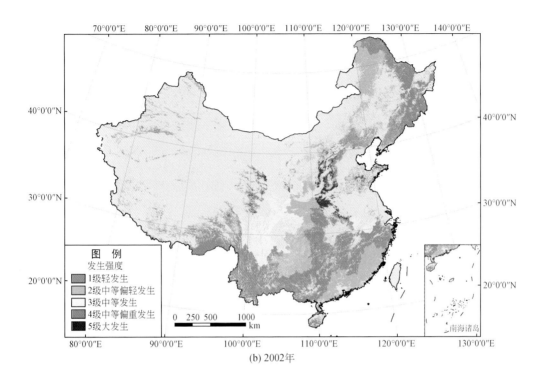

(b) 2002年

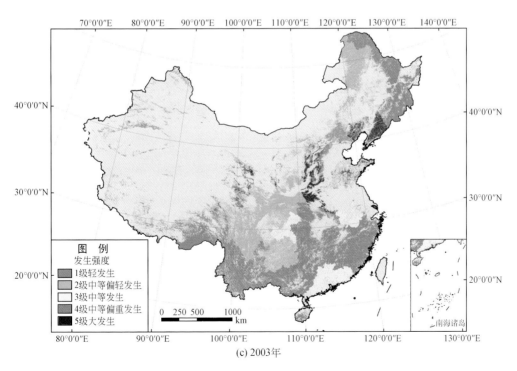

(c) 2003年

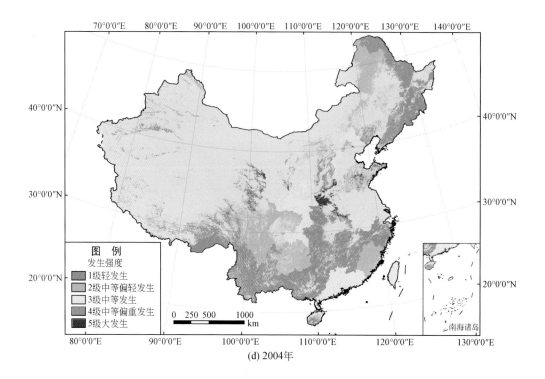

(d) 2004年

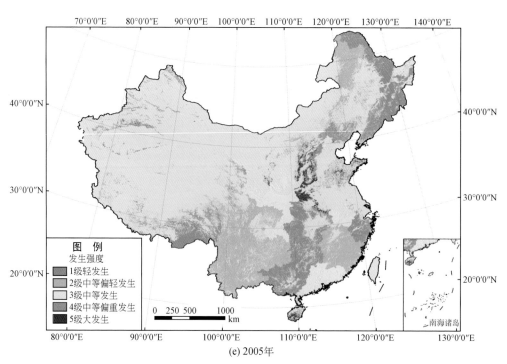

(e) 2005年

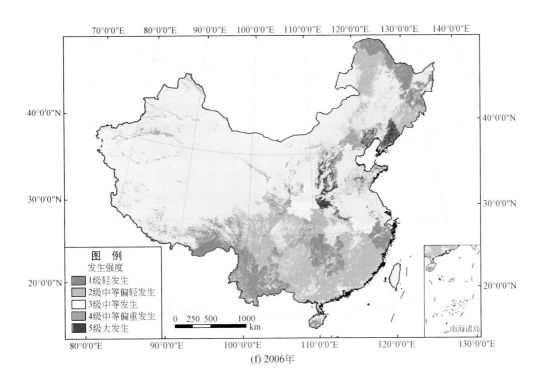

(f) 2006年

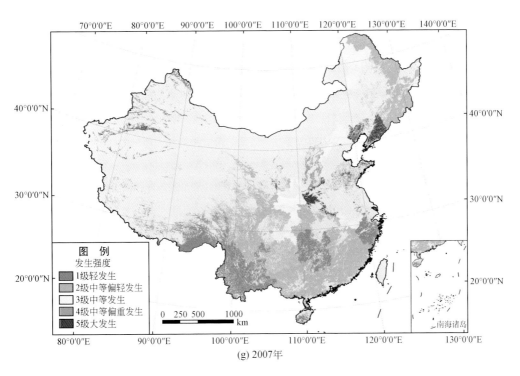

(g) 2007年

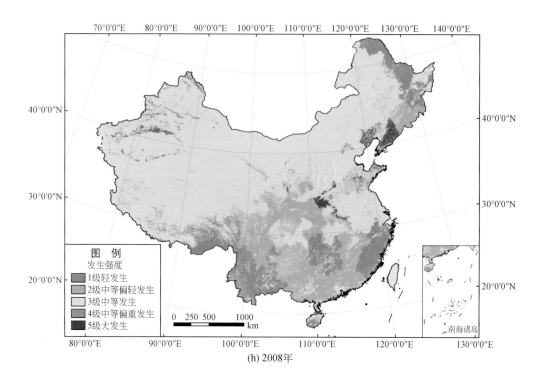

(h) 2008年

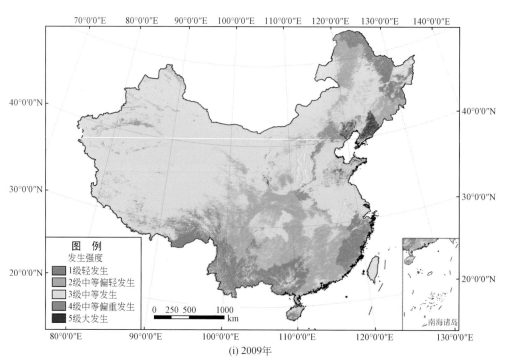

(i) 2009年

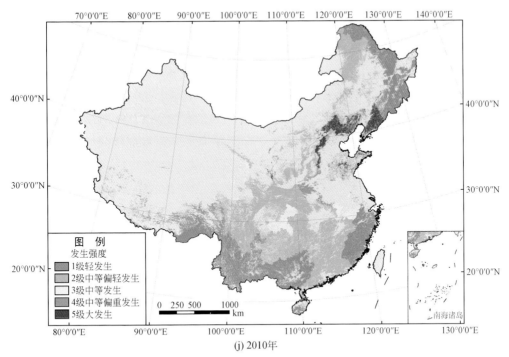

(j) 2010年

图 4-23　2001～2010 年中国森林病、虫、鼠害发生程度空间分布图

2004 年森林病、虫、鼠害发生程度为 5 级大发生的省份有山东、天津、河南、上海、青海和宁夏；4 级中等偏重发生的省份有辽宁、山西、广东和新疆；3 级中等发生的省份有河北、安徽、江苏、重庆、甘肃和陕西。其他省份为 2 级中等偏轻发生和 1 级轻发生。

2005 年森林病、虫、鼠害发生程度为 5 级大发生的省份有山东、山西、河南、天津、上海、海南和宁夏；4 级中等偏重发生的省份有辽宁、河北、江苏和新疆；3 级中等发生的省份有甘肃、陕西、重庆、广东和安徽。其他省份为 2 级中等偏轻发生和 1 级轻发生。

2006 年森林病、虫、鼠害发生程度为 5 级大发生的省份有辽宁、山东、山西、河南、江苏、上海和宁夏；4 级中等偏重发生的省份有河北、甘肃、重庆和新疆；3 级中等发生的省份有青海、陕西、北京和重庆。其他省份为 2 级中等偏轻发生和 1 级轻发生。

2007 年森林病、虫、鼠害发生程度为 5 级大发生的省份有辽宁、山东、河南、天津、江苏、上海、新疆和宁夏；4 级中等偏重发生的省份有山西；3 级中等发生的省份有内蒙古、河北、北京、陕西、重庆和安徽。其他省份为 2 级中等偏轻发生和 1 级轻发生。

2008 年森林病、虫、鼠害发生程度为 5 级大发生的省份有辽宁、山东、天津、河南、上海和宁夏；3 级中等发生的省份有内蒙古、河北、山西、安徽、重庆和青海。其他省份为 2 级中等偏轻发生和 1 级轻发生。

2009 年森林病、虫、鼠害发生程度为 5 级大发生的省份有辽宁、山东、天津、上海和宁夏；4 级中等偏重发生的省份有河北和河南；3 级中等发生的省份有山西、安徽和重庆。其他省份为 2 级中等偏轻发生和 1 级轻发生。

2010 年森林病、虫、鼠害发生程度为 5 级大发生的省份有辽宁、河北、山东、天津和宁夏；4 级中等偏重发生的省份有河南；3 级中等发生的省份有安徽、重庆、青海和新疆。其他省份为 2 级中等偏轻发生和 1 级轻发生。

4.4.3.1　各省（自治区、直辖市）森林病害

森林病害发生程度（发生率）的定义为单位森林面积的有害生物的发生面积，即等于发生面积（千公顷次）除以森林面积（千公顷）。森林病害发生程度 D（发生率）= 病害发生面积/森林面积，发生程度分 5 个等级：

1 级（$0.0 < D \leq 0.4\%$）轻发生；

2 级（$0.4 < D \leq 0.8\%$）中等偏轻发生；

3 级（$0.8 < D \leq 1.2\%$）中等发生；

4 级（$1.2 < D \leq 1.6\%$）中等偏重发生；

5 级（$1.6 < D \leq 16.0\%$）大发生。

2000～2010 年，从全国各省（自治区、直辖市）来看，森林病害发生程度为 5 级大发生的有山西、山东、辽宁、河南、宁夏和青海等。具体如下所述。

图 4-24 表明，2000 年森林病害发生程度为 5 级大发生的省份有山东、河南、江苏、安徽、海南和青海；4 级中等偏重发生的省份有甘肃、福建和上海；3 级中等发生的省份有辽宁和天津。其他省份为 2 级中等偏轻发生和 1 级轻发生。

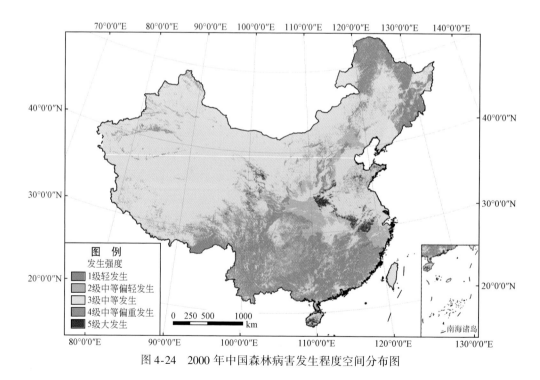

图 4-24　2000 年中国森林病害发生程度空间分布图

　　图 4-25 表明，2001 年森林病害发生程度为 5 级大发生的省份有山东、江苏和青海；3 级中等发生的省份有甘肃、河南、福建和海南。其他为省份 2 级中等偏轻发生和 1 级轻发生。

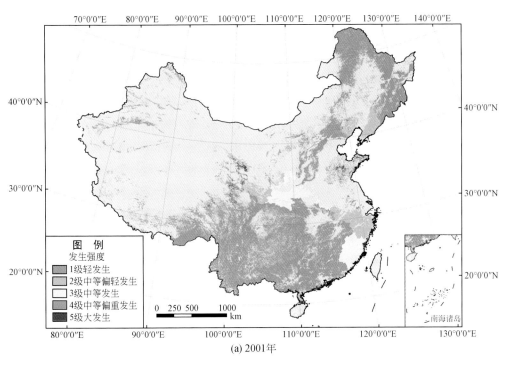

(a) 2001年

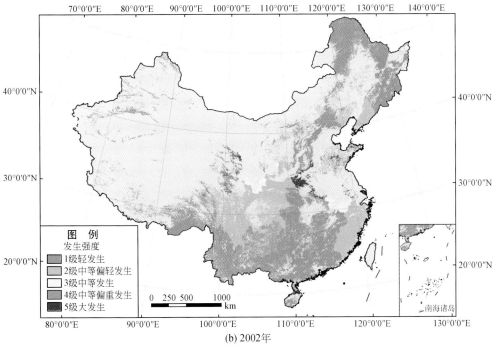

(b) 2002年

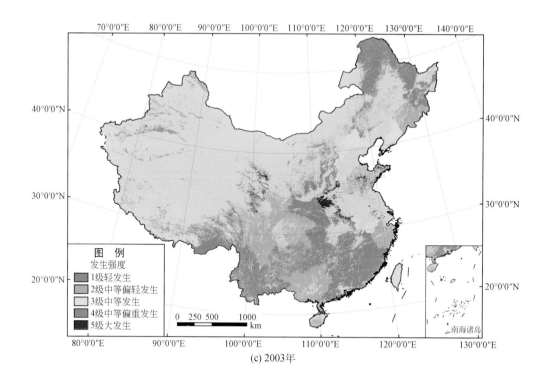

(c) 2003年

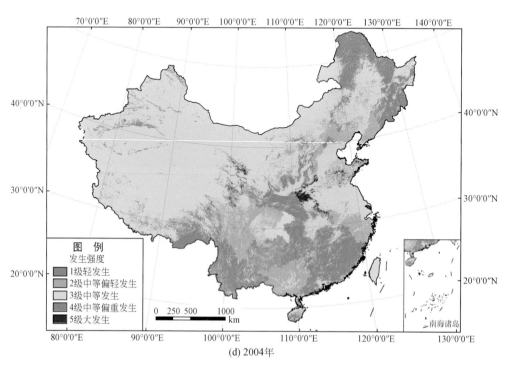

(d) 2004年

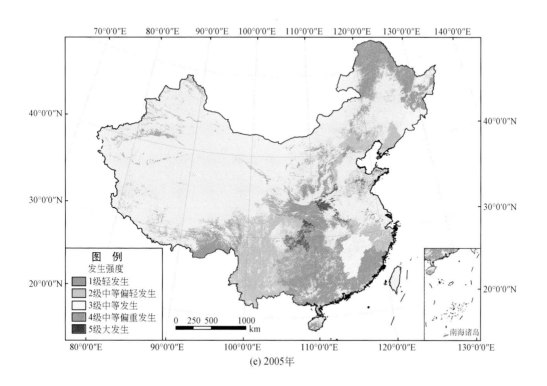

(e) 2005年

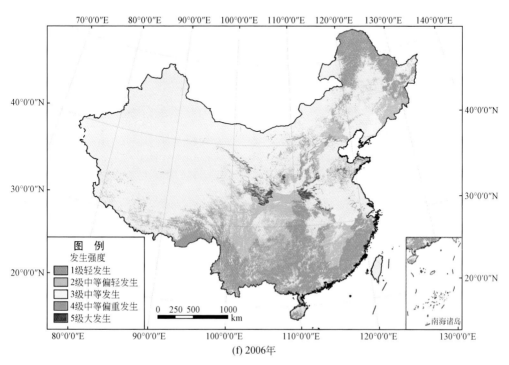

(f) 2006年

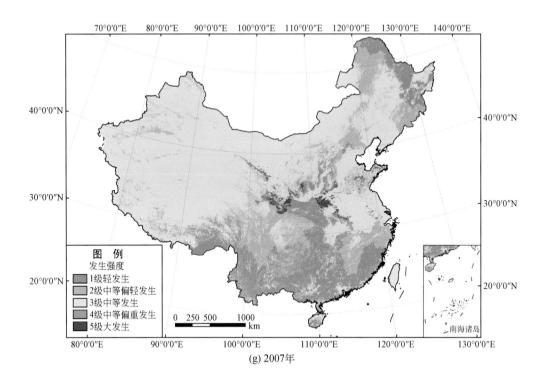

(g) 2007年

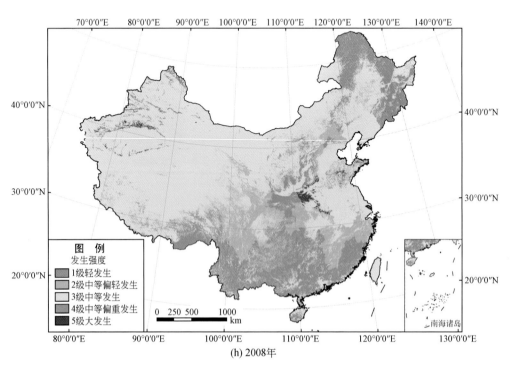

(h) 2008年

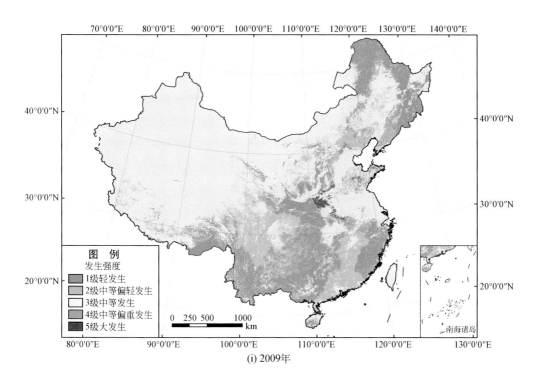

(i) 2009年

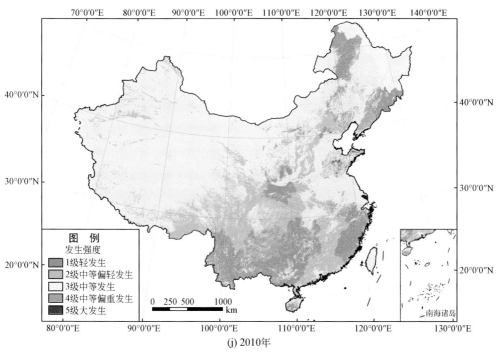

(j) 2010年

图 4-25 2001～2010 年中国森林病害发生程度空间分布图

2002 年森林病害发生程度为 5 级大发生的省份有山东、河南、江苏和青海；4 级中等偏重发生的省份有天津；3 级中等发生的省份有甘肃和安徽。其他省份为 2 级中等偏轻发生和 1 级轻发生。

2003 年森林病害发生程度为 5 级大发生的省份有山东、河南、江苏和青海；3 级中等发生的省份有辽宁、河北、北京、天津和安徽。其他省份为 2 级中等偏轻发生和 1 级轻发生。

2004 年森林病害发生程度为 5 级大发生的省份有山东、河南、上海和青海；4 级中等偏重发生的省份有甘肃和天津；3 级中等发生的省份有江苏和重庆。其他省份为 2 级中等偏轻发生和 1 级轻发生。

2005 年森林病害发生程度为 5 级大发生的省份有山东、河南、江苏、上海、天津、重庆和青海；4 级中等偏重发生的省份有甘肃；3 级中等发生的省份有吉林、江西和青海。其他省份为 2 级中等偏轻发生和 1 级轻发生。

2006 年森林病害发生程度为 5 级大发生的省份有山东、河南、江苏、天津、甘肃和青海；4 级中等偏重发生的省份有上海；3 级中等发生的省份有辽宁、安徽和新疆。其他省份为 2 级中等偏轻发生和 1 级轻发生。

2007 年森林病害发生程度为 5 级大发生的省份有山东、河南、江苏和甘肃；4 级中等偏重发生的省份有天津和上海；3 级中等发生的省份有辽宁和安徽。其他省份为 2 级中等偏轻发生和 1 级轻发生。

2008 年森林病害发生程度为 5 级大发生的省份有山东、河南和新疆；4 级中等偏重发生的省份有江苏和上海；3 级中等发生的省份有辽宁和安徽。其他省份为 2 级中等偏轻发生和 1 级轻发生。

2009 年森林病害发生程度为 5 级大发生的省份有山东、河南和天津；4 级中等偏重发生的省份有辽宁和安徽；3 级中等发生的省份有江苏和新疆。其他省份 2 级为中等偏轻发生和 1 级轻发生。

2010 年森林病害发生程度为 5 级大发生的省份有山东和天津；4 级中等偏重发生的省份有辽宁和安徽；3 级中等发生的省份有黑龙江和安徽。其他省份为 2 级中等偏轻发生和 1 级轻发生。

4.4.3.2　各省（自治区、直辖市）森林虫害

森林虫害的发生程度（发生率）定义为单位森林面积的有害生物的发生面积，即等于发生面积（千公顷次）除以森林面积（千公顷）。森林虫害发生程度 D（发生率）= 虫害发生面积/森林面积，发生程度分为 5 个等级：

1 级（$0 < D \leqslant 2\%$）轻发生；

2 级（$2 < D \leqslant 4\%$）中等偏轻发生；

3 级（$4 < D \leqslant 6\%$）中等发生；

4 级（$6 < D \leqslant 8\%$）中等偏重发生；

5 级（$8 < D \leqslant 40\%$）大发生。

2000～2010 年，从全国各省（自治区、直辖市）来看，森林虫害发生程度为 5 级大发生的有辽宁、山西、山东、河南、江苏、宁夏、新疆和青海等。具体如下所述。

图 4-26 表明，2000 年森林虫害发生程度为 5 级大发生的省份有辽宁、河北、天津、山东、河南、山西、江苏、上海、安徽、重庆、宁夏和青海；4 级中等偏重发生的省份有新疆和广东；3 级中等发生的省份有甘肃、四川和河北。其他省份为 2 级中等偏轻发生和 1 级轻发生。

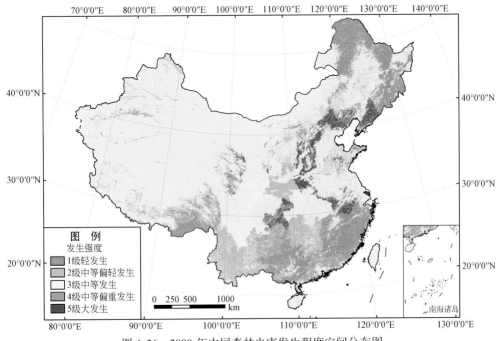

图 4-26　2000 年中国森林虫害发生程度空间分布图

图 4-27 表明，2001 年森林虫害发生程度为 5 级大发生的省份有辽宁、河北、山东、天津、山西、上海、宁夏和青海；4 级中等偏重发生的省份有新疆和江苏；3 级中等发生的省份有北京、陕西、河南和广东。其他省份为 2 级中等偏轻发生和 1 级轻发生。

2002 年森林虫害发生程度为 5 级大发生的省份有辽宁、河北、山东、天津、河南、山西、上海、宁夏和青海；4 级中等偏重发生的省份有安徽和江苏；3 级中等发生的省份有四川、北京和广东。其他省份为 2 级中等偏轻发生和 1 级轻发生。

2003 年森林虫害发生程度为 5 级大发生的省份有辽宁、河北、山东、河南、山西、上海和青海；4 级中等偏重发生的省份有新疆、宁夏和广东；3 级中等发生的省份有北京、重庆和四川。其他省份为 2 级中等偏轻发生和 1 级轻发生。

2004 年森林虫害发生程度为 5 级大发生的省份有辽宁、山东、天津、河南、山西、上海、广东、新疆、宁夏和青海；4 级中等偏重发生的省份有河北和安徽；3 级中等发生的省份有江苏、四川、贵州、重庆和福建。其他省份为 2 级中等偏轻发生和 1 级轻发生。

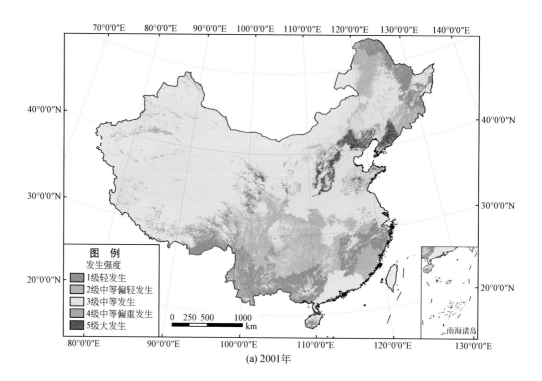

(a) 2001年

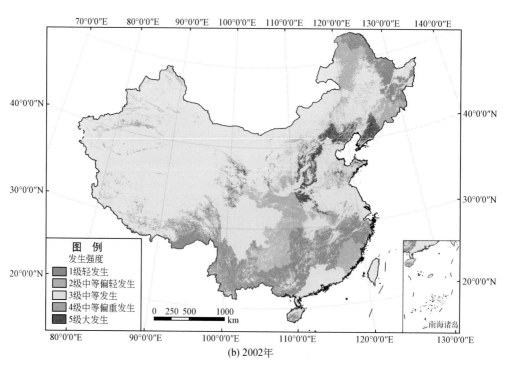

(b) 2002年

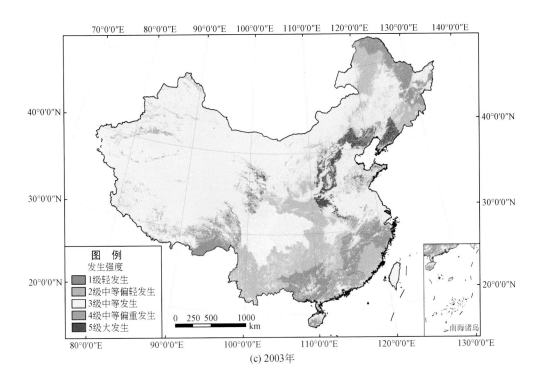

(c) 2003年

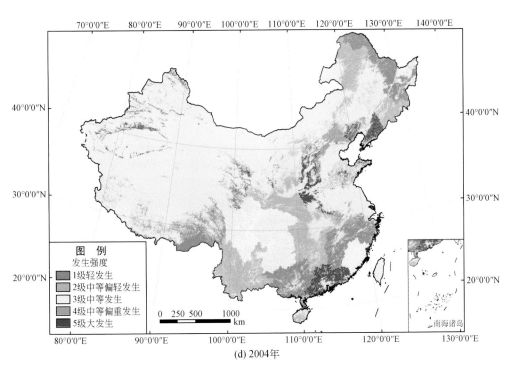

(d) 2004年

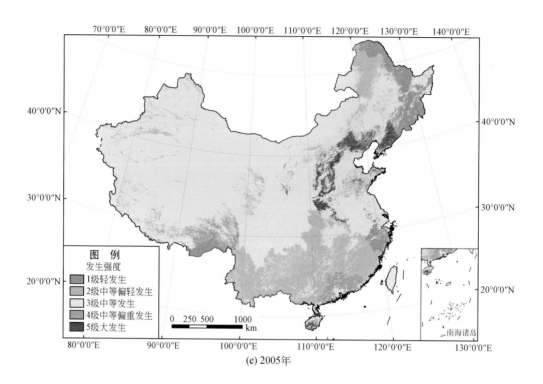

(e) 2005年

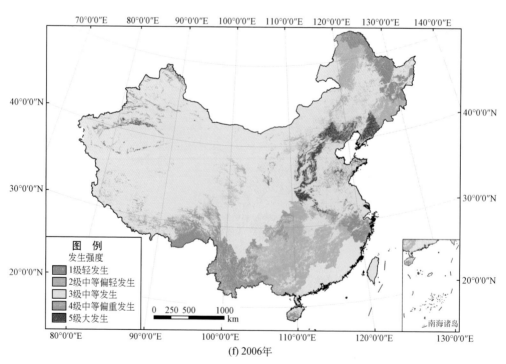

(f) 2006年

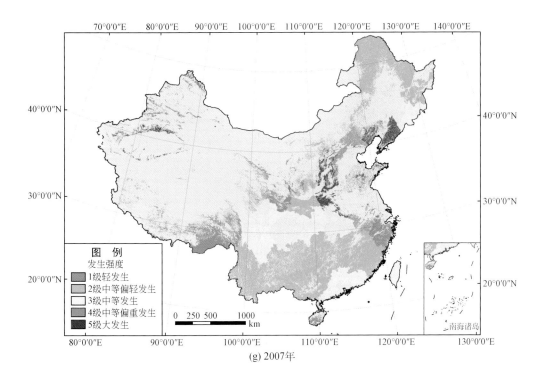

(g) 2007年

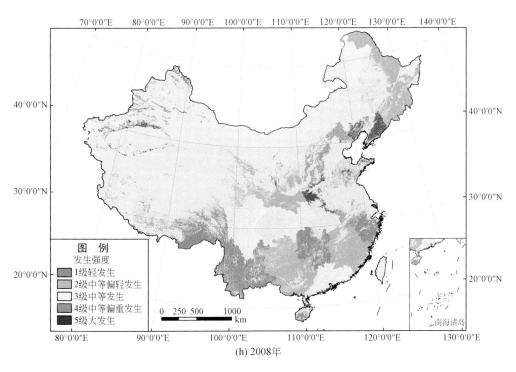

(h) 2008年

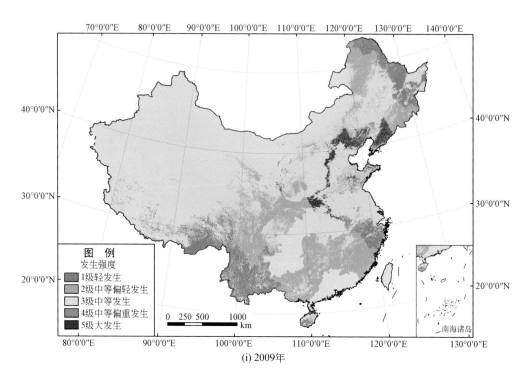

(i) 2009年

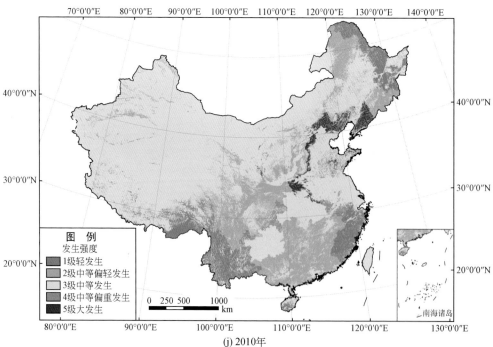

(j) 2010年

图 4-27　2001～2010 年中国森林虫害发生程度空间分布图

2005 年森林虫害发生程度为 5 级大发生的省份有辽宁、河北、山东、河南、山西、江苏、上海和宁夏；4 级中等偏重发生的省份有北京和广东；3 级中等发生的省份有甘肃、陕西、重庆、四川和安徽。其他省份为 2 级中等偏轻发生和 1 级轻发生。

2006 年森林虫害发生程度为 5 级大发生的省份有辽宁、河北、山东、天津、河南、山西、江苏、上海、宁夏和新疆；4 级中等偏重发生的省份有北京和安徽；3 级中等发生的省份有甘肃、四川、陕西、广东和福建。其他省份为 2 级中等偏轻发生和 1 级轻发生。

2007 年森林虫害发生程度为 5 级大发生的省份有辽宁、天津、山东、河南、山西、江苏、上海、宁夏和新疆；4 级中等偏重发生的省份有北京、河北和安徽；3 级中等发生的省份有吉林、四川、重庆、湖北和广东。其他省份为 2 级中等偏轻发生和 1 级轻发生。

2008 年森林虫害发生程度为 5 级大发生的省份有辽宁、天津、山东、河南、上海、宁夏和新疆；4 级中等偏重发生的省份有河北、山西和安徽；3 级中等发生的省份有内蒙古、四川、重庆、湖北、北京和广东。其他省份为 2 级中等偏轻发生和 1 级轻发生。

2009 年森林虫害发生程度为 5 级大发生的省份有辽宁、河北、天津、山东、河南、宁夏和上海；4 级中等偏重发生的省份有安徽；3 级中等发生的省份有北京、山西、江苏、湖北、重庆、贵州、新疆和广东。其他省份为 2 级中等偏轻发生和 1 级轻发生。

2010 年森林虫害发生程度为 5 级大发生的省份有辽宁、河北、天津、山东、河南和宁夏；4 级中等偏重发生的省份有安徽、上海和重庆；3 级中等发生的省份有北京、江苏、湖北和贵州。其他省份为 2 级中等偏轻发生和 1 级轻发生。

4.4.3.3 各省（自治区、直辖市）森林鼠害

森林鼠害的发生程度（发生率）定义为单位森林面积的有害生物的发生面积，即等于发生面积（千公顷次）除以森林面积（千公顷）。森林鼠害发生程度 D（发生率）= 鼠害发生面积/森林面积，发生程度分 5 个等级：

1 级（$0.0 < D \leq 0.4\%$）轻发生；

2 级（$0.4 < D \leq 0.8\%$）中等偏轻发生；

3 级（$0.8 < D \leq 1.2\%$）中等发生；

4 级（$1.2 < D \leq 1.6\%$）中等偏重发生；

5 级（$1.6 < D \leq 30.0\%$）大发生。

2000 ~ 2010 年，从全国各省（自治区、直辖市）来看，森林鼠害发生程度为 5 级大发生的有辽宁、山西、山东、河南、江苏、宁夏、新疆和青海等。具体如下所述。

图 4-28 表明，2000 年森林鼠害发生程度为 5 级大发生的省份有黑龙江、宁夏和青海；4 级中等偏重发生的省份有甘肃；3 级中等发生的省份有吉林和山西。其他省份为 2 级中等偏轻发生和 1 级轻发生。

图 4-29 表明，2001 年森林鼠害发生程度为 5 级大发生的省份有甘肃、宁夏和青海；3 级中等发生的省份有黑龙江、吉林、内蒙古和陕西。其他省份为 2 级中等偏轻发生和 1 级轻发生。

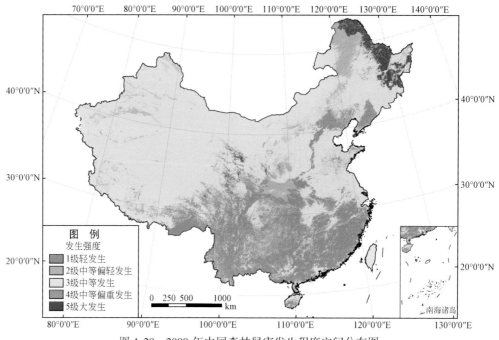

图 4-28　2000 年中国森林鼠害发生程度空间分布图

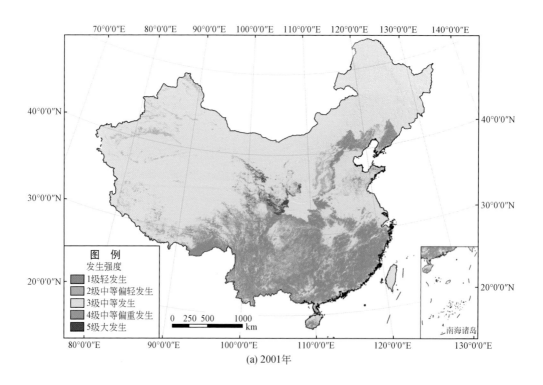

(a) 2001年

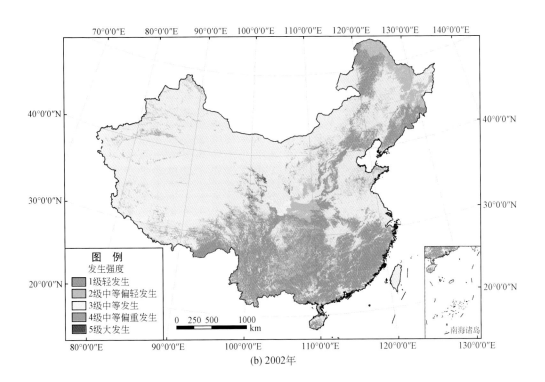

(b) 2002年

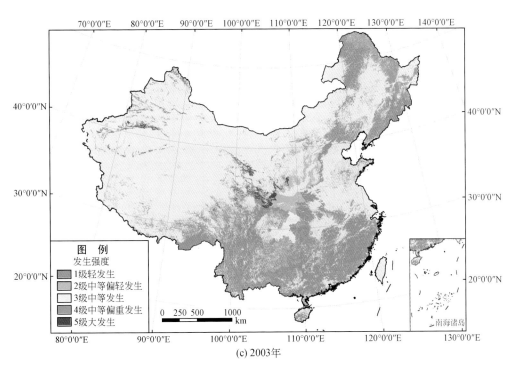

(c) 2003年

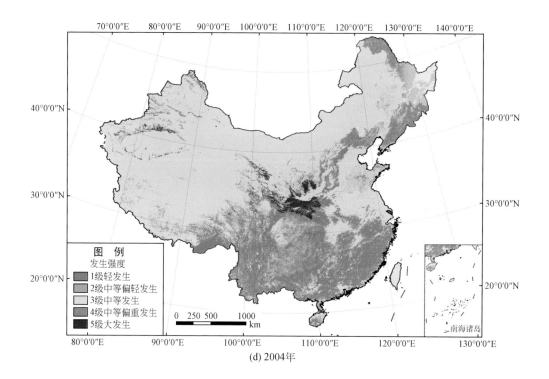

(d) 2004年

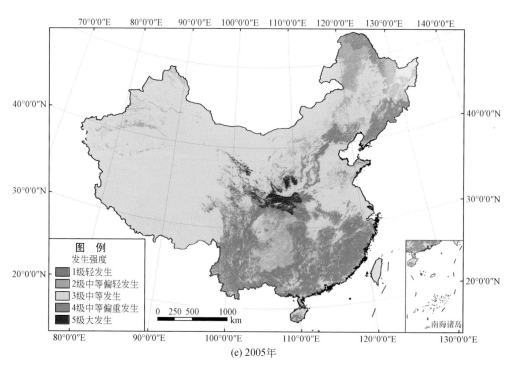

(e) 2005年

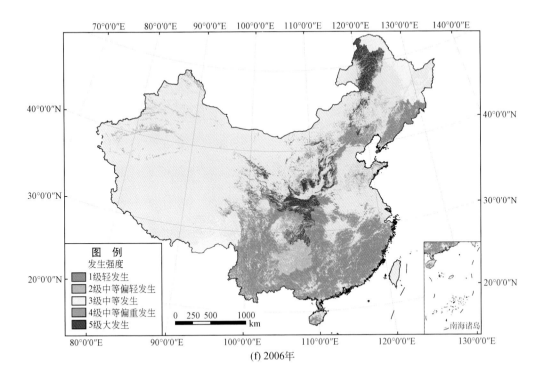

(f) 2006年

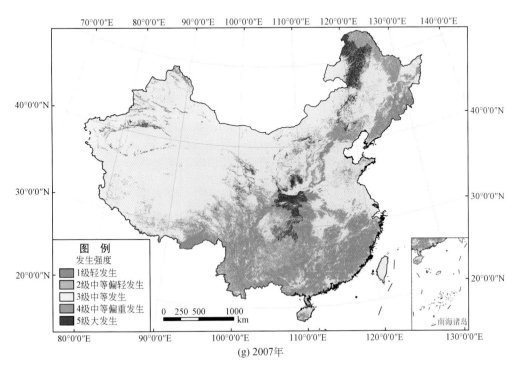

(g) 2007年

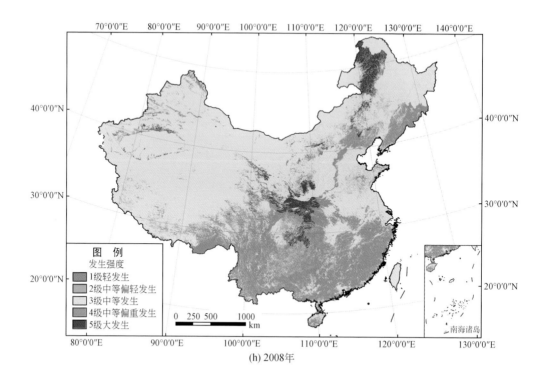

(h) 2008年

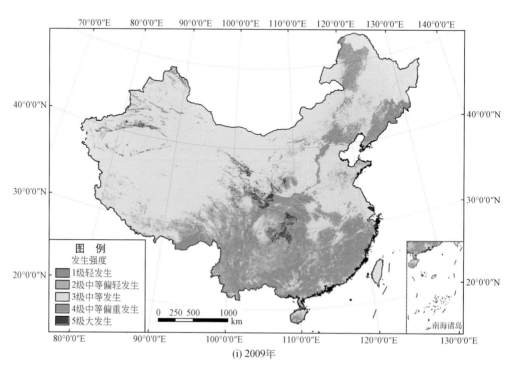

(i) 2009年

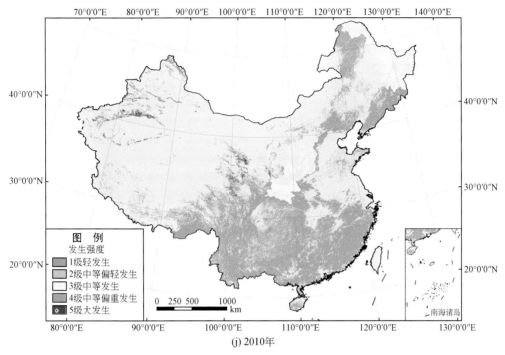

(j) 2010年

图 4-29 2000～2010 年中国森林鼠害发生程度空间分布图

2002 年森林鼠害发生程度为 5 级大发生的省份有宁夏和青海；4 级中等偏重发生的省份有新疆；3 级中等发生的省份有甘肃。其他省份为 2 级中等偏轻发生和 1 级轻发生。

2003 年森林鼠害发生程度为 5 级大发生的省份有新疆、宁夏、甘肃和青海；4 级中等偏重发生的省份有黑龙江；3 级中等发生的省份有重庆。其他省份为 2 级中等偏轻发生和 1 级轻发生。

2004 年森林鼠害发生程度为 5 级大发生的省份有宁夏、甘肃、陕西、新疆和青海；4 级中等偏重发生的省份有黑龙江和重庆；3 级中等发生的省份有内蒙古。其他省份为 2 级中等偏轻发生和 1 级轻发生。

2005 年森林鼠害发生程度为 5 级大发生的省份有宁夏、甘肃、陕西和青海；4 级中等偏重发生的省份有黑龙江和山西；3 级中等发生的省份有西藏。其他省份为 2 级中等偏轻发生和 1 级轻发生。

2006 年森林鼠害发生程度为 5 级大发生的省份有内蒙古、山西、宁夏、甘肃、陕西、重庆和青海；4 级中等偏重发生的省份有新疆；3 级中等发生的省份有黑龙江和西藏。其他省份为 2 级中等偏轻发生和 1 级轻发生。

2007 年森林鼠害发生程度为 5 级大发生的省份有内蒙古、宁夏、陕西、重庆、新疆和青海；4 级中等偏重发生的省份有黑龙江、甘肃和山西。其他省份为 2 级中等偏轻发生和 1 级轻发生。

2008 年森林鼠害发生程度为 5 级大发生的省份有内蒙古、宁夏、甘肃、陕西、重庆、新疆和青海；3 级中等发生的省份有黑龙江和山西。其他省份为 2 级中等偏轻发生和 1 级轻发生。

2009 年森林鼠害发生程度为 5 级大发生的省份有甘肃、重庆、新疆、宁夏和青海；4 级中等偏重发生的省份有内蒙古和陕西；3 级中等发生的省份有黑龙江和山西。其他省份为 2 级中等偏轻发生和 1 级轻发生。

2010 年森林鼠害发生程度为 5 级大发生的省份有新疆、宁夏和青海；4 级中等偏重发生的省份有内蒙古、甘肃和重庆；3 级中等发生的省份有黑龙江、山西和陕西。其他省份为 2 级中等偏轻发生和 1 级轻发生。

|第5章|　　检疫性有害生物的危险性

明确检疫性有害生物的危险性是减少其为害的重要步骤。本章叙述了2010年中国检疫性有害生物的类型、分布范围、发生面积和发生程度等。

5.1　检疫性有害生物类型

检疫性有害生物即外来入侵种，是指通过有意或无意的人类活动被引入到自然分布区外，在自然区外的自然、半自然生态系统中建立种群，并对当地的生物多样性造成威胁和危害。外来入侵种已经造成中国当地物种减少甚至灭绝，导致生态系统服务功能的丧失。尤其外来病、虫、草害等对农业和林业生产造成重大经济损失。

检疫性有害生物包括多种类型，其对农作物产生严重影响的主要包括昆虫、线虫、细菌、真菌、病毒和杂草等类群。这些检疫性有害生物给农田生态系统和农作物生产造成严重的威胁和损失。

5.2　检疫性有害生物发生范围

5.2.1　检疫性昆虫

重要检疫性昆虫分布较广。2010年检疫性昆虫分布较多的有东北的辽宁和吉林；华北的河北；华东的福建、山东、浙江、江西和安徽；华南的广东、广西和海南；华中的湖南和河南；西北的新疆、陕西和甘肃；西南的云南和重庆（图5-1）。

5.2.2　检疫性线虫

重要检疫性线虫在部分省份发生，其2010年发生较多的省份有山东、河南、安徽、江苏、河北和广东（图5-2）。

5.2.3　检疫性细菌

重要检疫性细菌在全国南方沿海省份分布较多，2010年浙江、福建、江西、广西、广东、湖南和云南发生较多；其次是安徽、新疆、山东、海南、河北、内蒙古和江苏，有少量发生；重庆、吉林、湖北、辽宁、河南、天津、黑龙江和甘肃零星发生（图5-3）。

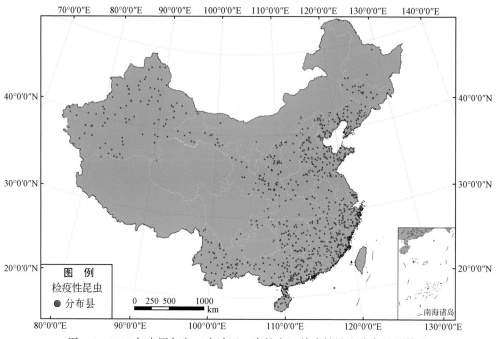

图 5-1 2010 年中国各省（自治区、直辖市）检疫性昆虫分布县的数量

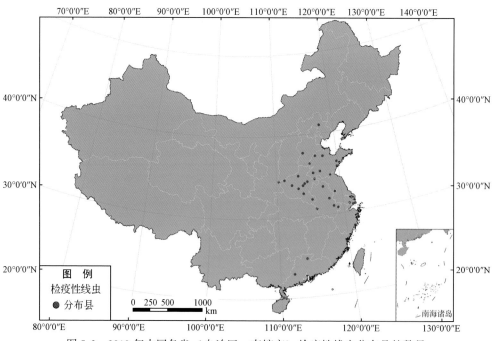

图 5-2 2010 年中国各省（自治区、直辖市）检疫性线虫分布县的数量

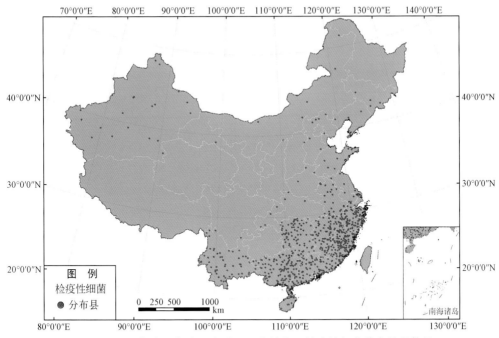

图 5-3 2010 年中国各省（自治区、直辖市）检疫性细菌分布县的数量

5.2.4 检疫性真菌

重要检疫性真菌在全国分布较广，2010 年西北的新疆，华中的河南，华南的广东，华东的山东，华北的河北和内蒙古，东北的黑龙江、吉林和辽宁发生较多；湖南、江苏、云南、天津、山西、福建和海南有少量发生；安徽、陕西、浙江、湖北、甘肃、北京、广西和宁夏零星发生（图 5-4）。

5.2.5 检疫性病毒

重要检疫性病毒在全国部分省份发生，如 2010 年辽宁、陕西、云南、黑龙江、湖南和广东有少量发生（图 5-5）。

5.2.6 检疫性杂草

重要检疫性杂草在全国发生较广，2010 年黑龙江、辽宁、内蒙古、北京、浙江、安徽、广西、广东、湖南、河南、新疆和甘肃发生较多；吉林、山西、河北、天津、江苏、山东、陕西、宁夏、云南和重庆较少发生；上海、福建、湖北、海南和青海零星发生（图 5-6）。

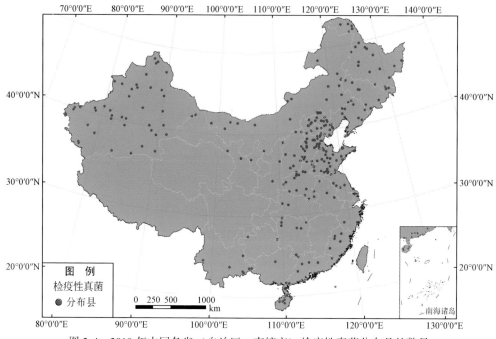

图 5-4　2010 年中国各省（自治区、直辖市）检疫性真菌分布县的数量

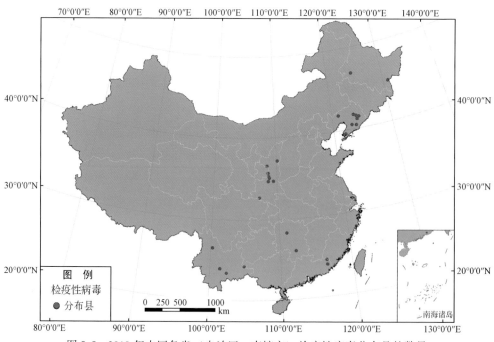

图 5-5　2010 年中国各省（自治区、直辖市）检疫性病毒分布县的数量

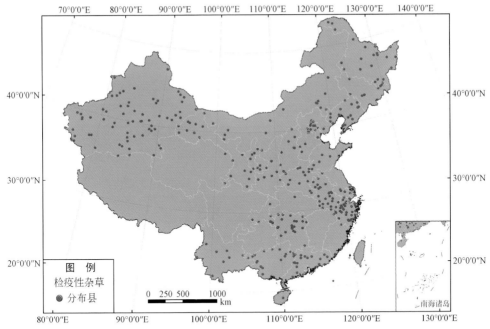

图 5-6　中国各省（自治区、直辖市）检疫性杂草分布县的数量

5.3　检疫性有害生物发生面积

5.3.1　检疫性昆虫

从 2010 年全国范围来看，重要检疫性昆虫的发生面积超过 5000 千公顷次的省份有辽宁、山东、浙江、湖北和广东；4000 千～5000 千公顷次的省份有河北省；4000 千～5000 千公顷次的省份有湖南和宁夏（图 5-7）。

5.3.2　检疫性线虫

从 2010 年全国范围来看，重要检疫性线虫的发生面积超过 4000 千公顷次的省份有河北；河南省发生面积达 190 多千公顷次（图 5-8）。

5.3.3　检疫性细菌

从 2010 年全国范围来看，重要检疫性细菌的发生面积超过 1 亿公顷次的省份有浙江；广东发生面积达 0.12 亿公顷次；湖南、福建和广西均超过 1000 千公顷次；江西达 900 千公顷次（图 5-9）。

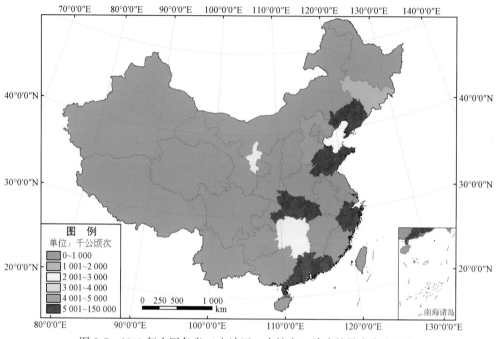

图 5-7　2010 年中国各省（自治区、直辖市）检疫性昆虫发生面积

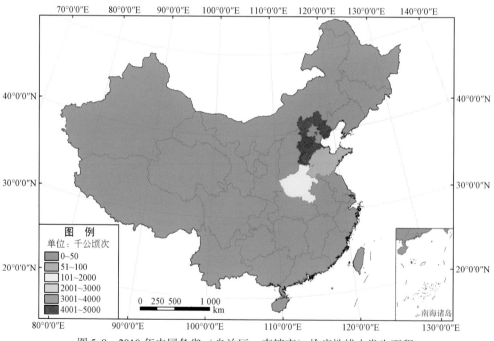

图 5-8　2010 年中国各省（自治区、直辖市）检疫性线虫发生面积

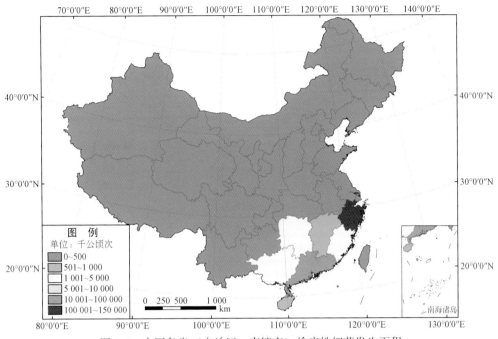

图 5-9 中国各省（自治区、直辖市）检疫性细菌发生面积

5.3.4 检疫性真菌

从 2010 年全国范围来看，重要检疫性真菌的发生面积超过 1500 千公顷次的省份有山东；河北发生面积达 1100 千公顷次；新疆和河南超过 400 千公顷次（图 5-10）。

5.3.5 检疫性病毒

从 2010 年全国范围来看，重要检疫性病毒的发生面积超过 1000 公顷次的省份有辽宁和陕西；黑龙江省发生面积达 500 公顷次；云南超过 200 公顷次（图 5-11）。

5.3.6 检疫性杂草

从 2010 年全国范围来看，重要检疫性杂草的发生面积超过 5000 千公顷次的省份有浙江和宁夏；辽宁省发生面积达 1700 公顷次；发生面积超过 100 千公顷次的省份有黑龙江、河北、安徽、湖南、广东、广西、新疆和甘肃（图 5-12）。

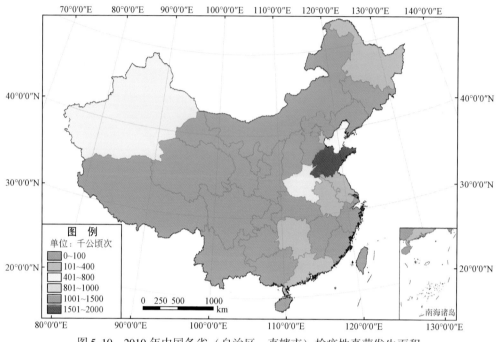

图 5-10　2010 年中国各省（自治区、直辖市）检疫性真菌发生面积

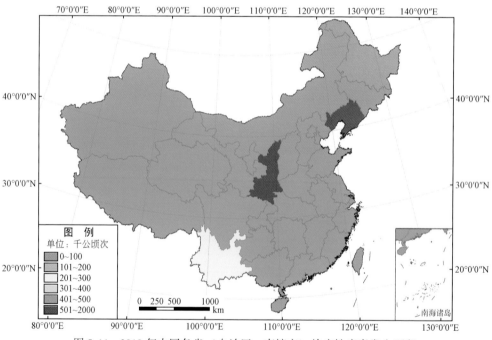

图 5-11　2010 年中国各省（自治区、直辖市）检疫性病毒发生面积

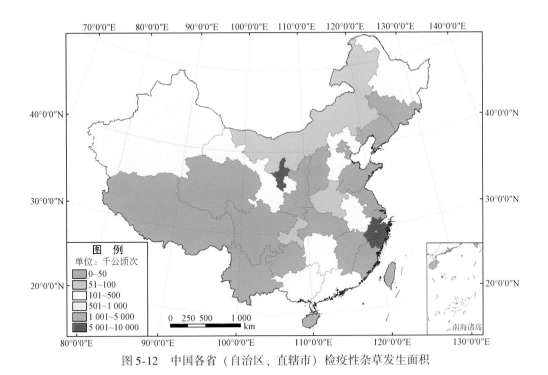

图 5-12　中国各省（自治区、直辖市）检疫性杂草发生面积

5.4　检疫性有害生物发生程度

5.4.1　检疫性昆虫

从全国范围看，2010 年重要检疫性昆虫 5 级大发生的省份有重庆市；4 级中等偏重发生的省份有黑龙江和辽宁；3 级中等发生的省份有安徽、福建和宁夏（图 5-13）。

5.4.2　检疫性线虫

从全国范围看，2010 年重要检疫性线虫 3 级中等发生的省份有河南（图 5-14）。

5.4.3　检疫性细菌

从全国范围看，2010 年重要检疫性细菌 3 级中等发生的省份有山东和湖北；2 级中等偏轻发生的省份有新疆、广东和海南（图 5-15）。

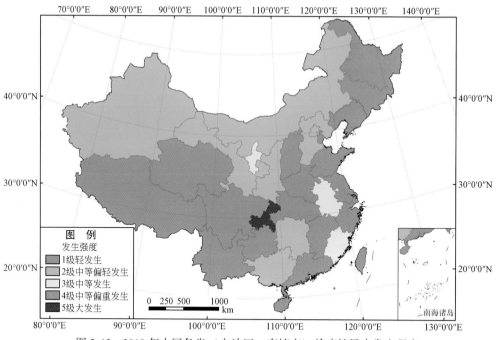

图 5-13　2010 年中国各省（自治区、直辖市）检疫性昆虫发生程度

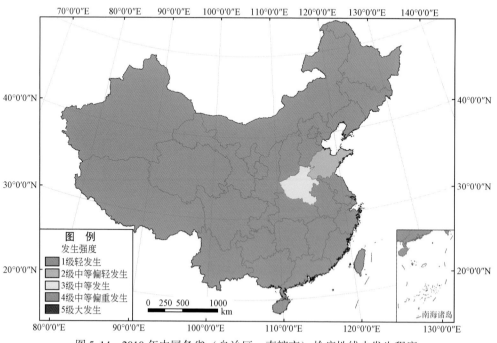

图 5-14　2010 年中国各省（自治区、直辖市）检疫性线虫发生程度

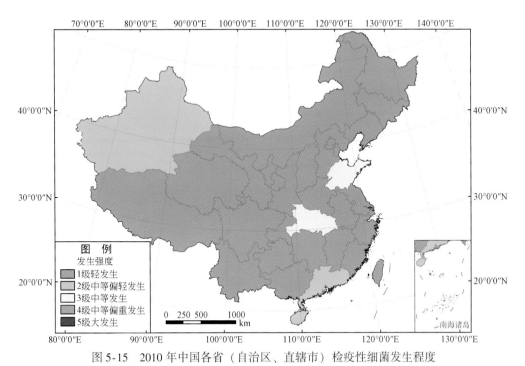

图 5-15　2010 年中国各省（自治区、直辖市）检疫性细菌发生程度

5.4.4　检疫性真菌

从全国范围看，2010 年重要检疫性真菌 4 级中等偏重发生的省份有福建；3 级中等发生的省份有北京、新疆和河南；2 级中等偏轻发生的省份有湖北（图 5-16）。

5.4.5　检疫性病毒

从全国范围看，2010 年重要检疫性病毒 2 级中等偏轻发生的省份有黑龙江、辽宁和广东（图 5-17）。

5.4.6　检疫性杂草

从全国范围看，2010 年重要检疫性杂草 4 级中等偏重发生的省份有湖南；3 级中等发生的省份有河北；2 级中等偏轻发生的省份有河南、宁夏、广西和海南（图 5-18）。

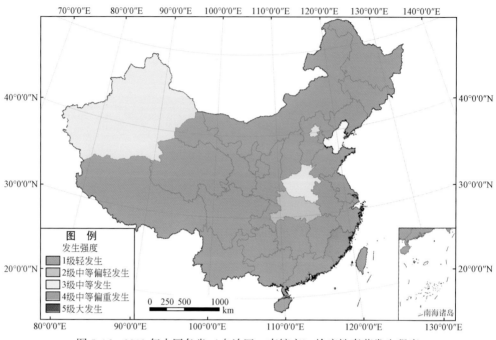

图 5-16 2010 年中国各省（自治区、直辖市）检疫性真菌发生程度

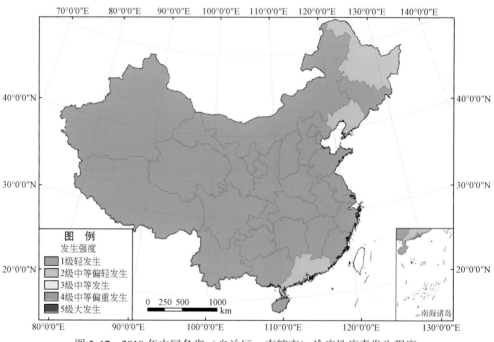

图 5-17 2010 年中国各省（自治区、直辖市）检疫性病毒发生程度

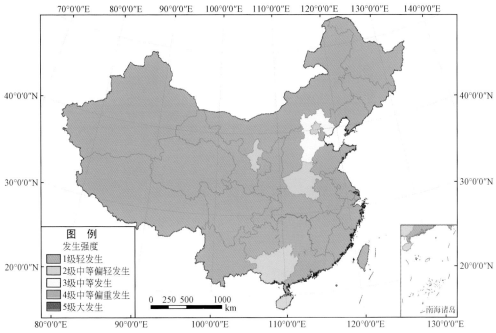

图 5-18　2010 年中国各省（自治区、直辖市）检疫性杂草发生程度

|第6章| 农作物受害损失

中国农业生物灾害种类繁多，总体上包括病害、虫害、草害和鼠害四类，对农作物产量和品质产生严重的损失。本章重点分析 2000～2010 年农业生物灾害对粮食作物和油料作物造成的损失量及损失率的变化趋势和空间分布。

6.1 粮食作物损失

6.1.1 全国粮食作物损失量和损失率

6.1.1.1 全国粮食作物产量变化趋势

2000～2010 年，全国粮食作物产量呈显著增加趋势，从 2000 年的 46 217.52 万 t 增加到 2010 年的 54 647.71 万 t（图6-1，表6-1）。

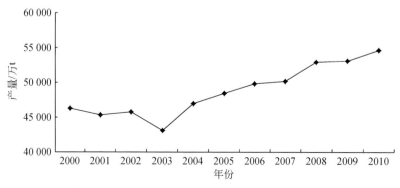

图6-1 2000～2010 年中国粮食作物的产量变化趋势

表6-1 2000～2010 年中国粮食作物产量和损失与年份的线性关系

空间尺度	评价指标	线性方程	相关系数 R^2	P 值	趋势	
全国	产量	$Y = 1017.3X - 1\ 990\ 939.7$	0.831 0	0.000 1	显著增加	↑
	实际损失量	$Y = 72.87X - 144\ 351.58$	0.720 5	0.001 0	显著增加	↑
	挽回损失量	$Y = 548.5X - 1\ 092\ 196.4$	0.879 7	<0.000 1	显著增加	↑
	总损失量	$Y = 621.4X - 1\ 237\ 000$	0.881 1	<0.000 1	显著增加	↑

续表

空间尺度	评价指标	线性方程	相关系数 R^2	P 值	趋势	
全国	实际损失率	$Y=0.000\,74X-1.448\,74$	0.298 3	0.082 2	波动增加	↗
	挽回损失率	$Y=0.008\,01X-15.909\,21$	0.782 8	0.000 3	显著增加	↑
	总损失率	$Y=0.008\,75X-17.356\,31$	0.757 1	0.000 5	显著增加	↑

注: 总损失量为实际损失量和挽回损失量之和; 总损失率为总损失量与产量之比的百分率。Y 为对应的评估指标; X 为年份, 2000～2010 年。X 系数>0 为线性趋势增加, X 系数<0 为线性趋势减少; P 值<0.05 为线性趋势显著, P 值 >0.05 为线性趋势波动。

6.1.1.2 全国粮食作物实际损失变化趋势

线性回归分析结果表明:2000～2010 年, 全国病、虫、草、鼠害危害粮食作物的实际损失量呈显著增加趋势, 从 2000 年的 1519.46 万 t 增加到 2010 年的 2157.25 万 t(图 6-2, 表 6-1)。

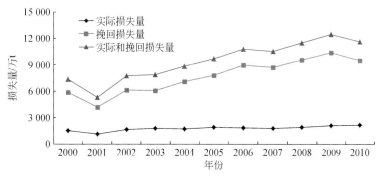

图 6-2   2000～2010 年中国病、虫、草、鼠害危害粮食作物的损失量变化趋势

2000～2010 年, 全国病、虫、草、鼠害危害粮食作物的实际损失率呈显著增加趋势, 从 2000 年的 3.29% 增加到 2010 年的 3.95%(图 6-3, 表 6-1)。

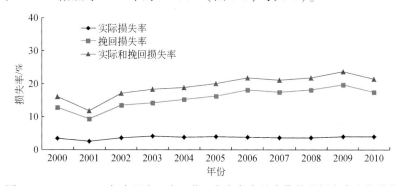

图 6-3   2000～2010 年中国病、虫、草、鼠害危害粮食作物的损失率变化趋势

6.1.1.3 全国粮食作物挽回损失变化趋势

2000～2010 年, 全国病、虫、草、鼠害危害粮食作物的挽回损失量呈显著增加趋势,

从 2000 年的 5845.10 万 t 增加到 2010 年的 9460.20 万 t （图 6-2，表 6-1）。

2000 ~ 2010 年，全国病、虫、草、鼠害危害粮食作物的挽回损失率呈显著增加趋势，从 2000 年的 12.65% 增加到 2010 年的 17.31% （图 6-3，表 6-1）。

6.1.1.4 全国粮食作物总损失变化趋势

线性回归分析结果表明：2000 ~ 2010 年，全国病、虫、草、鼠害危害粮食作物的总损失量呈显著增加趋势，从 2000 年的 7364.56 万 t 增加到 2010 年的 11 617.45 万 t （图 6-2，表 6-1）。

2000 ~ 2010 年，全国病、虫、草、鼠害危害粮食作物的总损失率呈显著增加趋势，从 2000 年的 12.65% 增加到 2010 年的 17.31% （图 6-3，表 6-1）。

6.1.2 全国各区域粮食作物损失量和损失率变化趋势

6.1.2.1 全国各区域粮食作物产量变化趋势

线性回归分析结果表明：2000 ~ 2010 年，全国粮食作物产量华北、东北、华东、华中和西北地区呈显著增加趋势，西南呈波动增加趋势；而华南呈显著减少趋势（图 6-4，表 6-2）。

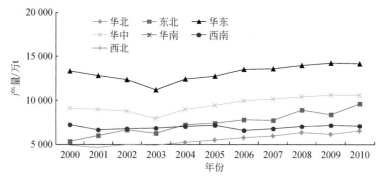

图 6-4 2000 ~ 2010 年中国各区域粮食作物的产量

表 6-2 2000 ~ 2010 年中国各区域粮食作物产量与年份的线性关系

空间尺度	评价指标	区域范围	线性方程	相关系数 R^2	P 值	趋势	
七大区域	产量	华北	$Y = 184.29X - 363\ 986.05$	0.927 8	<0.000 1	显著增加	↑
		东北	$Y = 376.4X - 747\ 284.89$	0.935 5	<0.000 1	显著增加	↑
		华东	$Y = 187.6X - 362\ 987.6$	0.461 8	0.021 4	显著增加	↑
		华中	$Y = 221.41X - 434\ 388.09$	0.718 0	0.001 0	显著增加	↑
		华南	$Y = -51.691X + 106\ 700.014$	0.750 1	0.000 6	显著减少	↓
		西南	$Y = 18.05X - 29\ 245.35$	0.067 9	0.439 1	波动增加	↗
		西北	$Y = 81.26X - 159\ 737.99$	0.849 9	0.000 1	显著增加	↑

注：Y 为对应的评估指标；X 为年份，2000 ~ 2010 年。X 的系数>0 为线性趋势增加，X 系数<0 为线性趋势减少；P 值<0.05 为线性趋势显著，P 值>0.05 为线性趋势波动。

6.1.2.2　全国各区域粮食作物实际损失变化趋势

线性回归分析结果表明：2000～2010年，全国粮食作物实际损失量华北、东北、华中、华南和西北地区呈显著增加趋势，西南和华东呈波动增加趋势；而华南呈现显著减少趋势（图6-5，表6-3）。

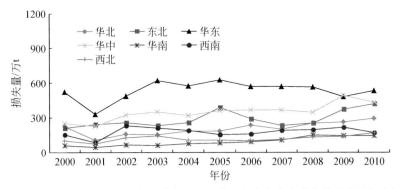

图 6-5　2000～2010 年中国各区域病、虫、草、鼠害危害粮食作物的实际损失量

表 6-3　2000～2010 年中国各区域病、虫、草、鼠害危害粮食作物实际损失与年份的线性关系

空间尺度	评价指标	区域范围	线性方程	相关系数 R^2	P 值	趋势	
七大区域	实际损失量	华北	$Y = 12.562X - 24\,982.334$	0.582 2	0.006 3	显著增加	↑
		东北	$Y = 14.377X - 28\,541.218$	0.440 8	0.025 9	显著增加	↑
		华东	$Y = 7.174X - 13\,850.599$	0.083 2	0.389 6	波动增加	↗
		华中	$Y = 19.386X - 38\,521.282$	0.749 9	0.000 6	显著增加	↑
		华南	$Y = 10.683X - 21\,325.69$	0.885 2	<0.000 1	显著增加	↑
		西南	$Y = 3.735X - 7\,311.884$	0.098 0	0.348 6	波动增加	↗
		西北	$Y = 4.957X - 9\,818.576$	0.395 8	0.038 1	显著增加	↑
七大区域	实际损失率	华北	$Y = 0.001X - 1.977\,57$	0.230 0	0.135 5	波动增加	↗
		东北	$Y = -0.000\,06X + 0.154\,88$	0.000 8	0.932 6	波动减少	↘
		华东	$Y = -0.000\,03X + 0.105\,4$	0.000 2	0.968 2	波动减少	↘
		华中	$Y = 0.001\,15X - 2.269\,82$	0.367 8	0.047 9	显著增加	↑
		华南	$Y = 0.003\,98X - 7.946\,57$	0.896 6	<0.000 1	显著增加	↑
		西南	$Y = 0.000\,47X - 0.925\,24$	0.075 7	0.413 0	波动增加	↗
		西北	$Y = 0.000\,56X - 1.082\,57$	0.077 2	0.408 0	波动增加	↗

注：Y 为对应的评估指标；X 为年份，2000～2010 年。X 的系数>0 为线性趋势增加，X 系数<0 为线性趋势减少；P 值<0.05 为线性趋势显著，P 值>0.05 为线性趋势波动。

2000～2010 年，全国粮食作物实际损失率华中和华南呈显著增加；华北、西南和西北呈波动增加；东北和华北呈波动减少（图6-6，表6-3）。

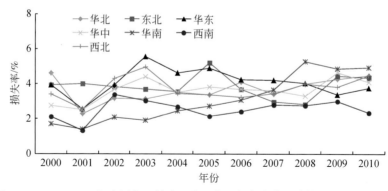

图 6-6　2000～2010 年中国各区域病、虫、草、鼠害危害粮食作物的实际损失率

6.1.2.3　全国各区域粮食作物挽回损失变化趋势

线性回归分析结果表明：2000～2010 年，全国粮食作物挽回损失量东北、华东、华中、华南、西南和西北地区呈显著增加趋势，华北呈波动增加趋势（图6-7，表6-4）。

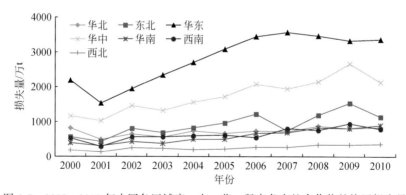

图 6-7　2000～2010 年中国各区域病、虫、草、鼠害危害粮食作物的挽回损失量

表 6-4　2000～2010 年中国各区域病、虫、草、鼠害危害粮食作物挽回损失与年份的线性关系

空间尺度	评价指标	区域范围	线性方程	相关系数 R^2	P 值	趋势	
七大区域	挽回损失量	华北	$Y=20.027X-39\,437.497$	0.339 9	0.059 8	波动增加	↗
		东北	$Y=80.25X-159\,993.74$	0.672 6	0.002 0	显著增加	↑
		华东	$Y=188.95X-376\,030.65$	0.775 0	0.000 3	显著增加	↑
		华中	$Y=137.34X-273\,617.56$	0.853 4	<0.000 1	显著增加	↑
		华南	$Y=58.66X-117\,000$	0.918 1	<0.000 1	显著增加	↑
		西南	$Y=44.295X-88\,181.124$	0.697 5	0.001 4	显著增加	↑
		西北	$Y=19.031X-37\,904.526$	0.807 9	0.000 2	显著增加	↑

续表

空间尺度	评价指标	区域范围	线性方程	相关系数 R^2	P 值	趋势	
七大区域	挽回损失率	华北	$Y=-0.00074X+1.60943$	0.0254	0.6398	波动减少	↘
		东北	$Y=0.00494X-9.78506$	0.3066	0.0772	波动增加	↗
		华东	$Y=0.01126X-22.36028$	0.6424	0.0030	显著增加	↑
		华中	$Y=0.01007X-20.01379$	0.7723	0.0004	显著增加	↑
		华南	$Y=0.02217X-44.25353$	0.9347	<0.0001	显著增加	↑
		西南	$Y=0.00613X-12.20733$	0.7067	0.0012	显著增加	↑
		西北	$Y=0.00393X-7.80892$	0.6324	0.0034	显著增加	↑

注：Y 为对应的评估指标；X 为年份，2000～2010 年。X 系数>0 为线性趋势增加，X 系数<0 为线性趋势减少；P 值<0.05 为线性趋势显著，P 值>0.05 为线性趋势波动。

2000～2010 年，全国粮食作物挽回损失率华东、华中、华南、西南和西北地区呈显著增加；东北呈波动增加；华北呈波动减少（图 6-8，表 6-4）。

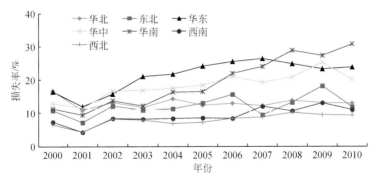

图 6-8　2000～2010 年中国各区域病、虫、草、鼠害危害粮食作物的挽回损失率

6.1.2.4　全国各区域粮食作物实际和挽回总损失变化趋势

线性回归分析结果表明：2000～2010 年，全国粮食作物实际和挽回总损失量华北、东北、华东、华中、华南、西南和西北地区呈显著增加趋势（图 6-9，表 6-5）。

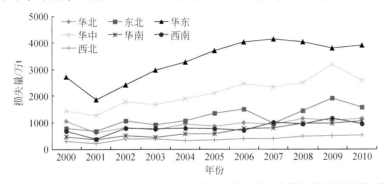

图 6-9　2000～2010 年中国各区域病、虫、草、鼠害危害粮食作物的实际和挽回损失量

表6-5　2000～2010年中国各区域病、虫、草、鼠害危害粮食作物总损失与年份的线性关系

空间尺度	评价指标	区域范围	线性方程	相关系数 R^2	P 值	趋势	
七大区域	总损失量	华北	$Y=32.59X-64\,419.83$	0.426 6	0.029 3	显著增加	↑
		东北	$Y=94.63X-188\,534.96$	0.694 4	0.001 4	显著增加	↑
		华东	$Y=196.12X-389\,881.25$	0.729 0	0.000 8	显著增加	↑
		华中	$Y=156.72X-312\,138.84$	0.859 5	<0.000 1	显著增加	↑
		华南	$Y=69.34X-138\,400$	0.918 8	<0.000 1	显著增加	↑
		西南	$Y=48.03X-95\,493.01$	0.614 8	0.004 3	显著增加	↑
		西北	$Y=23.987X-47\,723.102$	0.740 9	0.000 7	显著增加	↑
	总损失率	华北	$Y=0.000\,27X-0.367\,42$	0.001 8	0.901 6	波动增加	↗
		东北	$Y=0.004\,88X-9.628\,91$	0.257 3	0.111 3	波动增加	↗
		华东	$Y=0.011\,23X-22.254\,2$	0.540 5	0.009 9	显著增加	↑
		华中	$Y=0.011\,22X-22.283\,61$	0.750 2	0.000 6	显著增加	↑
		华南	$Y=0.026\,15X-52.200\,1$	0.933 7	<0.000 1	显著增加	↑
		西南	$Y=0.006\,61X-13.131\,48$	0.612 5	0.004 4	显著增加	↑
		西北	$Y=0.004\,49X-8.891\,67$	0.496 6	0.015 5	显著增加	↑

注：总损失量为实际损失量和挽回损失量之和；总损失率为总损失量与产量之比的百分率。Y 为对应的评估指标；X 为年份，2000～2010 年。X 系数>0 为线性趋势增加，X 系数<0 为线性趋势减少；P 值<0.05 为线性趋势显著，P 值>0.05 为线性趋势波动。

　　2000～2010 年，全国粮食作物实际损失率华东、华中、华南、西南和西北地区呈显著增加；华北和东北呈波动增加（图6-10，表6-5）。

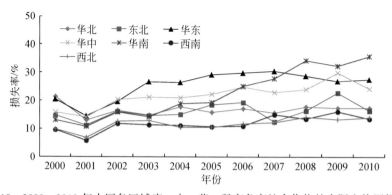

图6-10　2000～2010年中国各区域病、虫、草、鼠害危害粮食作物的实际和挽回损失率

6.1.3 全国各省（自治区、直辖市）粮食作物损失量和损失率

6.1.3.1 全国各省（自治区、直辖市）粮食作物产量

（1）2000～2010 年粮食作物年平均产量

2000～2010 年，粮食作物年平均产量超过 4000 万 t 的省份有河南；为 3000 万～4000 万 t 的省份有山东、黑龙江和四川；为 2000 万～3000 万 t 的省份有江苏、安徽、湖南、河北、吉林和湖北（图 6-11）。

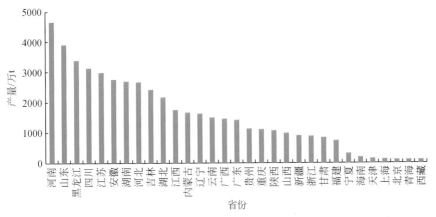

图 6-11　2000～2010 年中国各省（自治区、直辖市）粮食作物的平均产量

（2）2000～2010 年粮食作物产量变化趋势

线性回归分析结果表明：2000～2010 年，全国各省（自治区、直辖市）粮食作物年产量变化趋势中（图 6-12，表 6-6），显著增加的省份占 59%；波动增加的省份占 19%；波动减少的省份占 6%；显著减少的省份占 16%（图 6-13）。

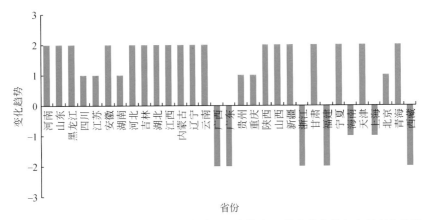

图 6-12　2000～2010 年中国各省（自治区、直辖市）粮食作物的年产量变化趋势

2. 显著增加；1. 波动增加，–1. 波动减少；–2. 显著减少

表6-6 2000～2010年中国各省（自治区、直辖市）粮食作物产量与年份的线性关系

空间尺度	评价指标	区域范围	线性方程	相关系数 R^2	P 值	趋势	
省级	产量	北京	$Y=1.76X+3\,425.924$	0.052 7	0.497 2	波动增加	↗
		天津	$Y=3.093\,3X+6\,062.082\,6$	0.584 7	0.006 1	显著增加	↑
		河北	$Y=57.62X+112\,900$	0.796 9	0.000 2	显著增加	↑
		山西	$Y=23.396X+45\,944.497$	0.461 3	0.021 5	显著增加	↑
		内蒙古	$Y=98.43X+195\,700$	0.944 6	0.000 0	显著增加	↑
		辽宁	$Y=51.29X+101\,212.29$	0.614 5	0.004 3	显著增加	↑
		吉林	$Y=95.66X+189\,396.23$	0.731 1	0.000 8	显著增加	↑
		黑龙江	$Y=229.45X+456\,676.37$	0.860 1	0.000 0	显著增加	↑
		上海	$Y=-3.777X+7\,694.753$	0.311 6	0.074 3	波动减少	↘
		江苏	$Y=37.57X+72\,335.69$	0.300 7	0.080 7	波动增加	↗
		浙江	$Y=-35.909X+72\,872.425$	0.637 2	0.003 2	显著减少	↓
		安徽	$Y=68.96X+135\,524.8$	0.680 7	0.001 8	显著增加	↑
		福建	$Y=-18.996X+38\,806.269$	0.824 3	0.000 1	显著减少	↓
		江西	$Y=51.23X+101\,000$	0.798 0	0.000 2	显著增加	↑
		山东	$Y=88.49X+173\,538.05$	0.640 7	0.003 1	显著增加	↑
		河南	$Y=175.66X+347\,529.95$	0.796 9	0.000 2	显著增加	↑
		湖北	$Y=21.35X+40\,638.548$	0.382 5	0.042 5	显著增加	↑
		湖南	$Y=24.4X+46\,219.59$	0.347 8	0.056 2	波动增加	↗
		广东	$Y=-39.642X+80\,900.612$	0.766 4	0.000 4	显著减少	↓
		广西	$Y=-10.203X+21\,911.771$	0.499 3	0.015 1	显著减少	↓
		海南	$Y=-1.846X+3\,887.63$	0.202 3	0.165 1	波动减少	↘
		重庆	$Y=6.191X+11\,316.626$	0.074 9	0.415 3	波动增加	↗
		四川	$Y=0.383\,7X+2\,351$	0.000 1	0.978 6	波动增加	↗
		贵州	$Y=3.315X+5\,521.678$	0.077 3	0.407 8	波动增加	↗
		云南	$Y=8.839X+16\,221.315$	0.462 1	0.021 4	显著增加	↑
		西藏	$Y=-0.682\,7X+1\,463.578\,2$	0.721 1	0.000 9	显著减少	↓
		陕西	$Y=14.186X+27\,379.954$	0.563 5	0.007 8	显著增加	↑
		甘肃	$Y=20.228X+39\,732.734$	0.903 1	0.000 0	显著增加	↑
		青海	$Y=1.496X+2\,904.294\,1$	0.367 9	0.047 9	显著增加	↑
		宁夏	$Y=9.016X+17\,772.647$	0.894 3	0.000 0	显著增加	↑
		新疆	$Y=36.332X+71\,948.358$	0.735 0	0.000 7	显著增加	↑

注：Y 为对应的评估指标；X 为年份，2000～2010 年。X 系数>0 为线性趋势增加，X 系数<0 为线性趋势减少；P 值<0.05 为线性趋势显著，P 值>0.05 为线性趋势波动。

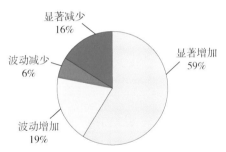

图 6-13　2000～2010 年中国各省（自治区、直辖市）粮食作物的年产量变化趋势类型的省份比例

（3）2000～2010 年粮食作物产量变化趋势类型的空间分布

2000～2010 年全国各省（自治区、直辖市）粮食作物年产量 4 种变化趋势类型，即显著增加、波动增加、波动减少和显著减少（图 6-14）。

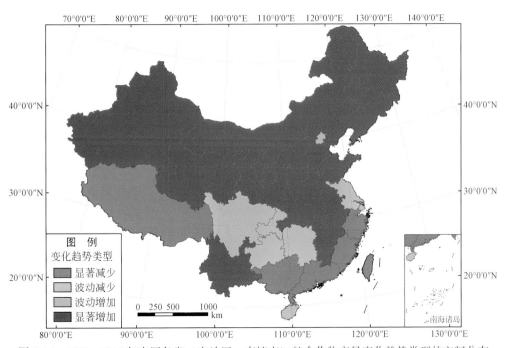

图 6-14　2000～2010 年中国各省（自治区、直辖市）粮食作物产量变化趋势类型的空间分布

6.1.3.2　全国各省（自治区、直辖市）粮食作物实际损失

（1）2000～2010 年粮食作物年平均实际损失量和损失率

1）年平均实际损失量。2000～2010 年，粮食作物年平实际损失量超过 150 万 t 的省份有河南和山东；100 万～150 万 t 的省份有黑龙江、江苏、安徽和河北（图 6-15）。

2）年平均实际损失率。2000～2010 年，粮食作物年平实际损失率超过 4% 的省份有青海、宁夏、天津、湖北、安徽、山东、陕西、江西和河北（图 6-16）。

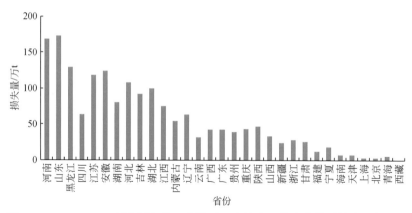

图 6-15　2000～2010 年中国各省（自治区、直辖市）粮食作物平均实际损失量

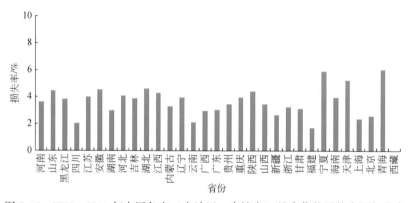

图 6-16　2000～2010 年中国各省（自治区、直辖市）粮食作物平均实际损失率

（2）2000～2010 年粮食作物实际损失量和损失率变化趋势

1）实际损失量。2000～2010 年，全国各省（自治区、直辖市）粮食作物年实际损失量变化趋势中（图6-17，表 6-7），显著增加的省份占 32%、波动增加省份的占 49%、波动减少省份的占 19%、显著减少省份的占 0%（图 6-18）。

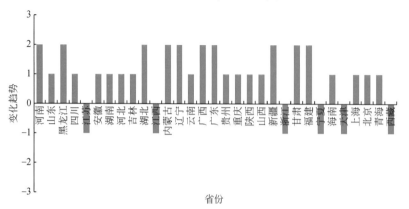

图 6-17　2000～2010 年中国各省（自治区、直辖市）粮食作物的年实际损失量变化趋势

2. 显著增加；1. 波动增加；–1. 波动减少；–2. 显著减少

表 6-7　2000～2010 年中国各省（自治区、直辖市）病、虫、草、鼠害危害粮食作物
实际损失量与年份的线性关系

空间尺度	评价指标	区域范围	线性方程	相关系数 R^2	P 值	趋势	
省级	实际损失量	北京	$Y = 0.073\,41X + 144.569\,84$	0.042 4	0.543 5	波动增加	↗
		天津	$Y = -0.330\,7X + 670.38$	0.127 8	0.280 5	波动减少	↘
		河北	$Y = 4.649X + 9\,212.326$	0.316 2	0.071 7	波动增加	↗
		山西	$Y = 1.547\,9X + 3\,070.503\,5$	0.300 4	0.080 9	波动增加	↗
		内蒙古	$Y = 6.623X + 13\,225.315$	0.554 5	0.008 6	显著增加	↑
		辽宁	$Y = 4.536X + 9\,030.519$	0.618 8	0.004 1	显著增加	↑
		吉林	$Y = 2.404X + 4\,726.94$	0.097 4	0.350 1	波动增加	↗
		黑龙江	$Y = 7.438X + 14\,783.759$	0.377 5	0.044 3	显著增加	↑
		上海	$Y = 0.100\,82X + 199.255\,42$	0.150 9	0.237 8	波动增加	↗
		江苏	$Y = -2.1X + 4\,328.565$	0.047 8	0.518 6	波动减少	↘
		浙江	$Y = -0.240\,6X + 510.726$	0.014 6	0.723 4	波动减少	↘
		安徽	$Y = 7.159X + 14\,229.821$	0.346 8	0.056 6	波动增加	↗
		福建	$Y = 1.218\,3X + 2\,430.560\,9$	0.644 9	0.002 9	显著增加	↑
		江西	$Y = -1.476X + 3\,035.381$	0.029 3	0.614 7	波动减少	↘
		山东	$Y = 2.513X + 4\,865.632$	0.149 7	0.239 7	波动增加	↗
		河南	$Y = 11.375X + 22\,637.965$	0.650 7	0.002 7	显著增加	↑
		湖北	$Y = 5.824X + 11\,576.747$	0.651 7	0.002 7	显著增加	↑
		湖南	$Y = 2.188X + 4\,306.57$	0.297 4	0.082 7	波动增加	↗
		广东	$Y = 6.983X + 13\,958.443$	0.839 3	0.000 1	显著增加	↑
		广西	$Y = 2.922\,8X + 5\,817.476\,1$	0.666 7	0.002 2	显著增加	↑
		海南	$Y = 0.776\,6X + 1\,549.772\,3$	0.349 9	0.055 3	波动增加	↗
		重庆	$Y = 0.224\,5X + 406.823\,1$	0.004 5	0.844 7	波动增加	↗
		四川	$Y = 0.586\,7X + 1\,113.1758$	0.016 8	0.703 9	波动增加	↗
		贵州	$Y = 1.880\,9X + 3\,732.419\,9$	0.285 1	0.090 7	波动增加	↗
		云南	$Y = 1.043X + 2\,059.464$	0.325 0	0.067 1	波动增加	↗
		西藏	NA	NA	NA	NA	NA
		陕西	$Y = 0.416\,7X + 788.921$	0.027 4	0.626 5	波动增加	↗
		甘肃	$Y = 1.562\,5X + 3\,107.284\,1$	0.488 0	0.016 8	显著增加	↑
		青海	$Y = 0.053\,25X + 101.0344\,7$	0.002 5	0.884 6	波动增加	↗
		宁夏	$Y = -0.412\,1X + 844.253\,9$	0.058 3	0.474 3	波动减少	↘
		新疆	$Y = 3.336\,3X + 6\,665.587\,6$	0.873 5	0.000 0	显著增加	↑

注：Y 为对应的评估指标；X 为年份，2000～2010 年。X 系数>0 为线性趋势增加，X 系数<0 为线性趋势减少；P 值<0.05 为线性趋势显著，P 值>0.05 为线性趋势波动，NA 为零值多。

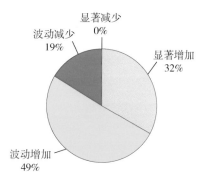

图6-18　2000～2010年中国各省（自治区、直辖市）粮食作物的年实际损失率量
变化趋势类型的省份比例

2）实际损失率。线性回归分析结果表明：2000～2010年，全国各省（自治区、直辖市）粮食作物年实际损失率变化趋势中（图6-19，表6-8），显著增加的省份占19%、波动增加的省份占49%、波动减少的省份占32%、显著减少的省份占0%（图6-20）。

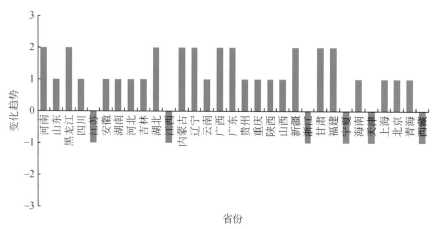

图6-19　2000～2010年中国各省（自治区、直辖市）粮食作物的年实际损失量变化趋势
2. 显著增加；1. 波动增加；–1. 波动减少；–2. 显著减少

表6-8　2000～2010年中国各省（自治区、直辖市）病、虫、草、鼠害危害粮食作物
实际损失率与年份的线性关系

空间尺度	评价指标	区域范围	线性方程	相关系数 R^2	P 值	趋势	
省级	实际损失率	北京	$Y=0.000\ 38X+0.736\ 31$	0.015 4	0.716 3	波动增加	↗
		天津	$Y=-0.003\ 65X+7.367\ 74$	0.210 2	0.156 2	波动减少	↘
		河北	$Y=0.000\ 85X+1.670\ 59$	0.109 2	0.321 0	波动增加	↗
		山西	$Y=0.000\ 99X+1.941\ 38$	0.169 7	0.208 1	波动增加	↗
		内蒙古	$Y=0.001\ 78X+3.536\ 21$	0.180 0	0.193 4	波动增加	↗
		辽宁	$Y=0.001\ 45X+2.867\ 44$	0.224 4	0.141 1	波动增加	↗
		吉林	$Y=-0.000\ 77X+1.578\ 74$	0.052 8	0.496 8	波动减少	↘

续表

空间尺度	评价指标	区域范围	线性方程	相关系数 R^2	P 值	趋势	
省级	实际损失率	黑龙江	$Y=-0.000\,16X+0.361\,55$	0.002 4	0.887 4	波动减少	↘
		上海	$Y=0.001\,21X+2.401\,68$	0.178 8	0.195 1	波动增加	↗
		江苏	$Y=-0.001\,23X+2.508\,81$	0.079 3	0.401 7	波动减少	↘
		浙江	$Y=0.000\,86X+1.693\,15$	0.100 2	0.342 8	波动增加	↗
		安徽	$Y=0.001\,41X+2.783\,38$	0.081 3	0.395 4	波动增加	↗
		福建	$Y=0.002\,15X+4.293\,41$	0.724 8	0.000 9	显著增加	↑
		江西	$Y=-0.001\,87X+3.787\,16$	0.134 2	0.267 8	波动减少	↘
		山东	$Y=-0.000\,38X+0.799\,27$	0.037 9	0.566 2	波动减少	↘
		河南	$Y=0.001\,06X+2.082\,28$	0.225 7	0.139 8	波动增加	↗
		湖北	$Y=0.002\,15X+4.264\,89$	0.509 1	0.013 7	显著增加	↑
		湖南	$Y=0.000\,53X+1.029\,6$	0.108 9	0.321 7	波动增加	↗
		广东	$Y=0.005\,77X+11.54$	0.849 4	0.000 1	显著增加	↑
		广西	$Y=0.002\,21X+4.397\,24$	0.678 5	0.001 8	显著增加	↑
		海南	$Y=0.004\,5X+8.989\,29$	0.389 7	0.040 1	显著增加	↑
		重庆	$Y=0.000\,05X+0.056\,64$	0.000 3	0.962 4	波动增加	↗
		四川	$Y=0.000\,19X+0.367\,45$	0.018 7	0.688 5	波动增加	↗
		贵州	$Y=0.001\,52X+3.008\,83$	0.227 1	0.138 4	波动增加	↗
		云南	$Y=0.000\,56X+1.106\,13$	0.222 6	0.142 9	波动增加	↗
		西藏	NA	NA	NA	NA	NA
		陕西	$Y=-0.000\,22X+0.488\,98$	0.007 5	0.800 8	波动减少	↘
		甘肃	$Y=0.001\,09X+2.151\,22$	0.286 2	0.089 9	波动增加	↗
		青海	$Y=-0.000\,56X+1.189\,54$	0.002 4	0.886 9	波动减少	↘
		宁夏	$Y=-0.003\,25X+6.571\,76$	0.244 4	0.122 2	波动减少	↘
		新疆	$Y=0.002\,62X+5.237\,06$	0.711 0	0.001 1	显著增加	↑

注：Y 为对应的评估指标；X 为年份，2000～2010 年。X 系数>0 为线性趋势增加，X 系数<0 为线性趋势减少；P 值<0.05 为线性趋势显著，P 值>0.05 为线性趋势波动，NA 为零值多。

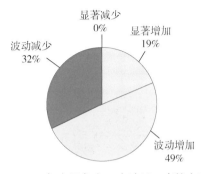

图 6-20 2000～2010 年中国各省（自治区、直辖市）粮食作物的
年实际损失率量变化趋势类型的省份比例

（3）2000～2010 年粮食作物年实际损失量和损失率变化趋势类型的空间分布

1）实际损失量。2000～2010 年全国各省（自治区、直辖市）粮食作物年实际损失量4 种变化趋势类型，即显著增加、波动增加、波动减少和显著减少（图 6-21）。

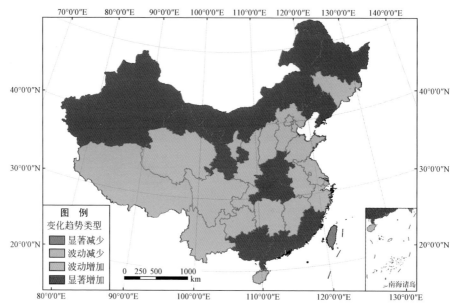

图 6-21　2000～2010 年中国各省（自治区、直辖市）粮食作物实际损失量变化趋势类型的空间分布

2）实际损失率。2000～2010 年全国各省（自治区、直辖市）粮食作物年实际损失率4 种变化趋势类型，即显著增加、波动增加、波动减少和显著减少（图 6-22）。

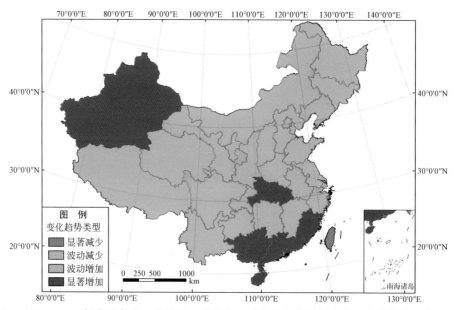

图 6-22　2000～2010 年中国各省（自治区、直辖市）粮食作物实际损失率变化趋势类型的空间分布

6.1.3.3 全国各省（自治区、直辖市）粮食作物挽回损失

（1）2000～2010 年粮食作物平均挽回损失量和损失率

1）年平均挽回损失量。2000～2010 年，粮食作物年平均挽回损失量超过 800 万 t 的省份有江苏；600 万～800 万 t 的省份有山东和湖南；400 万～600 万 t 的省份有河南、黑龙江、安徽河北和湖北（图 6-23）。

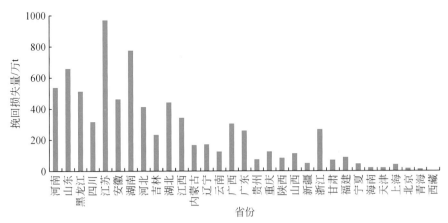

图 6-23　2000～2010 年中国各省（自治区、直辖市）粮食作物年平均挽回损失量

2）年平均挽回损失率。2000～2010 年，粮食作物年平挽回损失率超过 30% 的省份有江苏和上海；20%～30% 的省份有湖南、广西和浙江（图 6-24）。

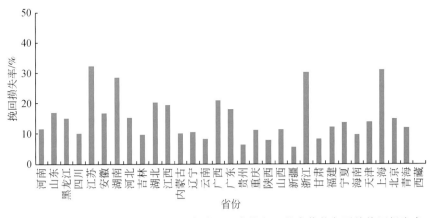

图 6-24　2000～2010 年中国各省（自治区、直辖市）粮食作物年平均挽回损失率

（2）2000～2010 年粮食作物挽回损失量和损失率变化趋势

1）挽回损失量。2000～2010 年，全国各省（自治区、直辖市）粮食作物年实际损失量变化趋势中（图6-25，表6-9），显著增加的省份占 77%；波动增加的省份占 13%；波动减少的省份占 10%；显著减少的省份占 0（图 6-26）。

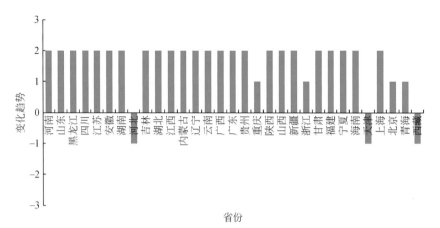

图 6-25　2000~2010 年中国各省（自治区、直辖市）粮食作物的年挽回损失量变化趋势

2. 显著增加；1. 波动增加；-1. 波动减少；-2. 显著减少

表 6-9　2000~2010 年中国各省（自治区、直辖市）病、虫、草、鼠害危害粮食作物
挽回损失量与年份的线性关系

空间尺度	评价指标	区域范围	线性方程	相关系数 R^2	P 值	趋势	
省级	挽回损失量	北京	$Y=0.342\ 8X+671.955\ 2$	0.055 6	0.485 0	波动增加	↗
		天津	$Y=-0.914\ 7X+1\ 853.347\ 2$	0.307 0	0.077 0	波动减少	↘
		河北	$Y=-4.014X+8\ 456.834$	0.045 2	0.530 4	波动减少	↘
		山西	$Y=5.677X+11\ 272.864$	0.375 2	0.045 1	显著增加	↑
		内蒙古	$Y=18.937X+37\ 802.858$	0.749 8	0.000 6	显著增加	↑
		辽宁	$Y=7.834X+15\ 535.865$	0.816 4	0.000 1	显著增加	↑
		吉林	$Y=17.502X+34\ 860.036$	0.604 7	0.004 8	显著增加	↑
		黑龙江	$Y=54.92X+109\ 597.84$	0.531 8	0.010 9	显著增加	↑
		上海	$Y=3.237X+6\ 451.91$	0.398 3	0.037 3	显著增加	↑
		江苏	$Y=41.96X+83\ 157.17$	0.450 5	0.023 8	显著增加	↑
		浙江	$Y=12.73X+25\ 263.55$	0.349 5	0.055 5	波动增加	↗
		安徽	$Y=51.62X+103\ 000$	0.856 6	0.000 0	显著增加	↑
		福建	$Y=6.445X+12\ 835.076$	0.376 9	0.044 5	显著增加	↑
		江西	$Y=37.917X+75\ 684.071$	0.877 2	0.000 0	显著增加	↑
		山东	$Y=35.04X+69\ 598.87$	0.707 3	0.001 2	显著增加	↑
		河南	$Y=64.15X+128\ 081.64$	0.507 5	0.013 9	显著增加	↑
		湖北	$Y=43.693X+87\ 165.674$	0.685 0	0.001 7	显著增加	↑
		湖南	$Y=29.497X+58\ 370.246$	0.680 9	0.001 8	显著增加	↑
		广东	$Y=37.038X+74\ 004.772$	0.858 1	0.000 0	显著增加	↑
		广西	$Y=19.913X+39\ 622.497$	0.718 9	0.000 1	显著增加	↑
		海南	$Y=1.706\ 6X+3\ 404.003\ 8$	0.655 7	0.002 5	显著增加	↑
		重庆	$Y=4.57X+9\ 041.474$	0.248 8	0.118 3	波动增加	↗
		四川	$Y=27.622X+55\ 066.383$	0.719 4	0.001 0	显著增加	↑

续表

空间尺度	评价指标	区域范围	线性方程	相关系数 R^2	P 值	趋势	
省级	挽回损失量	贵州	$Y=3.537\ 8X+7\ 022.026\ 3$	0.672 9	0.002 0	显著增加	↑
		云南	$Y=8.566X+17\ 051.237$	0.703 4	0.001 3	显著增加	↑
		西藏	NA	NA	NA	NA	NA
		陕西	$Y=3.976X+7\ 888.875$	0.560 5	0.008 0	显著增加	↑
		甘肃	$Y=3.521X+6\ 991.892$	0.427 9	0.029 0	显著增加	↑
		青海	$Y=0.932\ 1X+1\ 857.658\ 7$	0.249 9	0.117 4	波动增加	↗
		宁夏	$Y=3.354\ 4X+6\ 683.946\ 1$	0.800 8	0.000 2	显著增加	↑
		新疆	$Y=7.248X+14\ 482.152$	0.800 6	0.000 2	显著增加	↑

注：Y 为对应的评估指标；X 为年份，2000～2010 年。X 系数>0 为线性趋势增加，X 系数<0 为线性趋势减少；P 值<0.05 为线性趋势显著，P 值>0.05 为线性趋势波动，NA 为零值多。

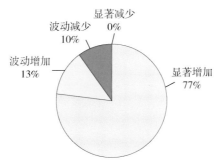

图 6-26　2000～2010 年中国各省（自治区、直辖市）粮食作物的
年挽回损失量变化趋势类型的省份比例

2）挽回损失率。线性回归分析结果表明：2000～2010 年，全国各省（自治区、直辖市）粮食作物年实际损失量变化趋势中（图 6-27，表 6-10），显著增加省份的占 59%、波动增加的省份占 32%、波动减少的省份占 6%；显著减少的省份占 3%（图 6-28）。

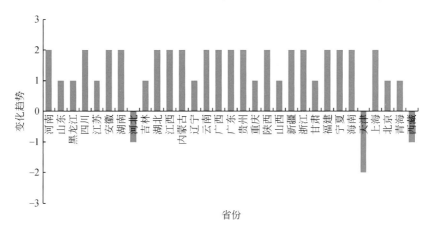

图 6-27　2000～2010 年中国各省（自治区、直辖市）粮食作物的年挽回损失率变化趋势
2. 显著增加；1. 波动增加；-1. 波动减少；-2. 显著减少

表 6-10   2000～2010 年中国各省（自治区、直辖市）病、虫、草、鼠害危害粮食作物
挽回损失率与年份的线性关系

空间尺度	评价指标	区域范围	线性方程	相关系数 R^2	P 值	趋势	
省级	挽回损失率	北京	$Y=0.000\ 8X+1.444\ 67$	0.004 0	0.852 7	波动增加	↗
		天津	$Y=-0.009\ 93X+20.053\ 1$	0.437 2	0.026 7	显著减少	↓
		河北	$Y=-0.004\ 69X+9.560\ 49$	0.347 9	0.056 1	波动减少	↘
		山西	$Y=0.003\ 39X+6.677\ 33$	0.205 3	0.161 6	波动增加	↗
		内蒙古	$Y=0.005\ 64X+11.212\ 16$	0.524 6	0.011 7	显著增加	↑
		辽宁	$Y=0.001\ 21X+2.316\ 73$	0.074 5	0.416 7	波动增加	↗
		吉林	$Y=0.003\ 83X+7.577\ 89$	0.322 1	0.068 6	波动增加	↗
		黑龙江	$Y=0.006\ 79X+13.456\ 2$	0.186 9	0.184 2	波动增加	↗
		上海	$Y=0.031\ 39X+62.610\ 22$	0.375 1	0.045 2	显著增加	↑
		江苏	$Y=0.009\ 85X+19.415\ 77$	0.232 4	0.133 2	波动增加	↗
		浙江	$Y=0.024\ 68X+49.166\ 98$	0.570 2	0.007 2	显著增加	↑
		安徽	$Y=0.014\ 58X+29.066\ 03$	0.695 3	0.001 4	显著增加	↑
		福建	$Y=0.012\ 08X+24.098\ 65$	0.462 8	0.021 2	显著增加	↑
		江西	$Y=0.016\ 2X+32.294\ 67$	0.826 3	0.000 1	显著增加	↑
		山东	$Y=0.005\ 1X+10.047\ 86$	0.358 7	0.051 5	波动增加	↗
		河南	$Y=0.009\ 18X+18.297\ 87$	0.375 2	0.045 1	显著增加	↑
		湖北	$Y=0.018\ 07X+36.020\ 92$	0.640 1	0.003 1	显著增加	↑
		湖南	$Y=0.008\ 26X+16.266\ 01$	0.437 4	0.026 7	显著增加	↑
		广东	$Y=0.031\ 19X+62.347\ 39$	0.891 1	0.000 0	显著增加	↑
		广西	$Y=0.015\ 04X+29.940\ 23$	0.732 4	0.000 8	显著增加	↑
		海南	$Y=0.01X+19.945\ 62$	0.657 4	0.002 5	显著增加	↑
		重庆	$Y=0.003\ 65X+7.216\ 54$	0.215 2	0.150 6	波动增加	↗
		四川	$Y=0.008\ 81X+17.572\ 25$	0.753 9	0.000 5	显著增加	↑
		贵州	$Y=0.002\ 93X+5.802\ 73$	0.638 7	0.003 2	显著增加	↑
		云南	$Y=0.005\ 16X+10.271\ 91$	0.669 1	0.002 1	显著增加	↑
		西藏	NA	NA	NA	NA	NA
		陕西	$Y=0.002\ 69X+5.317\ 67$	0.445 3	0.024 9	显著增加	↑
		甘肃	$Y=0.002\ 22X+4.377\ 89$	0.171 8	0.205 0	波动增加	↗
		青海	$Y=0.007\ 46X+14.847\ 11$	0.169 2	0.208 8	波动增加	↗
		宁夏	$Y=0.006\ 69X+13.279\ 85$	0.548 6	0.009 1	显著增加	↑
		新疆	$Y=0.006X+11.966\ 02$	0.600 9	0.005 1	显著增加	↑

注：Y 为对应的评估指标；X 为年份，2000～2010 年。X 系数>0 为线性趋势增加，X 系数<0 为线性趋势减少；P 值<0.05 为线性趋势显著，P 值>0.05 为线性趋势波动，NA 为零值多。

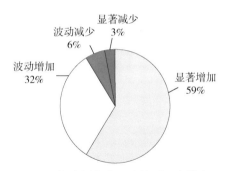

图 6-28　2000～2010 年中国各省（自治区、直辖市）粮食作物的
年挽回损失率变化趋势类型的省份比例

（3）2000～2010 年粮食作物年挽回损失量和损失率变化趋势类型的空间分布

1）挽回损失量。2000～2010 年全国各省（自治区、直辖市）粮食作物年挽回损失量 4 种变化趋势类型，即显著增加、波动增加、波动减少和显著减少（图 6-29）。

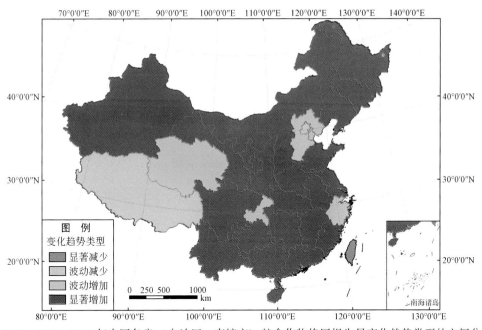

图 6-29　2000～2010 年中国各省（自治区、直辖市）粮食作物挽回损失量变化趋势类型的空间分布

2）挽回损失率。2000～2010 年全国各省（自治区、直辖市）粮食作物年挽回损失率 4 种变化趋势类型，即显著增加、波动增加、波动减少和显著减少（图 6-30）。

6.1.3.4　全国各省（自治区、直辖市）粮食作物总损失

（1）2000～2010 年粮食作物平均总损失量和损失率

2000～2010 年，粮食作物年平均实际和挽回总损失量超过 1000 万 t 的省份有江苏，800 万～1000 万 t 的省份有山东和湖南（图 6-31）。

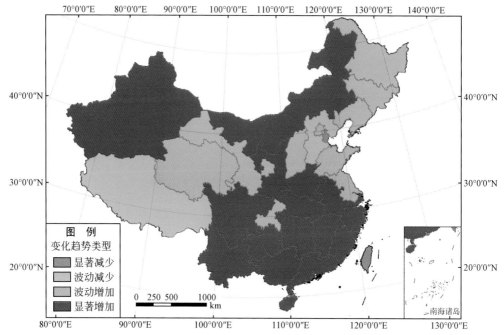

图 6-30 2000~2010 年中国各省（自治区、直辖市）粮食作物挽回损失率变化趋势类型的空间分布

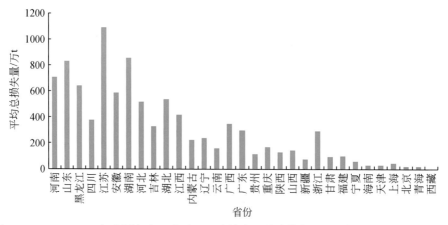

图 6-31 2000~2010 年中国各省（自治区、直辖市）粮食作物平均总损失量（实际+挽回）

2000~2010 年，粮食作物年平均实际和挽回总损失率超过 30% 的省份有江苏、湖南、浙江和上海，20%~30% 的省份有山东、安徽、湖北、江西、广西和广东（图 6-32）。

（2）2000~2010 年粮食作物总损失量和损失率变化趋势

1）总损失量。2000~2010 年，全国各省（自治区、直辖市）粮食作物年实际和挽回损失量变化趋势中（图 6-33，表 6-11），显著增加的省份占 78%、波动增加的省份占 16%、波动减少的省份占 6%、显著减少的省份占 0（图 6-34）。

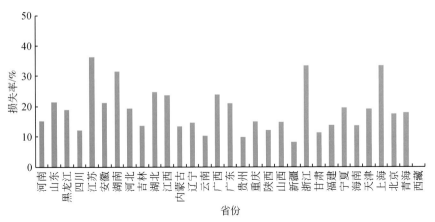

图 6-32　2000~2010 年中国各省（自治区、直辖市）粮食作物平均总损失率（实际+挽回）

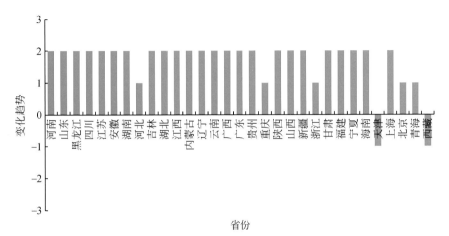

图 6-33　2000~2010 年中国各省（自治区、直辖市）粮食作物的年实际和挽回总损失量变化趋势
2. 显著增加；1. 波动增加；−1. 波动减少；−2. 显著减少

表 6-11　2000~2010 年中国各省（自治区、直辖市）病虫、草、鼠、害
危害粮食作物总损失量与年份的线性关系

空间尺度	评价指标	区域范围	线性方程	相关系数 R^2	P 值	趋势	
省级	总损失量	北京	$Y=0.416\,2X+816.526\,9$	0.059 4	0.470 1	波动增加	↗
		天津	$Y=-1.245\,4X+2\,523.727\,2$	0.284 7	0.091 0	波动减少	↘
		河北	$Y=0.634\,4X+755.491\,6$	0.000 7	0.937 2	波动增加	↗
		山西	$Y=7.225X+14\,343.368$	0.377 2	0.044 4	显著增加	↑
		内蒙古	$Y=25.56X+51\,028.172$	0.745 2	0.000 6	显著增加	↑
		辽宁	$Y=12.369X+24\,566.384$	0.829 1	0.000 1	显著增加	↑
		吉林	$Y=19.906X+39\,586.976$	0.548 6	0.009 1	显著增加	↑
		黑龙江	$Y=62.35X+124\,381.6$	0.554 0	0.008 6	显著增加	↑
		上海	$Y=3.338X+6\,651.165$	0.393 7	0.038 8	显著增加	↑

续表

空间尺度	评价指标	区域范围	线性方程	相关系数 R^2	P 值	趋势	
省级	总损失量	江苏	$Y=39.86X+78\,828.6$	0.372 3	0.046 2	显著增加	↑
		浙江	$Y=12.491X+24\,752.827$	0.297 0	0.083 0	波动增加	↗
		安徽	$Y=58.78X+117\,300$	0.800 3	0.000 2	显著增加	↑
		福建	$Y=7.663X+15\,265.638$	0.444 0	0.025 2	显著增加	↑
		江西	$Y=36.441X+72\,648.691$	0.745 0	0.000 6	显著增加	↑
		山东	$Y=37.553X+74\,464.502$	0.659 0	0.002 4	显著增加	↑
		河南	$Y=75.52X+150\,719.6$	0.536 9	0.010 3	显著增加	↑
		湖北	$Y=49.52X+98\,742.42$	0.724 7	0.000 9	显著增加	↑
		湖南	$Y=31.685X+62\,676.816$	0.662 1	0.002 3	显著增加	↑
		广东	$Y=44.02X+87\,963.21$	0.859 6	0.000 0	显著增加	↑
		广西	$Y=22.84X+45\,439.97$	0.723 1	0.000 9	显著增加	↑
		海南	$Y=2.483\,2X+4\,953.776\,8$	0.573 7	0.006 9	显著增加	↑
		重庆	$Y=4.794X+9\,448.298$	0.161 4	0.220 7	波动增加	↗
		四川	$Y=28.208X+56\,179.56$	0.661 8	0.002 3	显著增加	↑
		贵州	$Y=5.419X+10\,754.447$	0.519 2	0.012 4	显著增加	↑
		云南	$Y=9.609X+19\,110.702$	0.673 0	0.002 0	显著增加	↑
		西藏	NA	NA	NA	NA	NA
		陕西	$Y=4.392X+8\,677.798$	0.484 9	0.017 3	显著增加	↑
		甘肃	$Y=5.083X+10\,099.178$	0.483 6	0.017 5	显著增加	↑
		青海	$Y=0.985\,4X+1\,958.693\,4$	0.136 6	0.263 3	波动增加	↗
		宁夏	$Y=2.942\,3X+5\,839.692\,1$	0.492 3	0.016 1	显著增加	↑
		新疆	$Y=10.584X+21\,147.74$	0.836 7	0.000 1	显著增加	↑

注：总损失量为实际损失量和挽回损失量之和；总损失率为总损失量与产量之比的百分率。Y 为对应的评估指标；X 为年份，2000～2010 年。X 系数>0 为线性趋势增加，X 系数<0 为线性趋势减少；P 值<0.05 为线性趋势显著，P 值>0.05 为线性趋势波动，NA 为零值多。

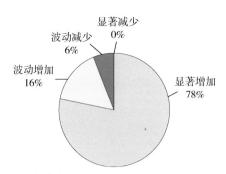

图 6-34　2000～2010 年中国各省（自治区、直辖市）粮食作物的年实际和挽回总损失量变化趋势类型的省份比例

2）总损失率。2000～2010 年，全国各省（自治区、直辖市）粮食作物年实际和挽回损失率变化趋势中（图 6-35，表 6-12），显著增加的省份占 52%、波动增加的省份占 39%、波动减少的省份占 6%、显著减少的省份占 3%（图 6-36）。

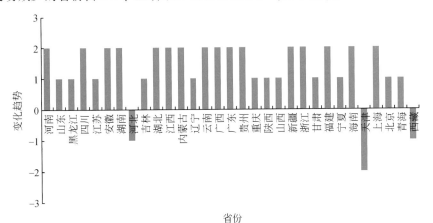

图 6-35　2000～2010 年中国各省（自治区、直辖市）粮食作物的年实际和挽回总损失率变化趋势

2. 显著增加；1. 波动增加；–1. 波动减少；–2. 显著减少

表 6-12　2000～2010 年中国各省（自治区、直辖市）病、虫、草、鼠害
危害粮食作物总损失率与年份的线性关系

空间尺度	评价指标	区域范围	线性方程	相关系数 R^2	P 值	趋势	
省级	总损失率	北京	$Y=0.001\,18X+2.180\,44$	0.006 8	0.809 4	波动增加	↗
		天津	$Y=-0.013\,58X+27.420\,48$	0.399 9	0.036 8	显著减少	↓
		河北	$Y=-0.003\,84X+7.888\,99$	0.179 0	0.194 7	波动减少	↘
		山西	$Y=0.004\,37X+8.619\,26$	0.213 3	0.152 7	波动增加	↗
		内蒙古	$Y=0.007\,42X+14.749\,46$	0.483 2	0.017 6	显著增加	↑
		辽宁	$Y=0.002\,66X+5.184\,9$	0.153 1	0.234 0	波动增加	↗
		吉林	$Y=0.003\,06X+6.000\,06$	0.149 9	0.239 4	波动增加	↗
		黑龙江	$Y=0.006\,62X+13.093\,92$	0.148 9	0.241 2	波动增加	↗
		上海	$Y=0.032\,6X+65.013\,17$	0.369 0	0.047 5	显著增加	↑
		江苏	$Y=0.008\,61X+16.906\,59$	0.143 0	0.251 4	波动增加	↗
		浙江	$Y=0.025\,54X+50.859\,59$	0.534 1	0.010 6	显著增加	↑
		安徽	$Y=0.015\,99X+31.849\,96$	0.567 4	0.007 4	显著增加	↑
		福建	$Y=0.014\,23X+28.393\,34$	0.528 0	0.011 3	显著增加	↑
		江西	$Y=0.014\,33X+28.508\,41$	0.601 1	0.005 1	显著增加	↑
		山东	$Y=0.004\,72X+9.248\,6$	0.243 6	0.122 9	波动增加	↗
		河南	$Y=0.010\,24X+20.379\,79$	0.372 4	0.046 2	显著增加	↑
		湖北	$Y=0.020\,22X+40.286\,35$	0.676 2	0.001 9	显著增加	↑

空间尺度	评价指标	区域范围	线性方程	相关系数 R^2	P 值	趋势	
省级	总损失率	湖南	$Y=0.008\,78X+17.296\,15$	0.406 7	0.034 8	显著增加	↑
		广东	$Y=0.036\,96X+73.884\,87$	0.888 3	0.000 0	显著增加	↑
		广西	$Y=0.017\,24X+34.337\,46$	0.735 2	0.000 7	显著增加	↑
		海南	$Y=0.014\,5X+28.935\,46$	0.601 2	0.005 1	显著增加	↑
		重庆	$Y=0.003\,7X+7.272\,45$	0.129 1	0.277 8	波动增加	↗
		四川	$Y=0.009\,01X+17.941\,71$	0.699 6	0.001 3	显著增加	↑
		贵州	$Y=0.004\,44X+8.809\,92$	0.457 2	0.022 4	显著增加	↑
		云南	$Y=0.005\,73X+11.379\,69$	0.624 4	0.003 8	显著增加	↑
		西藏	$Y=0X+0$	NA	NA	波动减少	↘
		陕西	$Y=0.002\,47X+4.826\,86$	0.267 3	0.103 4	波动增加	↗
		甘肃	$Y=0.003\,31X+6.530\,75$	0.227 4	0.138 1	波动增加	↗
		青海	$Y=0.006\,9X+13.655\,94$	0.065 9	0.446 1	波动增加	↗
		宁夏	$Y=0.003\,44X+6.706\,45$	0.094 3	0.358 3	波动增加	↗
		新疆	$Y=0.008\,62X+17.202\,72$	0.642 4	0.003 0	显著增加	↑

注：总损失量为实际损失量和挽回损失量之和；总损失率为总损失量与产量之比的百分率。Y 为对应的评估指标；X 为年份，2000~2010 年。X 系数>0 为线性趋势增加，X 系数<0 为线性趋势减少；P 值<0.05 为线性趋势显著，P 值>0.05 为线性趋势波动。

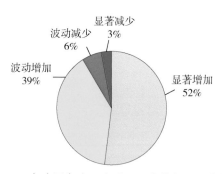

图 6-36　2000~2010 年中国各省（自治区、直辖市）粮食作物的年实际和挽回总损失率变化趋势类型的省份比例

（3）2000~2010 年粮食作物总损失量和损失率变化趋势类型的空间分布

1）总损失量。2000~2010 年全国各省（自治区、直辖市）粮食作物年实际和挽回总损失量 4 种变化趋势类型，即显著增加、波动增加、波动减少和显著减少（图 6-37）。

2）总损失率。2000~2010 年全国各省（自治区、直辖市）粮食作物年实际和挽回总损失率 4 种变化趋势类型，即显著增加、波动增加、波动减少和显著减少（图 6-38）。

3）小结。2000~2010 年中国各省（自治区、直辖市）粮食作物产量、实际损失量、实际损失率、挽回损失量、挽回损失率、总损失量和总损失率变化趋势比例（图 6-39）。

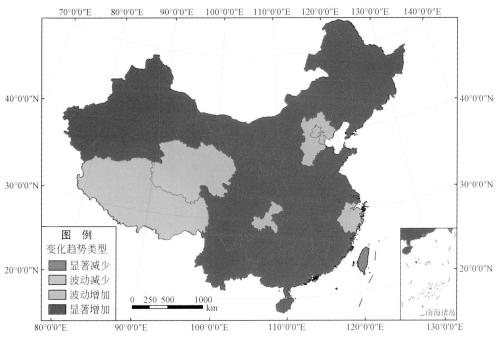

图 6-37   2000～2010 年中国各省（自治区、直辖市）粮食作物实际和
挽回损失量变化趋势类型的空间分布

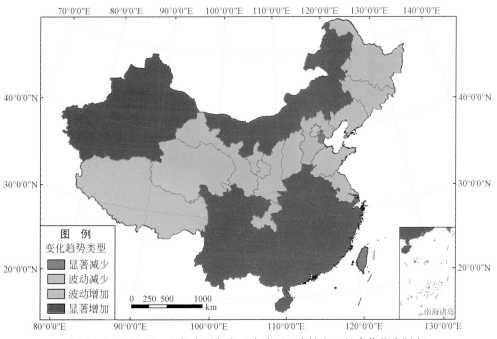

图 6-38   2000～2010 年中国各省（自治区、直辖市）粮食作物实际和
挽回损失率变化趋势类型的空间分布

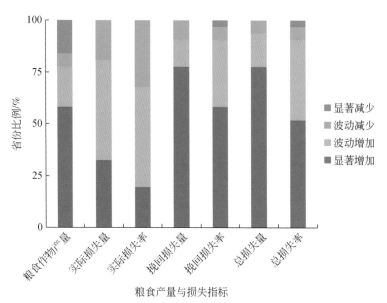

图 6-39   2000～2010 年中国各省（自治区、直辖市）粮作物产量和损失变化趋势比例

6.2   油料作物损失

6.2.1   全国油料作物损失量和损失率

6.2.1.1   全国油料作物产量变化趋势

线性回归分析结果表明：2000～2010 年，全国油料作物产量呈波动增加趋势，从 2000 年的 2954.8 万 t 增加到 2010 年的 3230.1 万 t（图 6-40，表 6-13）。

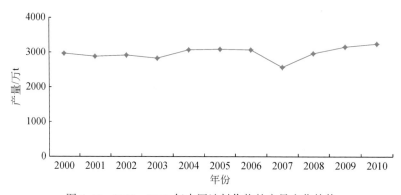

图 6-40   2000～2010 年中国油料作物的产量变化趋势

表 6-13　2000～2010 年中国油料作物产量和损失与年份的线性关系

空间尺度	评价指标	线性方程	相关系数 R^2	P 值	趋势	
全国	产量	$Y = 20.09X - 37\ 315.09$	0.133 2	0.269 8	波动增加	↗
	实际损失量	$Y = 0.178\ 5X - 270.018\ 1$	0.003 4	0.865 5	波动增加	↗
	挽回损失量	$Y = 12.85X - 25\ 491.94$	0.663 5	0.002 3	显著增加	↑
	总损失量	$Y = 13.029X - 25\ 761.958$	0.548 5	0.009 1	显著增加	↑
	实际损失率	$Y = -0.000\ 14X + 0.311\ 7$	0.017 3	0.699 7	波动减少	↘
	挽回损失率	$Y = 0.003\ 7X - 7.314\ 8$	0.584 1	0.006 2	显著增加	↑
	总损失率	$Y = 0.003\ 6X - 7.001\ 3$	0.436 6	0.026 9	显著增加	↑

注：总损失量为实际损失量和挽回损失量之和；总损失率为总损失量比上产量。Y 为对应的评估指标；X 为年份，2000～2010 年。X 系数>0 为线性趋势增加，X 系数<0 为线性趋势减少；P 值<0.05 为线性趋势显著，P 值>0.05 为线性趋势波动。

6.2.1.2　全国油料作物实际损失变化趋势

线性回归分析结果表明：2000～2010 年，全国病、虫、草、鼠害危害油料作物的实际损失量呈波动增加趋势，从 2000 年的 93.8 万 t 增加到 2010 年的 96.3 万 t（图6-41，表6-13）。

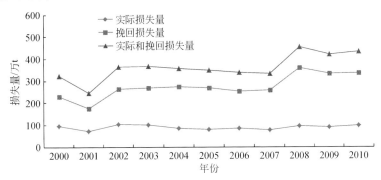

图 6-41　2000～2010 年中国病、虫、草、鼠害危害油料作物的损失量变化趋势

线性回归分析结果表明：2000～2010 年，全国病、虫、草、鼠害危害油料作物的实际损失率呈波动减少趋势，从 2000 年的 3.17% 增加到 2010 年的 2.98%（图6-42，表6-13）。

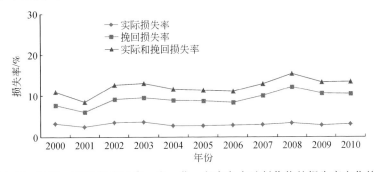

图 6-42　2000～2010 年中国病、虫、草、鼠害危害油料作物的损失率变化趋势

6.2.1.3 全国油料作物挽回损失变化趋势

线性回归分析结果表明：2000～2010 年，全国病、虫、草、鼠害危害油料作物的挽回损失量呈显著增加趋势，从 2000 年的 228.5 万 t 增加到 2010 年的 336.0 万 t（图 6-43、表 6-13）。

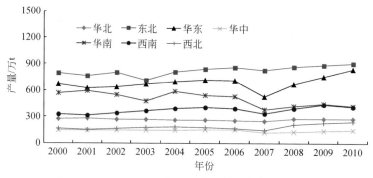

图 6-43　2000～2010 年中国各区域油料作物的产量

2000～2010 年，全国病、虫、草、鼠害危害油料作物的挽回损失率呈显著增加趋势，从 2000 年的 7.73% 增加到 2010 年的 10.40%（图 6-44、表 6-13）。

6.2.1.4 全国油料作物总损失变化趋势

线性回归分析结果表明：2000～2010 年，全国病、虫、草、鼠害危害油料作物的总损失量呈显著增加趋势，从 2000 年的 322.3 万 t 增加到 2010 年的 432.3 万 t（图 6-41，表 6-13）。

2000～2010 年，全国病、虫、草、鼠害危害油料作物的总损失率呈显著增加趋势，从 2000 年的 10.91% 增加到 2010 年的 13.38%（图 6-42，表 6-13）。

6.2.2 全国各区域油料作物损失量和损失率变化趋势

6.2.2.1 全国各区域油料作物产量变化趋势

线性回归分析结果表明：2000～2010 年，全国油料作物产量东北、西南和西北呈显著增加趋势，华东呈波动增加趋势；而华北和华中呈波动减少趋势，华南呈显著减少趋势（图 6-43，表 6-14）。

表 6-14　2000～2010 年中国各区域油料作物产量与年份的线性关系

空间尺度	评价指标	区域范围	线性方程	相关系数 R^2	P 值	趋势	
七大区域	产量	华北	$Y = -0.523\ 9X + 1\ 318.04$	0.031 0	0.604 6	波动减少	↘
		东北	$Y = 13.821X - 26\ 890.05$	0.658 1	0.002 4	显著增加	↑
		华东	$Y = 10.235X - 19\ 838.25$	0.190 8	0.179 2	波动增加	↗

续表

空间尺度	评价指标	区域范围	线性方程	相关系数 R^2	P 值	趋势	
七大区域	产量	华中	$Y=-1.5118X+3172.50$	0.2454	0.1213	波动减少	↘
		华南	$Y=-17.79X+36168.63$	0.6201	0.0040	显著减少	↓
		西南	$Y=9.089X-17850.39$	0.5801	0.0065	显著增加	↑
		西北	$Y=6.772X-13395.57$	0.5093	0.0137	显著增加	↑

注：Y 为对应的评估指标；X 为年份，2000～2010 年。X 系数>0 为线性趋势增加，X 系数<0 为线性趋势减少；P 值<0.05 为线性趋势显著，P 值>0.05 为线性趋势波动。

6.2.2.2 全国各区域油料作物实际损失变化趋势

线性回归分析结果表明：2000～2010 年，全国油料作物实际损失量华北、华中和西南地区呈显著增加趋势，西北和华东呈波动增加趋势；而东北呈波动减少趋势，华南呈显著减少趋势（图 6-44，表 6-15）。

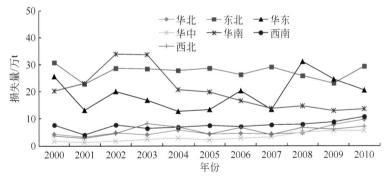

图 6-44　2000～2010 年中国各区域病、虫、草、鼠害危害油料作物的实际损失量

表 6-15　2000～2010 年中国各区域病、虫、草、鼠害危害油料作物实际损失与年份的线性关系

空间尺度	评价指标	区域范围	线性方程	相关系数 R^2	P 值	趋势	
七大区域	实际损失量	华北	$Y=0.3966X-789.99$	0.4963	0.0155	显著增加	↑
		东北	$Y=-0.141X+310.13$	0.0324	0.5965	波动减少	↘
		华东	$Y=0.4853X-953.84$	0.0709	0.4288	波动增加	↗
		华中	$Y=0.4384X-875.90$	0.8479	0.0001	显著增加	↑
		华南	$Y=-1.6076X+3243.54$	0.5059	0.0141	显著减少	↓
		西南	$Y=0.3424X-678.98$	0.4944	0.0158	显著增加	↑
		西北	$Y=0.2646X-524.99$	0.2571	0.1114	波动增加	↗
	实际损失率	华北	$Y=0.00147X-2.9204$	0.5361	0.0104	显著增加	↑
		东北	$Y=-0.00072X+1.4805$	0.3287	0.0652	波动减少	↘

空间尺度	评价指标	区域范围	线性方程	相关系数 R^2	P 值	趋势	
七大区域	实际损失率	华东	$Y=0.000\,32X-0.604\,9$	0.015 0	0.720 0	波动增加	↗
		华中	$Y=0.003\,35X-6.705\,3$	0.845 3	0.000 1	显著增加	↑
		华南	$Y=-0.001\,94X+3.934\,1$	0.232 2	0.133 4	波动减少	↘
		西南	$Y=0.000\,425X-0.833\,9$	0.153 8	0.232 8	波动增加	↗
		西北	$Y=0.000\,485X-0.942\,3$	0.037 1	0.570 2	波动增加	↗

注：Y 为对应的评估指标；X 为年份，2000～2010 年。X 系数>0 为线性趋势增加，X 系数<0 为线性趋势减少；P 值<0.05 为线性趋势显著，P 值>0.05 为线性趋势波动。

2000～2010 年，全国油料作物实际损失率华中和华北显著增加；华东、西南和西北波动增加；而东北和华南波动减少（图 6-45，表 6-15）。

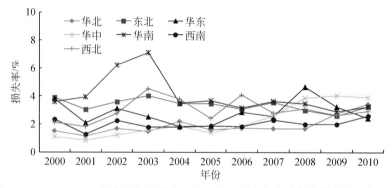

图 6-45　2000～2010 年中国各区域病、虫、草、鼠害危害油料作物的实际损失率

6.2.2.3　全国各区域油料作物挽回损失变化趋势

线性回归分析结果表明：2000～2010 年，全国油料作物挽回损失量西北、西南、华中、华东和华北地区呈显著增加趋势，东北呈波动增加趋势，而华南呈波动减少趋势（图 6-46，表 6-16）。

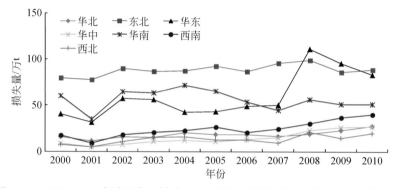

图 6-46　2000～2010 年中国各区域病、虫、草、鼠害危害油料作物的挽回损失量

表 6-16　2000～2010 年中国各区域病、虫、草、鼠害危害油料作物挽回损失与年份的线性关系

空间尺度	评价指标	区域范围	线性方程	相关系数 R^2	P 值	趋势	
七大区域	挽回损失量	华北	$Y=1.037\,8X-2\,062.44$	0.651 7	0.002 7	显著增加	↑
		东北	$Y=1.117\,2X-2\,152.35$	0.354 9	0.053 1	波动增加	↗
		华东	$Y=5.658X-11\,284.80$	0.552 7	0.008 7	显著增加	↑
		华中	$Y=2.102\,5X-4\,201.15$	0.857 5	0.000 0	显著增加	↑
		华南	$Y=-0.557\,2X+1\,173.06$	0.030 6	0.606 8	波动减少	↘
		西南	$Y=2.431X-4\,849.96$	0.820 9	0.000 1	显著增加	↑
		西北	$Y=1.061X-2\,114.29$	0.510 3	0.013 5	显著增加	↑
	挽回损失率	华北	$Y=0.003\,88X-7.723\,3$	0.687 8	0.001 6	显著增加	↑
		东北	$Y=-0.000\,39X+0.901\,0$	0.025 5	0.638 9	波动减少	↘
		华东	$Y=0.006\,92X-13.787\,9$	0.447 5	0.024 4	显著增加	↑
		华中	$Y=0.016\,07X-32.134\,8$	0.855 1	0.000 0	显著增加	↑
		华南	$Y=0.002\,68X-5.270\,80$	0.186 7	0.184 5	波动增加	↗
		西南	$Y=0.004\,97X-9.911\,1$	0.782 2	0.000 3	显著增加	↑
		西北	$Y=0.003\,32X-6.585\,9$	0.316 5	0.071 6	波动增加	↗

注：Y 为对应的评估指标；X 为年份，2000～2010 年。X 系数>0 为线性趋势增加，X 系数<0 为线性趋势减少；P 值<0.05 为线性趋势显著，P 值>0.05 为线性趋势波动。

2000～2010 年，全国油料作物挽回损失率西南、华中、华北和华东地区显著增加，西北和华南波动增加，东北波动减少（图 6-47，表 6-16）。

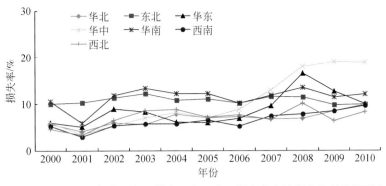

图 6-47　2000～2010 年中国各区域病、虫、草、鼠害危害油料作物的挽回损失率

6.2.2.4　全国各区域油料作物实际和挽回总损失变化趋势

线性回归分析结果表明：2000～2010 年，全国油料作物实际和挽回总损失量华北、华东、华中、西南和西北呈显著增加趋势，东北呈波动增加趋势；而华南呈波动减少趋势

（图6-48，表6-17）。

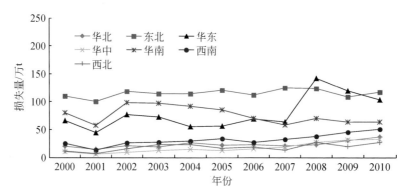

图6-48　2000～2010年中国各区域病、虫、草、鼠害危害油料作物的实际和挽回损失量

表6-17　2000～2010年中国各区域病、虫、草、鼠害危害油料作物总损失与年份的线性关系

空间尺度	评价指标	区域范围	线性方程	相关系数 R^2	P 值	趋势	
七大区域	总损失量	华北	$Y = 1.434\ 3X - 2\ 852.43$	0.617 5	0.004 1	显著增加	↑
		东北	$Y = 0.976\ 2X - 1\ 842.23$	0.199 3	0.168 7	波动增加	↗
		华东	$Y = 6.143X - 12\ 238.64$	0.461 6	0.021 5	显著增加	↑
		华中	$Y = 2.540\ 9X - 5\ 077.06$	0.856 9	0.000 0	显著增加	↑
		华南	$Y = -2.165X + 4\ 416.61$	0.224 5	0.141 0	波动减少	↘
		西南	$Y = 2.773\ 3X - 5\ 528.94$	0.791 2	0.000 2	显著增加	↑
		西北	$Y = 1.325\ 6X - 2\ 639.28$	0.467 5	0.020 4	显著增加	↑
	总损失率	华北	$Y = 0.005\ 3X - 10.644\ 3$	0.662 0	0.002 3	显著增加	↑
		东北	$Y = -0.001\ 1X + 2.381\ 6$	0.111 7	0.315 2	波动减少	↘
		华东	$Y = 0.007\ 2X - 14.394\ 3$	0.346 5	0.056 8	波动增加	↗
		华中	$Y = 0.019\ 4X - 38.840\ 6$	0.854 3	0.000 0	显著增加	↑
		华南	$Y = 0.000\ 74X - 1.337\ 7$	0.008 3	0.789 6	波动增加	↗
		西南	$Y = 0.005\ 4X - 10.745\ 4$	0.706 3	0.001 2	显著增加	↑
		西北	$Y = 0.003\ 8X - 7.527\ 1$	0.231 1	0.134 5	波动增加	↗

注：总损失量为实际损失量和挽回损失量之和；总损失率为总损失量与产量之比的百分率。Y 为对应的评估指标；X 为年份，2000～2010年。X 系数>0 为线性趋势增加，X 系数<0 为线性趋势减少；P 值<0.05 为线性趋势显著，P 值>0.05 为线性趋势波动。

2000～2010年，全国油料作物实际损失率华北、华中和西南显著增加，华东、华南和西部波动增加，而东北波动减少（图6-49，表6-17）。

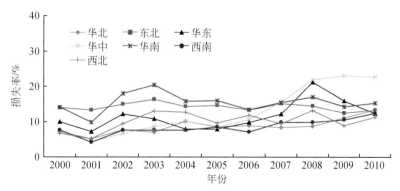

图 6-49　2000 ～ 2010 年中国各区域病、虫、草、鼠害危害油料作物的实际和挽回损失率

6.2.3　全国各省（自治区、直辖市）油料作物损失量和损失率

6.2.3.1　全国各省（自治区、直辖市）油料作物产量

（1）2000 ～ 2010 年油料作物年平均产量

2000 ～ 2010 年，油料作物年平均产量超过 400 万 t 的省份有河南；200 万 ～ 400 万 t 的省份有山东、湖北、安徽和四川；其他省份低于 200 万 t（图 6-50）。

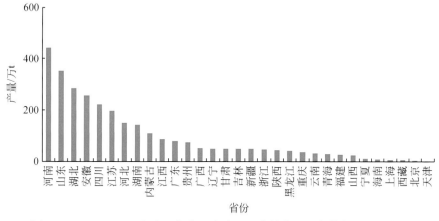

图 6-50　2000 ～ 2010 年中国各省（自治区、直辖市）油料作物的平均产量

（2）2000 ～ 2010 年油料作物产量变化趋势

2000 ～ 2010 年，全国各省（自治区、直辖市）油料作物年产量变化趋势中（图 6-51，表 6-18），显著增加的省份占 23%、波动增加的省份占 32%、波动减少的省份占 16%、显著减少的省份占 29%（图 6-52）。

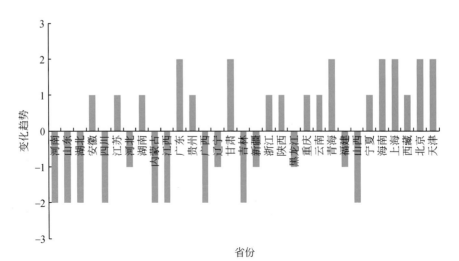

图 6-51　2000～2010 年中国各省（自治区、直辖市）油料作物的年产量变化趋势

2. 显著增加；1. 波动增加；-1. 波动减少；-2. 显著减少

表 6-18　2000～2010 年中国各省（自治区、直辖市）油料作物产量与年份的线性关系

空间尺度	评价指标	区域范围	线性方程	相关系数 R^2	P 值	趋势	
省级	产量	北京	$Y=-0.285\,58X+575.43$	0.852 7	<0.000 1	显著减少	↓
		天津	$Y=-0.373\,92X+751.52$	0.853 1	<0.000 1	显著减少	↓
		河北	$Y=-1.142\,8X+2\,441.10$	0.281 5	0.093 1	波动减少	↘
		山西	$Y=-2.301\,9X+4\,640.12$	0.532 8	0.010 8	显著减少	↓
		内蒙古	$Y=1.894X-3\,689.08$	0.152 1	0.235 7	波动增加	↗
		辽宁	$Y=2.587X-5\,137.60$	0.184 9	0.186 8	波动增加	↗
		吉林	$Y=1.84X-3\,642.05$	0.248 4	0.118 7	波动增加	↗
		黑龙江	$Y=-1.969X+3\,989.18$	0.216 4	0.149 4	波动减少	↘
		上海	$Y=-1.223\,1X+2\,459.49$	0.860 1	<0.000 1	显著减少	↓
		江苏	$Y=-8.896X+18\,031.79$	0.663 8	0.002 3	显著减少	↓
		浙江	$Y=-1.745\,6X+3\,546.32$	0.595 7	0.005 4	显著减少	↓
		安徽	$Y=-7.149X+14\,590.51$	0.503 0	0.014 5	显著减少	↓
		福建	$Y=-0.026\,2X+78.833\,4$	0.005 4	0.830 6	波动减少	↘
		江西	$Y=1.305X-2\,528.85$	0.145 1	0.247 7	波动增加	↗
		山东	$Y=-2.929X+6\,224.07$	0.382 4	0.042 6	显著减少	↓
		河南	$Y=19.052X-37\,754.25$	0.753 4	0.000 5	显著增加	↑
		湖北	$Y=2.841X-5\,411.20$	0.170 4	0.207 0	波动增加	↗
		湖南	$Y=4.264X-8\,407.00$	0.324 0	0.067 6	波动增加	↗
		广东	$Y=0.626\,5X-1175.96$	0.319 1	0.070 2	波动增加	↗

续表

空间尺度	评价指标	区域范围	线性方程	相关系数 R^2	P 值	趋势	
省级	产量	广西	$Y=-1.980\,1X+4\,022.22$	0.395 8	0.038 1	显著减少	↓
		海南	$Y=-0.158\,1X+326.23$	0.298 6	0.082 0	波动减少	↘
		重庆	$Y=0.859\,4X-1\,685.85$	0.306 7	0.077 1	波动增加	↗
		四川	$Y=7.376X-14\,565.74$	0.753 3	0.000 5	显著增加	↑
		贵州	$Y=-0.467X+1\,011.33$	0.034 5	0.584 5	波动减少	↘
		云南	$Y=1.136\,2X-2\,245.51$	0.248 4	0.118 7	波动增加	↗
		西藏	$Y=0.184\,47X-364.62$	0.724 3	0.000 9	显著增加	↑
		陕西	$Y=1.573\,7X-3\,110.47$	0.698 3	0.001 4	显著增加	↑
		甘肃	$Y=2.004\,8X-3\,970.99$	0.727 7	0.000 8	显著增加	↑
		青海	$Y=1.509\,3X-2\,997.72$	0.820 6	0.000 1	显著增加	↑
		宁夏	$Y=0.803\,8X-1\,599.65$	0.453 2	0.023 2	显著增加	↑
		新疆	$Y=0.880\,2X-1\,716.74$	0.051 9	0.500 5	波动增加	↗

注：Y 为对应的评估指标；X 为年份，2000~2010 年。X 系数>0 为线性趋势增加，X 系数<0 为线性趋势减少；P 值<0.05 为线性趋势显著，P 值>0.05 为线性趋势波动。

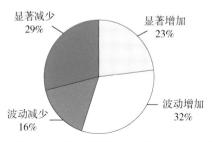

图 6-52　2000~2010 年中国各省（自治区、直辖市）油料作物的年产量变化趋势类型的省份比例

（3）2000~2010 年油料作物产量变化趋势类型的空间分布

2000~2010 年全国各省（自治区、直辖市）油料作物年产量 4 种变化趋势，即类型显著增加、波动增加、波动减少和显著减少（图 6-53）。

6.2.3.2　全国各省（自治区、直辖市）油料作物实际损失

（1）2000~2010 年油料作物年平均实际损失量和损失率

1）年平均实际损失量。2000~2010 年，油料作物年平实际损失量超过 10 万 t 的省份有河南、安徽和山东，5 万~10 万 t 的省份有湖北、江苏和内蒙古（图 6-54）。

2）年平均实际损失率。2000~2010 年，油料作物年平实际损失率超过 4% 的省份有安徽、江苏、内蒙古、青海、宁夏和上海（图 6-55）。

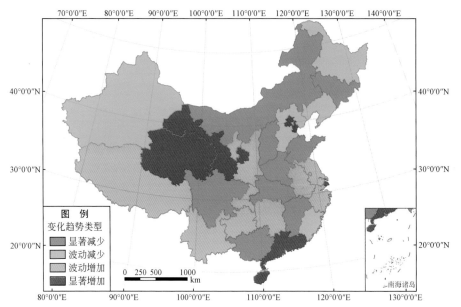

图 6-53　2000～2010 年中国各省（自治区、直辖市）油料作物产量变化趋势类型的空间分布

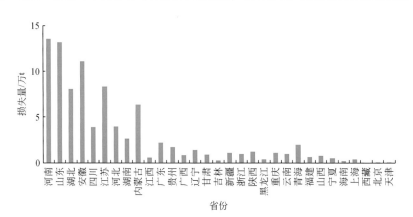

图 6-54　2000～2010 年中国各省（自治区、直辖市）油料作物平均实际损失量

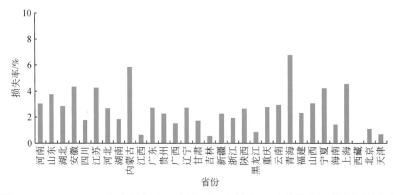

图 6-55　2000～2010 年中国各省（自治区、直辖市）油料作物平均实际损失率

（2）2000～2010 年油料作物实际损失量和损失率变化趋势

1）实际损失量。线性回归分析结果表明：2000～2010 年，全国各省（自治区、直辖市）油料作物年实际损失量变化趋势中（图6-56，表6-19），显著增加的省份占29%、波动增加的省份占29%、波动减少的省份占36%、显著减少的省份占6%（图6-57）。

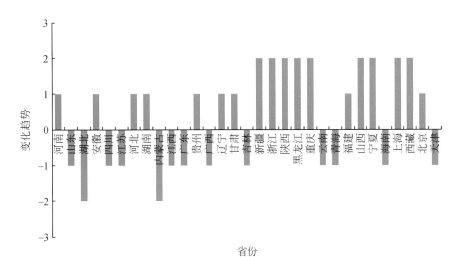

图 6-56　2000～2010 年中国各省（自治区、直辖市）油料作物的年实际损失量变化趋势

2. 显著增加；1. 波动增加；−1. 波动减少；−2. 显著减少

表 6-19　2000～2010 年中国各省（自治区、直辖市）病、虫、草、鼠害
危害油料作物实际损失量与年份的线性关系

空间尺度	评价指标	区域范围	线性方程	相关系数 R^2	P 值	趋势	
省级	实际损失量	北京	$Y=0.002\,9X-5.866\,3$	0.307 5	0.076 7	波动增加	↗
		天津	$Y=-0.000\,9X+1.819\,6$	0.245 6	0.121 1	波动减少	↘
		河北	$Y=0.364\,9X-727.74$	0.535 9	0.010 4	显著增加	↑
		山西	$Y=-0.013\,8X+28.408\,3$	0.035 5	0.579 3	波动减少	↘
		内蒙古	$Y=-0.135\,8X+278.59$	0.009 4	0.777 0	波动减少	↘
		辽宁	$Y=0.108\,9X-217.100\,3$	0.285 5	0.090 4	波动增加	↗
		吉林	$Y=0.001\,86X-3.490\,7$	0.001 4	0.914 2	波动增加	↗
		黑龙江	$Y=0.043\,68X-87.245\,6$	0.111 4	0.315 8	波动增加	↗
		上海	$Y=-0.027\,7X+55.856\,2$	0.112 2	0.314 0	波动减少	↘
		江苏	$Y=-0.927\,1X+1\,867.12$	0.433 2	0.027 7	显著减少	↓
		浙江	$Y=-0.039\,79X+80.656\,2$	0.290 7	0.087 0	波动减少	↘
		安徽	$Y=-0.640\,8X+1\,295.75$	0.378 7	0.043 9	显著减少	↓
		福建	$Y=0.056\,6X-113.00$	0.265 4	0.104 8	波动增加	↗
		江西	$Y=-0.027\,07X+54.793\,2$	0.310 4	0.075 0	波动减少	↘

续表

空间尺度	评价指标	区域范围	线性方程	相关系数 R^2	P 值	趋势	
省级	实际损失量	山东	$Y=-0.085\,98X+185.52$	0.097 4	0.350 1	波动减少	↘
		河南	$Y=-0.041\,25X+96.198\,3$	0.002 7	0.879 0	波动减少	↘
		湖北	$Y=0.280\,3X-554.01$	0.130 7	0.274 6	波动增加	↗
		湖南	$Y=0.214X-426.45$	0.517 2	0.012 6	显著增加	↑
		广东	$Y=0.369\,57X-738.83$	0.831 1	0.000 1	显著增加	↑
		广西	$Y=0.051\,28X-102.04$	0.681 0	0.001 8	显著增加	↑
		海南	$Y=0.017\,53X-35.024\,1$	0.716 4	0.001 0	显著增加	↑
		重庆	$Y=0.053\,55X-106.35$	0.606 6	0.004 7	显著增加	↑
		四川	$Y=0.039\,02X-74.362\,7$	0.021 2	0.669 6	波动增加	↗
		贵州	$Y=0.065\,48X-129.62$	0.296 2	0.083 5	波动增加	↗
		云南	$Y=0.184\,33X-368.64$	0.494 1	0.015 8	显著增加	↑
		西藏	—	—	—	—	—
		陕西	$Y=-0.009\,25X+19.736\,1$	0.004 1	0.851 8	波动减少	↘
		甘肃	$Y=0.063\,56X-126.62$	0.664 2	0.002 2	显著增加	↑
		青海	$Y=0.112\,51X-223.66$	0.226 7	0.138 8	波动增加	↗
		宁夏	$Y=-0.028\,0X+56.689\,7$	0.030 4	0.607 9	波动减少	↘
		新疆	$Y=0.125\,79X-251.13$	0.688 3	0.001 6	显著增加	↑

注：Y 为对应的评估指标；X 为年份，2000～2010 年。X 系数>0 为线性趋势增加，X 系数<0 为线性趋势减少；P 值<0.05 为线性趋势显著，P 值>0.05 为线性趋势波动。

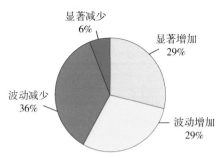

图 6-57　2000～2010 年中国各省（自治区、直辖市）油料作物的年实际
损失量变化趋势类型的省份比例

2）实际损失率。线性回归分析结果表明：2000～2010 年，全国各省（自治区、直辖市）油料作物年实际损失率变化趋势中（图6-58，表6-20），显著增加的省份占 33%、波动增加的省份占 32%、波动减少的省份占 29%、显著减少的省份占 6%（图6-59）。

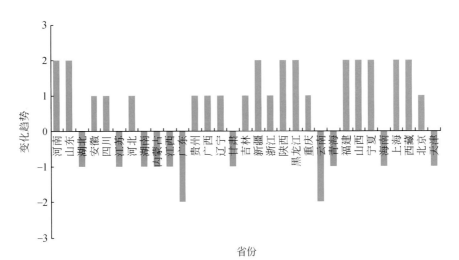

图 6-58　2000～2010 年中国各省（自治区、直辖市）油料作物的年实际损失率变化趋势

2. 显著增加；1. 波动增加；−1. 波动减少；−2. 显著减少

表 6-20　2000～2010 年中国各省（自治区、直辖市）病、虫、草、鼠害

危害油料作物实际损失率与年份的线性关系

空间尺度	评价指标	区域范围	线性方程	相关系数 R^2	P 值	趋势	
省级	实际损失率	北京	$Y = 0.002\ 39X - 4.793\ 1$	0.589 6	0.005 8	显著增加	↑
		天津	$Y = 0.001\ 42X - 2.838\ 0$	0.713 4	0.001 1	显著增加	↑
		河北	$Y = 0.002\ 72X - 5.444\ 1$	0.552 7	0.008 7	显著增加	↑
		山西	$Y = 0.002\ 13X - 4.237\ 4$	0.303 7	0.078 9	波动增加	↗
		内蒙古	$Y = -0.001\ 63X + 3.338\ 2$	0.019 9	0.678 9	波动减少	↘
		辽宁	$Y = 0.000\ 878X - 1.732\ 5$	0.049 2	0.512 2	波动增加	↗
		吉林	$Y = -0.000\ 23X + 0.469\ 0$	0.027 8	0.624 1	波动减少	↘
		黑龙江	$Y = 0.001\ 87X - 3.740\ 1$	0.173 2	0.202 9	波动增加	↗
		上海	$Y = 0.003\ 66X - 7.288\ 1$	0.168 0	0.210 6	波动增加	↗
		江苏	$Y = -0.003\ 07X + 6.213\ 4$	0.279 2	0.094 7	波动减少	↘
		浙江	$Y = -0.000\ 178X + 0.377\ 0$	0.020 1	0.677 9	波动减少	↘
		安徽	$Y = -0.001\ 462X + 2.974\ 1$	0.113 0	0.312 1	波动减少	↘
		福建	$Y = 0.002\ 161X - 4.309\ 8$	0.285 2	0.090 6	波动增加	↗
		江西	$Y = -0.000\ 38X + 0.777\ 1$	0.531 3	0.010 9	显著减少	↓
		山东	$Y = 0.000\ 071X - 0.105\ 6$	0.008 5	0.787 1	波动增加	↗
		河南	$Y = -0.001\ 38X + 2.804\ 3$	0.379 1	0.043 7	显著减少	↓
		湖北	$Y = 0.000\ 57X - 1.118\ 5$	0.038 7	0.562 1	波动增加	↗
		湖南	$Y = 0.000\ 873X - 1.733\ 5$	0.248 8	0.118 3	波动增加	↗
		广东	$Y = 0.004\ 27X - 8.541\ 0$	0.840 1	0.000 1	显著增加	↑

续表

空间尺度	评价指标	区域范围	线性方程	相关系数 R^2	P 值	趋势	
省级	实际损失率	广西	$Y=0.001\,74X-3.487\,6$	0.710 7	0.001 1	显著增加	↑
		海南	$Y=0.002\,07X-4.153\,6$	0.802 0	0.000 2	显著增加	↑
		重庆	$Y=0.000\,82X-1.627\,9$	0.293 2	0.085 4	波动增加	↗
		四川	$Y=-0.000\,40X+0.825\,2$	0.091 7	0.365 5	波动减少	↘
		贵州	$Y=0.001\,04X-2.077\,8$	0.440 7	0.025 9	显著增加	↑
		云南	$Y=0.004\,93X-9.868\,3$	0.434 4	0.027 4	显著增加	↑
		西藏	—	—	—	—	—
		陕西	$Y=-0.001\,05X+2.142\,7$	0.087 0	0.378 5	波动减少	↘
		甘肃	$Y=0.000\,60X-1.203\,1$	0.369 9	0.047 1	显著增加	↑
		青海	$Y=0.000\,91X-1.758\,6$	0.013 7	0.732 3	波动增加	↗
		宁夏	$Y=-0.004\,97X+10.014\,9$	0.180 9	0.192 1	波动减少	↘
		新疆	$Y=0.002\,08X-4.161\,4$	0.468 0	0.020 3	显著增加	↑

注：Y 为对应的评估指标；X 为年份，2000～2010 年。X 系数>0 为线性趋势增加，X 系数<0 为线性趋势减少；P 值<0.05 为线性趋势显著，P 值>0.05 为线性趋势波动。

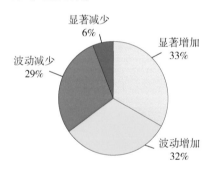

图 6-59　2000～2010 年中国各省（自治区、直辖市）油料作物的年实际损失率变化趋势类型的省份比例

（3）2000～2010 年油料作物年实际损失量和损失率变化趋势类型的空间分布

1）实际损失量。2000～2010 年全国各省（自治区、直辖市）油料作物年实际损失量 4 种变化趋势类型，即显著增加、波动增加、波动减少和显著减少（图 6-60）。

2）实际损失率。2000～2010 年全国各省（自治区、直辖市）油料作物年实际损失率 4 种变化趋势类型，即显著增加、波动增加、波动减少和显著减少（图 6-61）。

6.2.3.3　中国各省（自治区、直辖市）油料作物挽回损失

（1）2000～2010 年油料作物平均挽回损失量和损失率

1）年平均挽回损失量。2000～2010 年，油料作物年平均挽回损失量超过 45 万 t 的省份有山东省，30 万～45 万 t 的省份有河南，15 万～30 万 t 的省份有湖北、安徽、四川和江苏（图 6-62）。

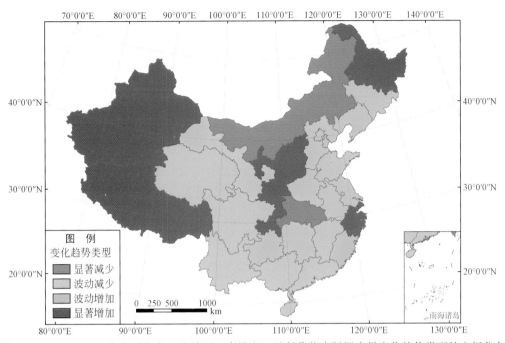

图 6-60 2000～2010 年中国各省（自治区、直辖市）油料作物实际损失量变化趋势类型的空间分布

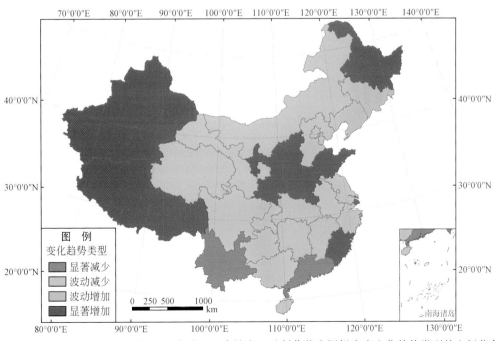

图 6-61 2000～2010 年中国各省（自治区、直辖市）油料作物实际损失率变化趋势类型的空间分布

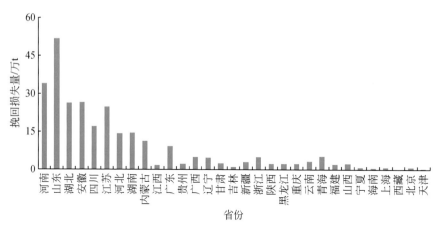

图 6-62　2000～2010 年中国各省（自治区、直辖市）油料作物年平均挽回损失量

2）年平均挽回损失率。2000～2010 年，油料作物年平挽回损失率超过 10% 的省份有山东、安徽、江苏、广东、浙江、青海和北京，其他低于 10%（图 6-63）。

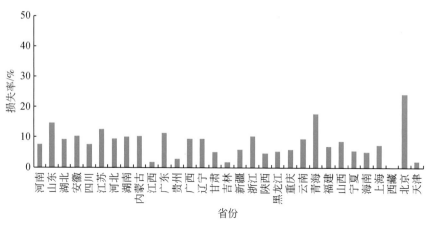

图 6-63　2000～2010 年中国各省（自治区、直辖市）油料作物年平均挽回损失率

（2）2000～2010 年油料作物挽回损失量和损失率变化趋势

1）挽回损失量。线性回归分析结果表明：2000～2010 年，全国各省（自治区、直辖市）油料作物年实际损失量变化趋势中（图6-64，表 6-21），显著增加的省份占 45%、波动增加的省份占 29%、波动减少的省份占 26%、显著减少的省份占 0%（图 6-65）。

2）挽回损失率。线性回归分析结果表明：2000～2010 年，全国各省（自治区、直辖市）油料作物年实际损失率变化趋势中（图6-66，表 6-22），显著增加的省份占 45%、波动增加的省份占 39%、波动减少的省份占 13%、显著减少的省份占 3%（图 6-67）。

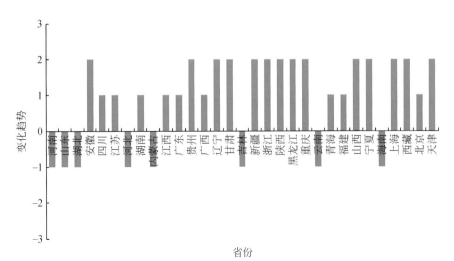

图 6-64　2000～2010 年中国各省（自治区、直辖市）油料作物的年挽回损失量变化趋势

2. 显著增加；1. 波动增加；–1. 波动减少；–2. 显著减少

表 6-21　2000～2010 年中国各省（自治区、直辖市）病、虫、草、鼠害
危害油料作物挽回损失量与年份的线性关系

空间尺度	评价指标	区域范围	线性方程	相关系数 R^2	P 值	趋势	
省级	挽回损失量	北京	$Y = -0.036\,25X + 73.371\,4$	0.258 9	0.110 0	波动减少	↘
		天津	$Y = -0.003\,35X + 6.765\,0$	0.303 6	0.078 9	波动减少	↘
		河北	$Y = 0.927\,4X - 1\,845.20$	0.641 8	0.003 0	显著增加	↑
		山西	$Y = 0.057\,5X - 113.33$	0.074 9	0.415 5	波动增加	↗
		内蒙古	$Y = 0.885\,7X - 1\,764.66$	0.148 2	0.242 4	波动增加	↗
		辽宁	$Y = 0.703X - 1\,404.84$	0.675 1	0.001 9	显著增加	↑
		吉林	$Y = 0.035\,24X - 69.776\,0$	0.029 6	0.613 3	波动增加	↗
		黑龙江	$Y = -0.315\,9X + 635.55$	0.046 0	0.526 7	波动减少	↘
		上海	$Y = -0.009\,9X + 20.555\,5$	0.028 5	0.619 8	波动减少	↘
		江苏	$Y = -0.538\,4X + 1\,104.05$	0.065 1	0.448 8	波动减少	↘
		浙江	$Y = 0.154\,8X - 305.53$	0.209 7	0.156 6	波动增加	↗
		安徽	$Y = -0.173\,6X + 374.54$	0.010 4	0.765 8	波动减少	↘
		福建	$Y = 0.189\,23X - 377.60$	0.691 5	0.001 5	显著增加	↑
		江西	$Y = -0.039\,23X + 80.231\,8$	0.153 8	0.232 9	波动减少	↘
		山东	$Y = 0.120\,2X - 189.29$	0.005 8	0.823 7	波动增加	↗
		河南	$Y = 0.939\,4X - 1\,849.71$	0.161 0	0.221 2	波动增加	↗
		湖北	$Y = 2.748\,8X - 5\,485.16$	0.579 3	0.006 5	显著增加	↑
		湖南	$Y = 1.611\,3X - 3\,216.45$	0.592 7	0.005 6	显著增加	↑
		广东	$Y = 1.651\,5X - 3\,302.25$	0.845 0	0.000 1	显著增加	↑
		广西	$Y = 0.337\,35X - 671.52$	0.648 7	0.002 8	显著增加	↑
		海南	$Y = 0.113\,64X - 227.38$	0.788 4	0.000 3	显著增加	↑

续表

空间尺度	评价指标	区域范围	线性方程	相关系数 R^2	P 值	趋势	
省级	挽回损失量	重庆	$Y=0.129\,69X-257.83$	0.708 5	0.001 2	显著增加	↑
		四川	$Y=1.799\,7X-3\,591.58$	0.743 2	0.000 6	显著增加	↑
		贵州	$Y=0.070\,91X-140.09$	0.122 8	0.290 7	波动增加	↗
		云南	$Y=0.430\,68X-860.44$	0.879 3	0.000 0	显著增加	↑
		西藏	—	—	—	—	—
		陕西	$Y=0.125\,94X-250.41$	0.411 6	0.033 4	显著增加	↑
		甘肃	$Y=0.142\,89X-284.05$	0.686 6	0.001 6	显著增加	↑
		青海	$Y=0.330\,5X-657.67$	0.108 3	0.323 1	波动增加	↗
		宁夏	$Y=0.051\,98X-103.56$	0.285 6	0.090 4	波动增加	↗
		新疆	$Y=0.409\,7X-818.57$	0.636 4	0.003 3	显著增加	↑

注：Y 为对应的评估指标；X 为年份，2000～2010 年。X 系数>0 为线性趋势增加，X 系数<0 为线性趋势减少；P 值<0.05 为线性趋势显著，P 值>0.05 为线性趋势波动。

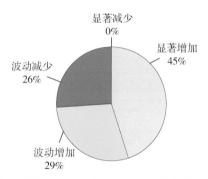

图 6-65 2000～2010 年中国各省（自治区、直辖市）油料作物的年挽回损失量变化趋势类型的省份比例

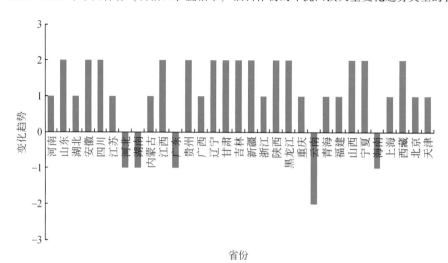

图 6-66 2000～2010 年中国各省（自治区、直辖市）油料作物的年挽回损失率变化趋势

2. 显著增加；1. 波动增加；-1. 波动减少；-2. 显著减少

表 6-22　2000 ~ 2010 年中国各省（自治区、直辖市）病、虫、草、鼠害
危害油料作物挽回损失率与年份的线性关系

空间尺度	评价指标	区域范围	线性方程	相关系数 R^2	P 值	趋势	
省级	挽回损失率	北京	$Y = 0.010\,04X - 19.875\,1$	0.155 1	0.230 8	波动增加	↗
		天津	$Y = 0.003\,59X - 7.186\,3$	0.661 7	0.002 3	显著增加	↑
		河北	$Y = 0.007\,06X - 14.070\,2$	0.676 3	0.001 9	显著增加	↑
		山西	$Y = 0.011\,18X - 22.320\,9$	0.747 3	0.000 6	显著增加	↑
		内蒙古	$Y = 0.006\,43X - 12.795\,7$	0.116 8	0.303 7	波动增加	↗
		辽宁	$Y = 0.008\,28X - 16.520\,8$	0.606 0	0.004 8	显著增加	↑
		吉林	$Y = -0.000\,346X + 0.715\,4$	0.003 9	0.855 8	波动减少	↘
		黑龙江	$Y = -0.006\,14X + 12.365\,6$	0.035 2	0.580 4	波动减少	↘
		上海	$Y = 0.015\,66X - 31.306\,6$	0.680 1	0.001 8	显著增加	↑
		江苏	$Y = 0.002\,70X - 5.301\,2$	0.105 6	0.329 4	波动增加	↗
		浙江	$Y = 0.007\,03X - 13.997\,2$	0.571 7	0.007 1	显著增加	↑
		安徽	$Y = 0.001\,99X - 3.893\,1$	0.081 8	0.393 9	波动增加	↗
		福建	$Y = 0.007\,28X - 14.528\,4$	0.713 8	0.001 1	显著增加	↑
		江西	$Y = -0.000\,69X + 1.408\,4$	0.422 7	0.030 3	显著减少	↓
		山东	$Y = 0.001\,66X - 3.194\,0$	0.108 2	0.323 3	波动增加	↗
		河南	$Y = -0.000\,88X + 1.844\,5$	0.022 7	0.658 1	波动减少	↘
		湖北	$Y = 0.008\,40X - 16.753\,7$	0.498 6	0.015 2	显著增加	↑
		湖南	$Y = 0.007\,88X - 15.707\,0$	0.343 6	0.058 1	波动增加	↗
		广东	$Y = 0.019\,13X - 38.262\,3$	0.856 0	<0.000 1	显著增加	↑
		广西	$Y = 0.011\,26X - 22.478\,6$	0.726 1	0.000 9	显著增加	↑
		海南	$Y = 0.012\,82X - 25.659\,9$	0.824 3	0.000 1	显著增加	↑
		重庆	$Y = 0.002\,09X - 4.141\,96$	0.307 1	0.076 9	波动增加	↗
		四川	$Y = 0.005\,53X - 11.020\,8$	0.683 8	0.001 7	显著增加	↑
		贵州	$Y = 0.001\,17X - 2.330\,2$	0.221 1	0.144 4	波动增加	↗
		云南	$Y = 0.010\,72X - 21.407\,8$	0.700 9	0.001 3	显著增加	↑
		西藏	—	—	—	—	—
		陕西	$Y = 0.001\,23X - 2.431\,9$	0.129 1	0.277 9	波动增加	↗
		甘肃	$Y = 0.000\,90X - 1.760\,6$	0.200 6	0.167 1	波动增加	↗
		青海	$Y = 0.003\,63X - 7.113\,8$	0.013 6	0.732 9	波动增加	↗
		宁夏	$Y = 0.000\,88X - 1.718\,2$	0.025 3	0.640 3	波动增加	↗
		新疆	$Y = 0.006\,70X - 13.385\,8$	0.587 1	0.006 0	显著增加	↑

注：Y 为对应的评估指标；X 为年份，2000 ~ 2010 年。X 系数>0 为线性趋势增加，X 系数<0 为线性趋势减少；P 值<0.05 为线性趋势显著，P 值>0.05 为线性趋势波动。

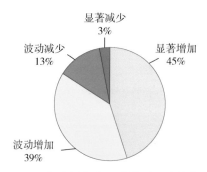

图 6-67　2000~2010 年中国各省（自治区、直辖市）油料作物的
年挽回损失率变化趋势类型的省份比例

（3）2000~2010 年油料作物年挽回损失量和损失率变化趋势类型的空间分布

1）挽回损失量。2000~2010 年全国各省（自治区、直辖市）油料作物年挽回损失量 4 种变化趋势类型，即显著增加、波动增加、波动减少和显著减少（图 6-68）。

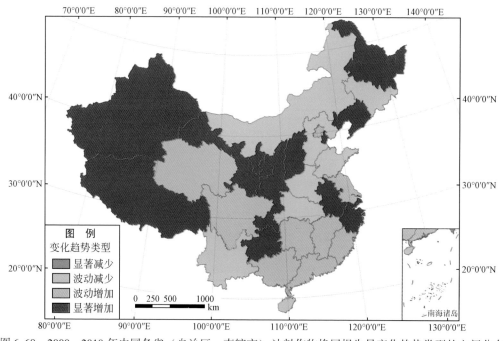

图 6-68　2000~2010 年中国各省（自治区、直辖市）油料作物挽回损失量变化趋势类型的空间分布

2）挽回损失率。2000~2010 年全国各省（自治区、直辖市）油料作物年挽回损失率 4 种变化趋势类型，即显著增加、波动增加、波动减少和显著减少（图 6-69）。

6.2.3.4　全国各省油料作物总损失

（1）2000~2010 年油料作物平均总损失量和损失率

2000~2010 年，油料作物年平均实际和挽回总损失量超过 60 万 t 的省份有山东，

40 万 ~ 60 万 t 的省份有河南（图 6-70）。

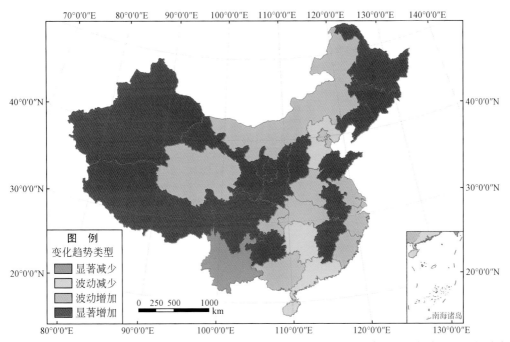

图 6-69　2000 ~ 2010 年中国各省（自治区、直辖市）油料作物挽回损失率变化趋势类型的空间分布

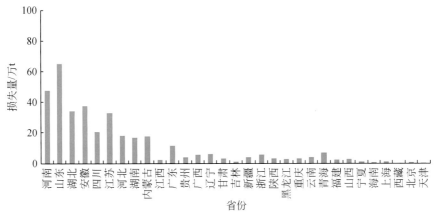

图 6-70　2000 ~ 2010 年中国各省（自治区、直辖市）油料作物平均总损失量（实际+挽回）

2000 ~ 2010 年，油料作物年平均实际和挽回总损失率超过 20% 的省份有青海和北京，其他低于 20%（图 6-71）。

（2）2000 ~ 2010 年油料作物总损失量和损失率变化趋势

1）总损失量。线性回归分析结果表明：2000 ~ 2010 年，全国各省（自治区、直辖市）油料作物年实际和挽回损失量变化趋势中（图 6-72，表 6-23），显著增加的省份占 42%、波动增加的省份占 32%、波动减少的省份占 26%、显著减少的省份占 0%（图 6-73）。

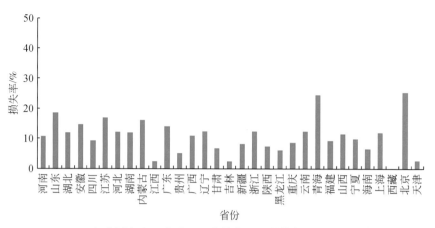

图 6-71　2000～2010 年中国各省（自治区、直辖市）油料作物平均总损失率（实际+挽回）

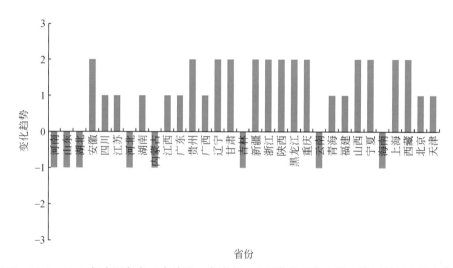

图 6-72　2000～2010 年中国各省（自治区、直辖市）油料作物的年实际和挽回总损失量变化趋势

2. 显著增加；1. 波动增加；-1. 波动减少；-2. 显著减少

表 6-23　2000～2010 年中国各省（自治区、直辖市）病、虫、草、鼠害
危害油料作物总损失量与年份的线性关系

空间尺度	评价指标	区域范围	线性方程	相关系数 R^2	P 值	趋势	
省级	总损失量	北京	$Y=-0.033\,31X+67.505\,0$	0.214 8	0.151 1	波动减少	↘
		天津	$Y=-0.004\,259X+8.586\,0$	0.295 2	0.084 1	波动减少	↘
		河北	$Y=1.292\,3X-2\,572.94$	0.634 2	0.003 4	显著增加	↑
		山西	$Y=0.043\,79X-84.931\,9$	0.033 0	0.593 1	波动增加	↗
		内蒙古	$Y=0.749\,9X-1\,486.06$	0.052 0	0.500 3	波动增加	↗

续表

空间尺度	评价指标	区域范围	线性方程	相关系数 R^2	P 值	趋势	
省级	总损失量	辽宁	$Y=0.812X-1\,621.94$	0.633 5	0.003 4	显著增加	↑
		吉林	$Y=0.037\,11X-73.266\,9$	0.024 5	0.645 9	波动增加	↗
		黑龙江	$Y=-0.272\,2X+548.31$	0.032 3	0.597 0	波动减少	↘
		上海	$Y=-0.037\,69X+76.412\,2$	0.150 2	0.238 9	波动减少	↘
		江苏	$Y=-1.465\,5X+2\,971.18$	0.235 8	0.130 0	波动减少	↘
		浙江	$Y=0.115X-224.87$	0.092 7	0.362 7	波动增加	↗
		安徽	$Y=-0.814\,4X+1\,670.29$	0.112 2	0.314 0	波动减少	↘
		福建	$Y=0.245\,88X-490.60$	0.627 9	0.003 6	显著增加	↑
		江西	$Y=-0.066\,29X+135.02$	0.201 4	0.166 1	波动减少	↘
		山东	$Y=0.034\,22X-3.774\,0$	0.000 4	0.953 0	波动增加	↗
		河南	$Y=0.898\,2X-1\,753.51$	0.096 1	0.353 7	波动增加	↗
		湖北	$Y=3.029\,1X-6\,039.17$	0.511 3	0.013 4	显著增加	↑
		湖南	$Y=1.825\,3X-3\,642.90$	0.601 5	0.005 0	显著增加	↑
		广东	$Y=2.021\,1X-4\,041.08$	0.844 0	0.000 1	显著增加	↑
		广西	$Y=0.388\,63X-773.56$	0.660 6	0.002 4	显著增加	↑
		海南	$Y=0.131\,18X-262.40$	0.783 0	0.000 3	显著增加	↑
		重庆	$Y=0.183\,25X-364.18$	0.713 9	0.001 1	显著增加	↑
		四川	$Y=1.838\,7X-3\,665.94$	0.677 8	0.001 8	显著增加	↑
		贵州	$Y=0.136\,39X-269.72$	0.196 4	0.172 1	波动增加	↗
		云南	$Y=0.615X-1\,229.08$	0.799 3	0.000 2	显著增加	↑
		西藏	—	—	—	—	—
		陕西	$Y=0.116\,68X-230.68$	0.218 5	0.147 1	波动增加	↗
		甘肃	$Y=0.206\,46X-410.67$	0.715 1	0.001 0	显著增加	↑
		青海	$Y=0.443\,1X-881.33$	0.139 4	0.258 1	波动增加	↗
		宁夏	$Y=0.023\,96X-46.878\,8$	0.013 1	0.738 0	波动增加	↗
		新疆	$Y=0.535\,5X-1\,069.70$	0.714 9	0.001 0	显著增加	↑

注：总损失量为实际损失量和挽回损失量之和；总损失率为总损失量比上产量。Y 为对应的评估指标；X 为年份，2000~2010 年。X 系数>0 为线性趋势增加，X 系数<0 为线性趋势减少；P 值<0.05 为线性趋势显著，P 值>0.05 为线性趋势波动。

2）总损失率。线性回归分析结果表明：2000~2010 年，全国各省（自治区、直辖市）油料作物年实际和挽回损失率变化趋势中（图 6-74，表 6-24），显著增加的省份占 46%、波动增加的省份占 32%、波动减少的省份占 19%、显著减少的省份占 3%（图 6-75）。

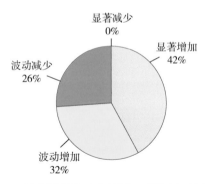

图 6-73　2000～2010 年中国各省（自治区、直辖市）油料作物的年实际和
挽回总损失量趋势类型的省份比例

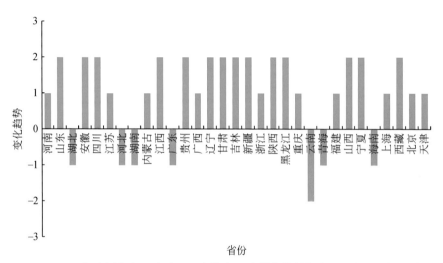

图 6-74　2000～2010 年中国各省（自治区、直辖市）油料作物的年实际和挽回总损失率变化趋势
2. 显著增加；1. 波动增加；–1. 波动减少；–2. 显著减少

表 6-24　2000～2010 年中国各省（自治区、直辖市）病、虫、草、鼠害
危害油料作物总损失率与年份的线性关系

空间尺度	评价指标	区域范围	线性方程	相关系数 R^2	P 值	趋势	
省级	总损失率	北京	$Y = 0.012\ 43X - 24.668\ 2$	0.204 0	0.163 1	波动增加	↗
		天津	$Y = 0.005\ 01X - 10.023\ 9$	0.685 0	0.001 7	显著增加	↑
		河北	$Y = 0.009\ 79X - 19.514\ 0$	0.658 1	0.002 4	显著增加	↑
		山西	$Y = 0.013\ 31X - 26.560\ 6$	0.831 5	0.000 1	显著增加	↑
		内蒙古	$Y = 0.004\ 79X - 9.457\ 1$	0.032 3	0.596 7	波动增加	↗
		辽宁	$Y = 0.009\ 16X - 18.252\ 7$	0.457 4	0.022 3	显著增加	↑
		吉林	$Y = -0.000\ 57X + 1.183\ 3$	0.007 6	0.799 1	波动减少	↘
		黑龙江	$Y = -0.004\ 27X + 8.625\ 5$	0.016 2	0.709 1	波动减少	↘
		上海	$Y = 0.019\ 32X - 38.595\ 6$	0.689 5	0.001 6	显著增加	↑
		江苏	$Y = -0.000\ 37X + 0.912\ 1$	0.001 2	0.920 0	波动减少	↘

空间尺度	评价指标	区域范围	线性方程	相关系数 R^2	P 值	趋势	
省级	总损失率	浙江	$Y=0.006\ 85X-13.620\ 4$	0.471 7	0.019 6	显著增加	↑
		安徽	$Y=0.000\ 531X-0.918\ 8$	0.002 8	0.877 4	波动增加	↗
		福建	$Y=0.009\ 44X-18.836\ 6$	0.663 1	0.002 3	显著增加	↑
		江西	$Y=-0.001\ 077X+2.184\ 6$	0.461 5	0.021 5	显著减少	↓
		山东	$Y=0.001\ 73X-3.298\ 0$	0.099 7	0.344 1	波动增加	↗
		河南	$Y=-0.002\ 26X+4.648\ 9$	0.090 2	0.369 6	波动减少	↘
		湖北	$Y=0.008\ 97X-17.873\ 9$	0.405 0	0.035 3	显著增加	↑
		湖南	$Y=0.008\ 75X-17.441\ 5$	0.348 1	0.056 1	波动增加	↗
		广东	$Y=0.023\ 41X-46.802\ 6$	0.855 0	0.000 0	显著增加	↑
		广西	$Y=0.013\ 0X-25.965\ 3$	0.726 8	0.000 9	显著增加	↑
		海南	$Y=0.014\ 90X-29.813\ 2$	0.825 2	0.000 1	显著增加	↑
		重庆	$Y=0.002\ 92X-5.770\ 1$	0.327 8	0.065 7	波动增加	↗
		四川	$Y=0.005\ 13X-10.194\ 8$	0.535 7	0.010 5	显著增加	↑
		贵州	$Y=0.002\ 22X-4.407\ 7$	0.327 3	0.065 9	波动增加	↗
		云南	$Y=0.015\ 66X-31.275\ 6$	0.663 3	0.002 3	显著增加	↑
		西藏	—	—	—	—	—
		陕西	$Y=0.000\ 181X-0.290\ 6$	0.001 4	0.912 6	波动增加	↗
		甘肃	$Y=0.001\ 512X-2.965\ 3$	0.297 9	0.082 4	波动增加	↗
		青海	$Y=0.004\ 545X-8.872\ 4$	0.015 3	0.716 8	波动增加	↗
		宁夏	$Y=-0.00\ 409X+8.297\ 3$	0.104 2	0.333 0	波动减少	↘
		新疆	$Y=0.008\ 794X-17.547\ 8$	0.612 3	0.004 4	显著增加	↑

注：总损失量为实际损失量和挽回损失量之和；总损失率为总损失量比上产量。Y 为对应的评估指标；X 为年份，2000～2010 年。X 系数>0 为线性趋势增加，X 系数<0 为线性趋势减少；P 值<0.05 为线性趋势显著，P 值>0.05 为线性趋势波动。

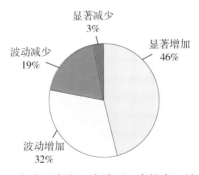

图 6-75　2000～2010 年中国各省（自治区、直辖市）油料作物的年实际和
挽回总损失率趋势类型的省份比例

（3）2000～2010 年油料作物总损失量和损失率变化趋势类型的空间分布

1）总损失量。2000～2010 年全国各省油料作物年实际和挽回总损失量 4 种变化趋势类型，即显著增加、波动增加、波动减少和显著减少（图 6-76）。

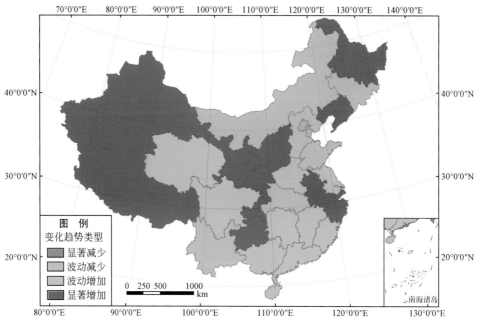

图 6-76　2000～2010 年中国各省（自治区、直辖市）油料作物实际和
挽回损失量变化趋势类型的空间分布

2）总损失率。2000～2010 年全国各省（自治区、直辖市）油料作物年实际和挽回总损失率 4 种变化趋势类型，即显著增加、波动增加、波动减少和显著减少（图 6-77）。

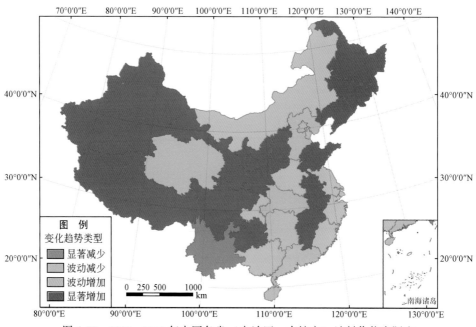

图 6-77　2000～2010 年中国各省（自治区、直辖市）油料作物实际和
挽回损失率变化趋势类型的空间分布

3）小结。2000~2010 年中国各省（自治区、直辖市）油料作物产量、实际损失量、实际损失率、挽回损失量、挽回损失率、总损失量和总损失率变化趋势比例（图 6-78）。

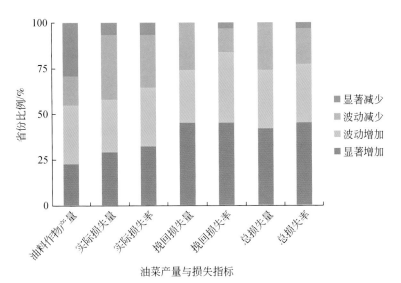

图 6-78　2000~2010 年中国各省（自治区、直辖市）油料作物产量和损失变化趋势比例

第7章 草地受害损失

中国草地生物灾害主要包括虫害和鼠害，对草地生物量产生严重的损失。本章重点分析 2000~2010 年虫害和鼠害对草地生物量损失的变化趋势。

7.1 草地生物量损失估计

草地生物量是某一特定观察时刻、某一空间范围现有的个体数量、重量（狭义的生物量）或含能量，它是一种现存量，草地生物量在生态系统的研究中占有重要地位。在生态学研究中，可以利用对各个环节间的传递效率来估计能流的传递情况，现代生态学通常利用生态效率和生物量来估计有害生物对生态系统造成的损失量。

利用有害生物对生态系统所造成损失的生态能学估算方法，根据 2000~2010 年全国植物保护统计资料、农业和林业统计数据及遥感数据，分别以全国和省（自治区、直辖市）为评估单元，分析了主要草地害虫、害鼠空间分布特征和变化趋势，评估了中国害虫和害鼠对草地生态系统生物量造成的损失。

生物量估算方法根据草地被害量与有害生物（尤其是直接啃食的害虫和害鼠）摄入量的相关性，以及生态学效率数据和野外调查数据，采用生态效率估算，可得草地主要害鼠的摄入量，估算草地损失量。

草地生物量损失估计公式

$$L = D_c \cdot I \tag{7-1}$$

$$I = \frac{P}{\text{NEE} \times \text{AEE}} \tag{7-2}$$

$$\text{NEE} = \frac{P}{A} \tag{7-3}$$

$$\text{AEE} = \frac{A}{I} \tag{7-4}$$

$$P = P_g + P_r \tag{7-5}$$

$$P = \text{PD} + \text{OA} + \text{IB} \tag{7-6}$$

种群生产量 P 为其生长生产量 P_g 和生殖生产量 P_r 之和。当生殖生产量 P_r 很小时，可以忽略，重点估算种群生长生产量 P_g。净生态学效率 NEE 为生产量与同化量的比值，即 P/A；同化效率 AEE 为同化量与摄入量的比值，即 A/I。表 7-1 提供了估算过程中涉及的英文字母代表的参数名称。

表 7-1　生态效率估算损害量参数一览表

中文名称	英文名称	简称	单位	数据来源
昆虫种类	insect species	IS		
个体生物量	individual biomass	IB	g	室内测定
种群密度	population density	PD	头/m²	野外调查
发生面积	occurrence area	OA	m²	野外调查
种群生长生产量	product of growth	Pg	g	公式估算
种群生殖生产量	product of reproduce	Pr	g	公式估算
种群生产量	product	P	g	公式估算
净生态学效率	net ecological efficiency	NEE		文献参考
同化效率	assimilation ecological efficiency	AEE		文献参考
种群摄入量	ingestion	I	g	公式估算
损害系数	damage coefficient	Dc		文献参考

L 为草地损害量，损害系数 D_c 值因不同有害生物的为害方式与作用类型而异。为害叶片，摄入量估算为损害量，即损害系数 D_c 为 1；而为害根部，茎干或花果等的有害生物，除去其摄入量造成的损失外，还会造成其他某些器官或部位的损害，以致增加了其对植物的为害程度，此类有害生物的损害系数 D_c 大于 1。本书为了估算简便，对于有害生物用损害系数 D_c 为 1 计算。基于以上估算过程，将植物损害量 L 和挽回损失量 RL 简化为

$$L = k \cdot \text{PD} \cdot \text{OA} \cdot \text{IB} \tag{7-7}$$

$$\text{RL} = k \cdot \text{PD} \cdot \text{CA} \cdot \text{IB} \tag{7-8}$$

$$k = \frac{D_c}{\text{NEE} \cdot \text{AEE}} \tag{7-9}$$

式中，k 为参数，可以通过文献资料数据估算。植物损害量 L 与种群密度 PD、发生面积 OA 和个体生物量 IB 相关。从而通过获取这 3 个指标变量，可以计算出确定时间段草地有害生物损害量，即生物量损失。同理，挽回损害量 RL 与种群密度 PD、控制面积 CA 和个体生物量 IB 相关。

7.2　草地虫害评估

7.2.1　主要害虫参数

依据本章 7.1 部分所介绍的方法估算虫害对草地生物量的损失。表 7-2 列出的主要害虫是草地害虫中的主要类群，为小型蝗虫、中型蝗虫、草原毛虫和草地螟。所列 6 种蝗虫为中国草地常见蝗虫中的优势种。其防治指标作为种群密度估算。草原害虫主要类群及防治指标均来自《草原治虫灭鼠实施规定（修正）》（农业部文件［1988］农［牧］字第 77 号发布，根据 1997 年 12 月 25 日农业部令第 39 号修订）。

表 7-2　草地几种主要害虫的防治标准

害虫	每平方米头数
小型蝗虫：1. 毛足棒角蝗（*Dasyhippus barbipe*） 2. 小翅雏蝗（*Chorthippus fallax*） 3 狭翅雏蝗（*Chorthippusdubius*） 4. 宽须蚁蝗（*Myrmeleotettix*）	25 头以上
中型蝗虫：1. 亚洲小车蝗（*Oedaleus decorus asiaticus*） 2. 鼓翅皱膝蝗（*Angaracris barabensis*）	15 头以上 30 头以上
草原毛虫（*Gynaephoraalpherakii* Grum） 草地螟（*Loxostege sticticalis*）	幼虫 15 头以上

　　草地主要害虫的部分参数值见表7-3，估算所用参数数据通过查阅文献得到。选择昆虫的鲜重作为生物量（狭义）。采用蝗虫和鳞翅目昆虫的同化效率及昆虫净生态效率平均值计算生态效率。

表 7-3　学主要害虫的部分参数值

害虫	个体生物量/g	同化效率	净生态效率
小型蝗虫	0.025	0.392	0.2
中型蝗虫	0.123	—	—
草原毛虫	0.043	0.417	—
草地螟	0.0136	—	—

7.2.2　虫害造成的草地损失量

　　全国2000～2010年平均每年由于虫害造成草地的损失量为230.92万t，其中东部所占比例较少为3.71%；西部和中部分别占35.43%和60.86%，共占比例高达96%，占全国草地损失的绝大部分（图7-1）。

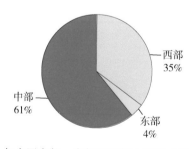

图 7-1　2000～2010 年全国东部、中部和西部虫害造成的年均草地损失量比例

　　全国各区域中，华北和西北地区分别占56.75%和30.30%，西北和华北地区共占损失总数的87.05%；东北和西南区共计中东部和西部分别占7.56%和5.18%，华东、华

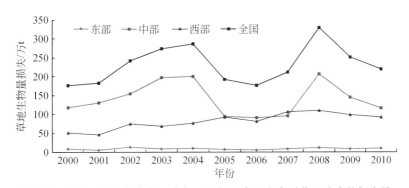

中、华南各地区所占比例很小，分别为 0.01%、0.18%、0.02%（图 7-2）。

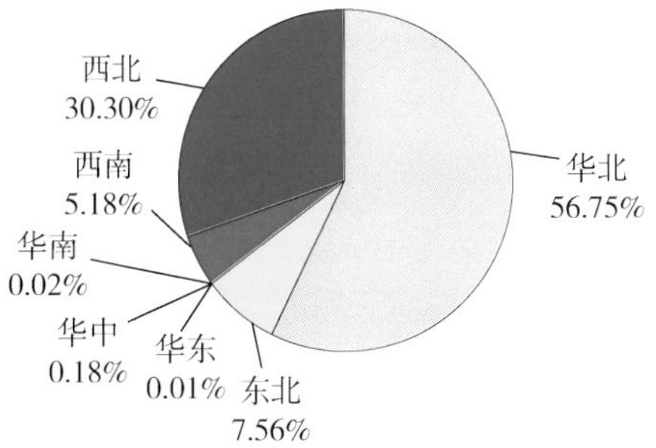

图 7.2　2000~2010 年全国各区域虫害造成的年均草地损失量比例

全国因虫害损失的草地生物量自 2000 年的 175.9 万 t 逐年增加到 2004 年的 286.1 万 t，2000~2010 年的 11 年间草地生物量间损失呈现先上升后下降后上升再下降的趋势。2004 年之后损失量下降，2005~2007 年出现损失量低谷，2006 年为除 2000 年之外 11 年的最低值，年损失量降至 177.0 万 t，2008 年达 11 年间损失量峰值 328.5 万 t，2009~2010 年又呈现下降趋势。中部地区草地生物量损失走势与全国损失量走势基本相同；西部呈缓慢上升趋势，东部年损失量最少，峰值和最小值分别为 2002 年的 13.1 万 t 和 2001 年的 5.5 万 t，各年损失量变化趋于平稳，见图 7-3。

图 7-3　2000~2010 年东部、中部、西部和全国虫害对草地造成的损失量

全国各区域中虫害对某地造成的损失量，华北地区损失自 2000 年后逐年上升，至 2004 年上升至 190.1 万 t，2005 年骤降为 11 年间最小值 85.7 万 t，之后两年趋于平稳，2008 年骤升为峰值 197.5 万 t，之后两年逐年下降，至 2010 年达 109.2 万 t。西北地区损失逐年增加，2008 年为 11 年间峰值 94.3 万 t；东北、西南两区损失量相差较小，逐年变化小，均呈波动上升趋势，见图 7-4。

将全国范围内虫害所造成草地损失量分为 5 级，各地区虫害危害草地的生物量损失分布如图 7-5 所示。其中内蒙古年均损失量占全国损失总量的 53.47%，其他各省所占比例较少，天津、上海、浙江、江西、贵州五省份几乎无损失，见图 7-6。

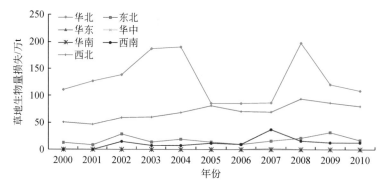

图 7-4 2000~2010 年全国各区域虫害对草地造成的损失量

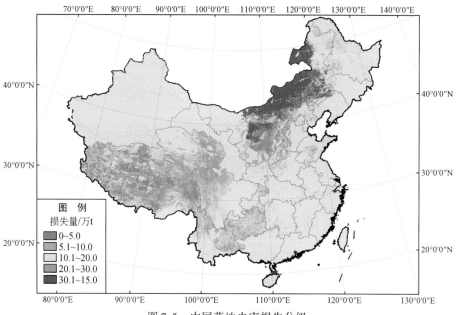

图 7-5 中国草地虫害损失分级

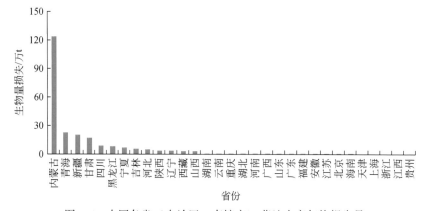

图 7-6 中国各省（自治区、直辖市）草地虫害年均损失量

7.3 草地鼠害评估

7.3.1 主要害鼠参数

表 7-4 列出的害鼠是草地害鼠的主要类群。所列种为根据王丽焕等（2005）提出的中国草地常见的优势种，结合农业部文件，确定具有代表的 5 个优势害鼠种。评估所用害鼠的参数为寿命、狭义个体生物量（鲜重）、密度（防治指标）、同化效率、小型脊椎动物净生态效率等，均来自相关参考文献（表 7-4）。其中长爪沙鼠的防治指标参照农业部办公厅农办牧［2003］13 号文件《关于印发<休牧禁牧技术规程（试行）>等九个技术规程的通知》规程；达乌尔黄鼠未见明确的防治指标相关报道，因此本书比对了其与平均体重相近的鼢鼠的生物学特性，估算得到达乌尔黄鼠和鼢鼠的体重与防治指标的比值，估算了达乌尔黄鼠的防治指标，发现与特喜铁等（2013）调查得到达乌尔黄鼠在海拉尔东山的平均密度相近，因此运用此密度进行估算。

表 7-4　主要害鼠的部分参数值

害鼠	个体生物量/g	防治指标/hm²	同化效率	寿命/年	净生态效率
布氏田鼠（*Microtus brandti*）	28.5	40.0	0.71	1.1	
长爪沙鼠（*Meiiones unguiculataus*）	42.7	50.0	0.84	1.5	
达乌尔黄鼠（*Spermophilus dauricus*）	327.5	15	0.68	2.5	0.015
高原鼠兔（*Ochotona curzoniae*）	126.3	19.1	0.65	0.33	
鼢鼠（*Myospalax fontanieri*）	286.5	21.3	0.73	4	

7.3.2 鼠害造成的草地损失量

全国 2000～2010 年平均每年由于鼠害造成草地的生物量损失为 1224.78 万 t，其中东部年均生物量损失为 19.08 万 t，所占比例较少为 1.56%，西部和中部年均生物量损失分别为 225.95 万 t 和 979.75 万 t，所占比例分别为 79.99% 和 18.45%（图 7-7，图 7-8）。

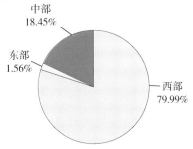

图 7-7　2000～2010 年中国东部、中部和西部鼠害造成的年均草地损失量比例

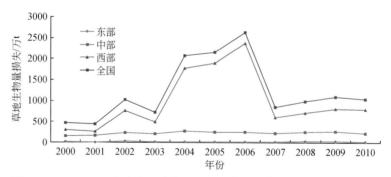

图 7-8　2000～2010 年东部、中部、西部和全国鼠害对草地造成的损失量

　　全国各区域中，西南地区年均生物量损失为 522.65 万 t，其所占比例最大，为 42.67%，其次为西北和华北地区，年均生物量损失分别为 457.10 万 t 和 208.56 万 t，所占比例分别 30.30% 和 17.03%；其他地区年均生物量损失均低于 50.00 万 t，所占比例均低于 5.00%（图 7-9，图 7-10）。

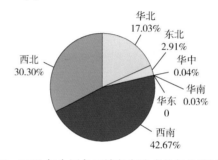

图 7-9　2000～2010 年全国各区域鼠害造成的年均草地损失量比例

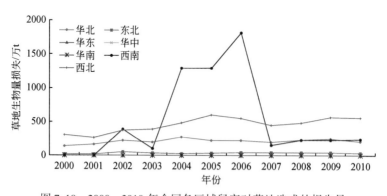

图 7-10　2000～2010 年全国各区域鼠害对草地造成的损失量

　　全国因鼠害损失的草地生物量在 2000～2006 年呈现波动上升，从 2000 年的 471.04 万 t，增加到 2006 年的 2630.10 万 t，并为 2000～2010 年的高峰值。2007 年开始迅速降低至 844.35 万 t，此后 3 年鼠害造成的草地生物量损失在 1000.00 万 t 波动（图 7-8）。全国三大区域中，西部地区损失量占据比例较大，为 79.99%（图 7-7），其损失量走势与全国走势基本相同（图 7-8）。

全国七大区域中，2000~2010 年，西南地区鼠害造成的生物损失量为 522.65 万 t，所占比例为 42.67%（图7-9），其损失量走势与全国走势基本相同，自 2000~2006 年呈现波动上升，此后 3 年鼠害造成的草地生物量损失在 200.00 万 t 波动。西北、华北、东北损失量走势均较为平稳，均呈现平稳上升趋势（图 7-10）。

依据评估结果将全国范围内鼠害所造成草地损失量分为 5 级，如全国鼠害发生强度分布图（图 7-11）和中国各省（自治区、直辖市）草地鼠害年均损失量排序图（图 7-12）。其中西藏年均损失量 466.55 万 t，占全国总量的 38.09%，居 31 个省（自治区、直辖市）首位，青海、内蒙古、甘肃、新疆、四川年均损失量分别为 221.79 万 t、192.47 万 t、121.61 万 t、77.65 万 t 和 55.74 万 t，所占比例分别为 18.11%、15.71%、9.93%、6.34% 和 4.55%。其他省份年均损失量均低于 5.00 万 t，所占比例低于 5.00%（图 7-12）。

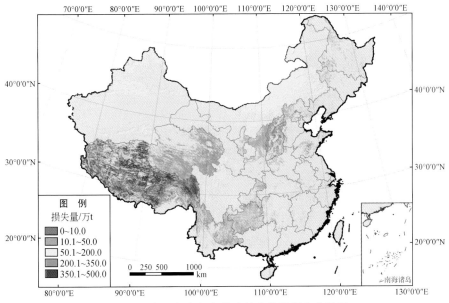

图 7-11　中国鼠害危害草地的生物量损失分级图

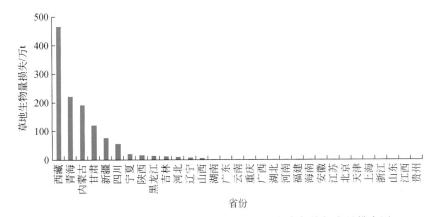

图 7-12　中国各省（自治区、直辖市）草地鼠害年均损失量排序图

|第8章| 　　森林受害损失

中国森林生物灾害种类繁多，总体上包括病害、虫害和鼠害三类，对森林蓄积产量和经济价值带来严重的损失。本章重点分析了2000~2010年森林生物灾害造成森林蓄积损失、直接经济损失和生态服务价值损失的变化趋势。

8.1　森林蓄积损失

8.1.1　中国森林病、虫、鼠害蓄积损失量变化趋势

2000~2010年，中国森林病、虫、鼠害蓄积损失量总体呈显著增加趋势，从2000年的2355.885万 m³ 增加到2007年的最高值2809.3万 m³，之后稍稍回调到2010年的2478.5万 m³（图8-1，表8-1）。

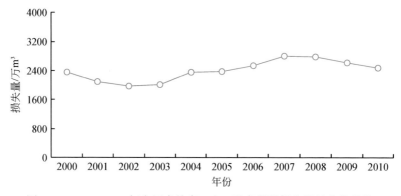

图 8-1　2000~2010年中国森林病、虫、鼠害蓄积损失量的变化趋势

表 8-1　中国森林病、虫、鼠害蓄积损失量与年份的线性关系

发生范围		线性方程	相关系数 R^2	P 值	趋势
全国		$Y=63.028\,3X-123\,970$	0.532 8	0.010 7	增加
三个部	东部	$Y=-12.762\,8X+26\,253.029\,5$	0.463 5	0.021 1	减少
	中部	$Y=15.851\,4X-30\,834.571\,3$	0.115 5	0.306 3	波动增加
	西部	$Y=62.058\,0X-123\,649.737\,1$	0.868 6	<0.000 1	增加
七大区域	华北	$Y=7.824\,3X-15\,265.008\,1$	0.054 8	0.488 0	波动增加
	东北	$Y=7.824\,3X-26\,440.976\,9$	0.285 4	0.090 4	波动增加
	华东	$Y=-10.917\,7X+22\,152.792\,8$	0.577 9	0.006 6	减少

发生范围		线性方程	相关系数 R^2	P 值	趋势
七大区域	华中	$Y = -4.761\ 3X + 9\ 739.193\ 9$	0.308 1	0.076 2	波动减少
	华南	$Y = -5.950\ 5X + 12\ 131.732\ 9$	0.120 7	0.295 1	波动减少
	西南	$Y = 16.964\ 6X - 33\ 683.752\ 9$	0.719 3	0.000 9	增加
	西北	$Y = 42.884\ 5X - 85\ 532.815\ 5$	0.761 2	0.000 4	增加

注：Y 为森林病、虫、鼠害蓄积损失量/万 m³；X 为年份（2000～2010 年）。

8.1.2 中国东部、中部、西部森林病、虫、鼠害蓄积损失量变化趋势

线性回归分析结果表明：2000～2010 年，全国西部森林病、虫、鼠害蓄积损失量总体呈显著增加趋势，而东部则呈显著减少趋势（图 8-2，表 8-1）。

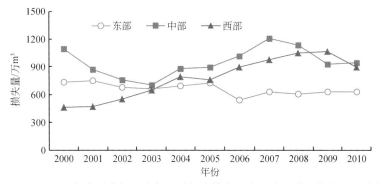

图 8-2　2000～2010 年中国东部、中部、西部森林病、虫、鼠害蓄积损失量的变化趋势

8.1.3 中国各区域森林病、虫、鼠害蓄积损失量变化趋势

线性回归分析结果表明：2000～2010 年，西南、西北森林病、虫、鼠害蓄积损失量总体呈显著增加趋势，而华东则呈显著减少趋势（图 8-3，表 8-1）。

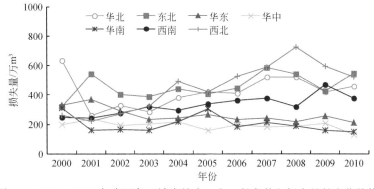

图 8-3　2000～2010 年中国各区域森林病、虫、鼠害蓄积损失量的变化趋势

8.2 直接经济损失

8.2.1 森林病、虫、鼠害直接经济损失量

8.2.1.1 中国森林病、虫、鼠害直接经济损失量变化趋势

线性回归分析结果表明：2000～2010年，中国森林病、虫、鼠害发生导致的直接经济损失量呈波动减少趋势（图8-4，表8-2）。

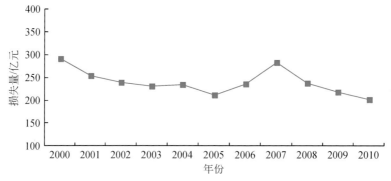

图 8-4　2000～2010年中国森林病、虫、鼠害直接经济损失量的变化趋势

表 8-2　中国森林病、虫、鼠害直接经济损失量与年份的线性关系

发生范围		线性方程	相关系数 R^2	P 值	趋势
全国		$Y=-4.403\ 1X+9\ 068.450\ 2$	0.284 8	0.090 8	波动减少
三个部	东部	$Y=-2.932\ 8X+5\ 930.187\ 6$	0.879 3	<0.000 1	减少
	中部	$Y=-2.243\ 3X+4\ 587.270\ 3$	0.233 0	0.132 6	波动减少
	西部	$Y=1.136\ 09X-2\ 199.533\ 7$	0.149 0	0.241 0	波动增加
七大区域	华北	$Y=-1.201\ 1X+2\ 451.298\ 3$	0.396 2	0.037 9	波动减少
	东北	$Y=0.966\ 1X-1\ 893.423\ 9$	0.081 3	0.395 3	波动增加
	华东	$Y=-1.628\ 4X+3\ 283.203\ 5$	0.756 4	0.000 5	减少
	华中	$Y=0.393\ 05\ X+788.079\ 8$	0.732 2	0.000 8	波动减少
	华南	$Y=0.466\ 2X+934.764\ 1$	0.519 5	0.012 3	增加
	西南	$Y=-587.091\ 4X-33\ 683.752\ 9$	0.085 7	0.382 2	波动减少
	西北	$Y=1.069\ 0X-2\ 099.227\ 0$	0.170 8	0.206 4	波动增加

注：Y 为森林病虫鼠害直接经济损失量/亿元；X 为年份（2000～2010年）。

8.2.1.2 中国东部、中部、西部森林病、虫、鼠害直接经济损失量变化趋势

2000～2010 年，中国东部森林病、虫、鼠害发生导致的直接经济损失量呈显著减少趋势，西部呈波动增加趋势（图 8-5，表 8-2）。

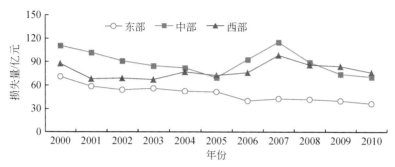

图 8-5　2000～2010 年中国东部、中部、西部森林病、虫、鼠害直接经济损失量的变化趋势

8.2.1.3 中国各区域森林病、虫、鼠害直接经济损失量变化趋势

2000～2010 年，中国华东森林病、虫、鼠害发生导致的直接经济损失量呈显著减少趋势，华南则呈显著增加趋势（图 8-6，表 8-2）。

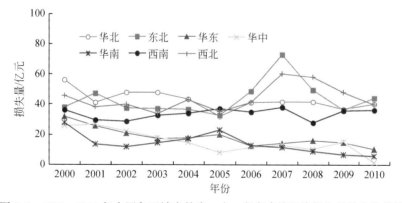

图 8-6　2000～2010 年中国各区域森林病、虫、鼠害直接经济损失量的变化趋势

8.2.2 森林病害直接经济损失量

8.2.2.1 中国森林病害直接经济损失量变化趋势

线性回归分析结果表明：2000～2010 年，中国森林病害发生导致的直接经济损失量总体呈波动减少趋势（图 8-7，表 8-3）。

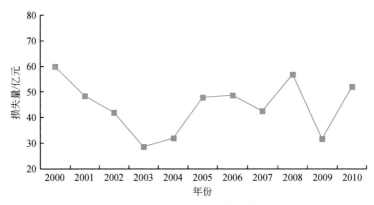

图 8-7　2000～2010 年中国森林病害直接经济损失量的变化趋势

表 8-3　中国森林病害直接经济损失量与年份的线性关系

发生范围		线性方程	相关系数 R^2	P 值	趋势
全国		$Y=-0.1535X+352.4802$	0.0024	0.8859	波动减少
三个部	东部	$Y=0.3369X+675.5310$	0.0858	0.3818	波动增加
	中部	$Y=-0.1863X+382.6019$	0.0294	0.6139	波动减少
	西部	$Y=0.4586X-898.2395$	0.0348	0.5827	波动增加
七大区域	华北	$Y=0.1130X+226.5650$	0.4121	0.0332	增加
	东北	$Y=0.2871X-569.7662$	0.1825	0.1899	波动增加
	华东	$Y=-0.1161X+243.7810$	0.0163	0.7083	波动减少
	华中	$Y=-0.3815X+767.6704$	0.5105	0.0135	减少
	华南	$Y=-0.0017X+4.9984$	0.0001	0.9784	波动减少
	西南	$Y=0.8786X-1751.1838$	0.2433	0.1231	波动增加
	西北	$Y=-0.4199X+852.9443$	0.0317	0.6001	波动减少

注：Y 为森林病害直接经济损失量/亿元；X 为年份（2000～2010 年）。

8.2.2.2　中国东部、中部、西部森林病害直接经济损失量变化趋势

线性回归分析结果表明：2000～2010 年，中国东部、西部森林病害发生导致的直接经济损失量呈波动增加趋势，中部则呈波动减少趋势（图 8-8，表 8-3）。

8.2.2.3　中国各区域森林病害直接经济损失量变化趋势

线性回归分析结果表明：2000～2010 年，中国华北森林病害发生导致的直接经济损失量呈显著增加趋势，华中则呈显著减少趋势（图 8-9，表 8-3）。

8.2.3　森林虫害直接经济损失量

8.2.3.1　中国森林虫害直接经济损失量变化趋势

线性回归分析结果表明：2000～2010 年，中国森林虫害发生导致的直接经济损失量呈

显著增加趋势（图 8-10，表 8-4）。

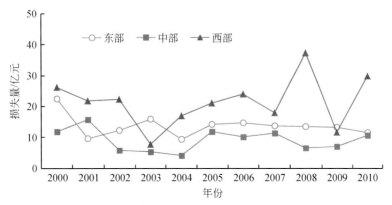

图 8-8　2000～2010 年中国东部、中部、西部森林病害直接经济损失量的变化趋势

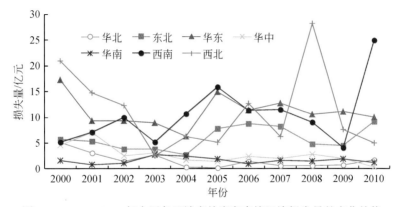

图 8-9　2000～2010 年中国各区域森林病害直接经济损失量的变化趋势

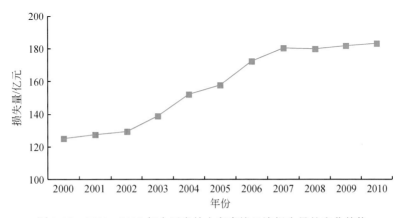

图 8-10　2000～2010 年中国森林虫害直接经济损失量的变化趋势

8.2.3.2 中国东部、中部、西部森林虫害直接经济损失量变化趋势

线性回归分析结果表明：2000～2010年，中国东部、中部、西部森林虫害发生导致的直接经济损失量均呈显著增加趋势（图8-11，表8-4）。

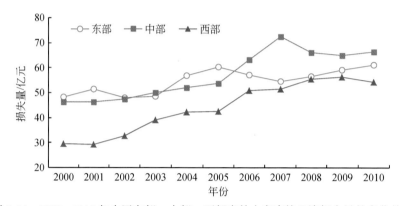

图 8-11　2000～2010年中国东部、中部、西部森林虫害直接经济损失量的变化趋势

表 8-4　中国森林虫害直接经济损失量与年份的线性关系

发生范围		线性方程	相关系数 R^2	P 值	趋势
全国		$Y=6.9265X-13\,730.5165$	0.9412	<0.0001	增加
三个部	东部	$Y=1.2270X-2\,405.3621$	0.6677	0.0021	增加
	中部	$Y=2.6330X-5\,221.9772$	0.8200	0.0001	增加
	西部	$Y=3.0374X-6\,046.1720$	0.9439	<0.0001	增加
七大区域	华北	$Y=1.0252X-2\,029.2121$	0.8773	<0.0001	增加
	东北	$Y=1.0907X-2\,167.3156$	0.5399	0.01	增加
	华东	$Y=0.7659X-1\,507.7159$	0.6140	0.0043	增加
	华中	$Y=0.8352X-1\,654.9817$	0.7832	0.0003	增加
	华南	$Y=0.1428X-268.1140$	0.0191	0.6851	波动增加
	西南	$Y=1.2405X-2\,462.6567$	0.9423	<0.0001	增加
	西北	$Y=1.7969X-3\,583.5152$	0.8509	<0.0001	增加

注：Y 为森林虫害直接经济损失量/亿元；X 为年份（2000～2010年）。

8.2.3.3 中国各区域森林虫害直接经济损失量变化趋势

线性回归分析结果表明：2000～2010年，中国华北、东北、华东、华中、西南、西北森林虫害发生导致的直接经济损失量均呈显著增加趋势（图8-12，表8-4）。

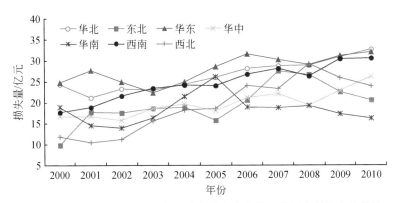

图 8-12　2000～2010 年中国各区域森林虫害直接经济损失量的变化趋势

8.2.4　森林鼠害直接经济损失量

8.2.4.1　中国森林鼠害直接经济损失量变化趋势

线性回归分析结果表明：2000～2010 年，中国森林鼠害发生导致的直接经济损失量呈显著增加趋势（图 8-13，表 8-5）。

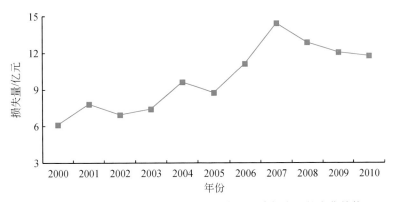

图 8-13　2000～2010 年中国森林鼠害直接经济损失量的变化趋势

8.2.4.2　中国东部、中部、西部森林鼠害直接经济损失量变化趋势

2000～2010 年，中国西部森林鼠害发生导致的直接经济损失量呈显著增加趋势（图 8-14，表 8-5）。

8.2.4.3　中国各区域森林鼠害直接经济损失量变化趋势

2000～2010 年，中国森林华北、西北鼠害发生导致的直接经济损失量呈显著增加趋势（图 8-15，表 8-5）。

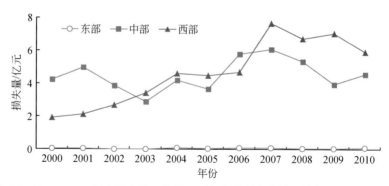

图 8-14　2000～2010 年中国东部、中部、西部森林鼠害直接经济损失量的变化趋势

表 8-5　中国森林鼠害直接经济损失量与年份的线性关系

发生范围		线性方程	相关系数 R^2	P 值	趋势
全国		$Y=0.713\ 7X-1\ 421.102\ 1$	0.757 6	0.000 4	增加
三个部	东部	$Y=0.004\ 6X-9.157\ 3$	0.239 2	0.126 7	波动增加
	中部	$Y=0.089\ 7X-175.348\ 2$	0.095 3	0.355 5	波动增加
	西部	$Y=0.550\ 2X-1\ 098.490\ 2$	0.829 1	<0.000 1	增加
七大区域	华北	$Y=0.182\ 6X-364.405\ 6$	0.469 0	0.02	增加
	东北	$Y=-0.082\ 2X+167.729\ 8$	0.281 4	0.093 2	波动减少
	华东	$Y=-0.000\ 01X+0.024\ 3$	0.000 1	0.979 9	波动减少
	华中	$Y=-0.005\ 9X+11.908\ 1$	0.307 6	0.076 6	波动减少
	华南	$Y=-0.000\ 1X+0.237\ 7$	0.216 9	0.148 7	波动减少
	西南	$Y=0.036\ 6X-72.969\ 9$	0.335 2	0.061 9	波动增加
	西北	$Y=0.513\ 6X-1\ 025.520\ 3$	0.832 2	<0.000 1	增加

注：Y 为森林鼠害直接经济损失量/亿元；X 为年份（2000～2010 年）。

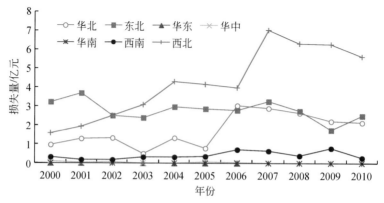

图 8-15　2000～2010 年中国各区域森林鼠害直接经济损失量的变化趋势

8.3 生态服务价值损失

8.3.1 森林病、虫、鼠害生态服务价值损失量

8.3.1.1 中国森林病、虫、鼠害生态服务价值损失量变化趋势

线性回归分析结果表明：2000～2010 年，中国森林病、虫、鼠害发生导致的生态服务价值损失量呈显著增加趋势（图 8-16，表 8-6）。

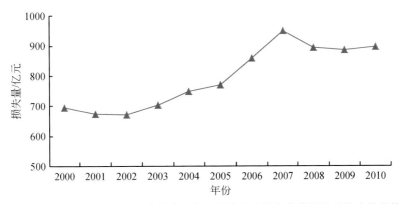

图 8-16 2000～2010 年中国森林病、虫、鼠害生态服务价值损失量的变化趋势

表 8-6 中国森林病、虫、鼠害生态服务价值损失量与年份的线性关系

发生范围		线性方程	相关系数 R^2	P 值	趋势
全国		$Y = 28.303\ 1X - 55\ 952.309\ 7$	0.821 2	0.000 1	增加
三个部	东部	$Y = 1.610\ 8X - 2\ 996.032\ 6$	0.205 2	0.161 6	波动增加
	中部	$Y = 8.489\ 0X - 16\ 726.064\ 4$	0.471 6	0.019 5	增加
	西部	$Y = 17.709\ 3X - 35\ 239.715\ 6$	0.900 7	<0.000 1	增加
七大区域	华北	$Y = 4.276\ 5X - 8\ 441.784\ 5$	0.704 2	0.001 2	增加
	东北	$Y = 4.321\ 7X - 8\ 549.845\ 7$	0.376 7	0.044 6	增加
	华东	$Y = 1.231\ 4X - 2\ 350.070\ 9$	0.159 5	0.223 6	波动增加
	华中	$Y = 1.061\ 0X - 2\ 046.878\ 4$	0.280 3	0.093 9	波动增加
	华南	$Y = -0.781\ 4X + 1\ 636.410\ 4$	0.035 3	0.579 9	波动减少
	西南	$Y = 5.389\ 4X - 10\ 685.368\ 7$	0.881 0	<0.000 1	增加
	西北	$Y = 12.634\ 8X - 25\ 186.351\ 7$	0.840 6	<0.000 1	增加

注：Y 为森林病、虫、鼠害生态服务价值损失量/亿元；X 为年份（2000～2010 年）。

8.3.1.2 中国东部、中部、西部森林病、虫、鼠害生态服务价值损失量变化趋势

2000～2010 年，中国中部、西部森林病、虫、鼠害发生导致的生态服务价值损失量呈显著增加趋势（图 8-17，表 8-6）。

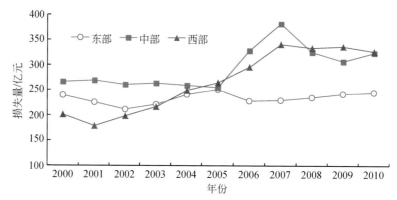

图 8-17　2000～2010 年中国东部、中部、西部森林病、虫、鼠害生态服务价值损失量变化趋势

8.3.1.3 中国各区域森林病、虫、鼠害生态服务价值损失量变化趋势

2000～2010 年，中国华北、东北、西南、西北森林病、虫、鼠害发生导致的生态服务价值损失量呈显著增加趋势（图 8-18，表 8-6）。

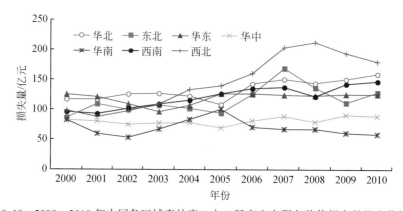

图 8-18　2000～2010 年中国各区域森林病、虫、鼠害生态服务价值损失量的变化趋势

8.3.2　森林病害生态服务价值损失量

2000～2010 年，中国森林病害发生导致的生态服务价值损失量呈波动增加趋势（图 8-19，表 8-7）。

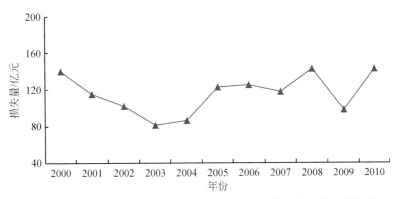

图 8-19 2000 ~ 2010 年中国森林病害生态服务价值损失量的变化趋势

表 8-7 中国森林病害生态服务价值损失量与年份的线性关系

发生范围		线性方程	相关系数 R^2	P 值	趋势
全国		$Y=1.617\,3X-3\,126.866\,7$	0.059 9	0.468 0	波动增加
三个部	东部	$Y=-0.659\,7X+1\,358.899\,7$	0.099 7	0.344 1	波动减少
	中部	$Y=0.529\,1X-1\,031.848\,4$	0.043 4	0.538 7	波动增加
	西部	$Y=1.905\,8X-3\,772.832\,9$	0.162 1	0.219 5	增加
七大区域	华北	$Y=-0.339\,2X+685.278\,7$	0.195 8	0.172 9	波动减少
	东北	$Y=1.183\,0X-2\,355.789\,3$	0.296 7	0.083 1	波动增加
	华东	$Y=-0.444\,1X+919.844\,3$	0.051 6	0.501 7	波动减少
	华中	$Y=-0.541\,5X+1\,094.862\,9$	0.000 7	0.940 3	波动减少
	华南	$Y=0.011\,2X-17.145\,5$	0.035 3	0.579 9	波动增加
	西南	$Y=2.042\,1X-4\,070.554\,8$	0.367 0	0.048 2	增加
	西北	$Y=-0.136\,2X+297.721\,9$	0.000 9	0.928 6	波动减少

注：Y 为森林病害生态服务价值损失量/亿元；X 为年份（2000 ~ 2010 年）。

8.3.2.1 中国森林病害生态服务价值损失量变化趋势

8.3.2.2 中国东部、中部、西部森林病害生态服务价值损失量变化趋势

2000 ~ 2010 年，中国西部森林病害发生导致的生态服务价值损失量呈显著增加趋势（图 8-20，表 8-7）。

8.3.2.3 中国各区域森林病害生态服务价值损失量变化趋势

2000 ~ 2010 年，中国西南森林病害发生导致的生态服务价值损失量呈显著增加趋势（图 8-21，表 8-7）。

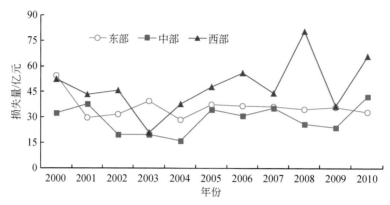

图 8-20　2000～2010 年中国东部、中部、西部森林病害生态服务价值损失量的变化趋势

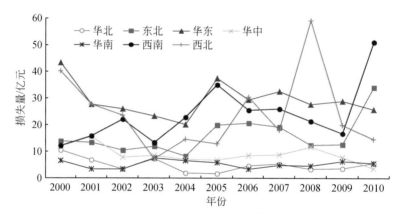

图 8-21　2000～2010 年中国各区域森林病害生态服务价值损失量的变化趋势

8.3.3　森林虫害生态系统服务价值损失量

8.3.3.1　中国森林虫害生态服务价值损失量变化趋势

2000～2010 年，中国森林虫害发生导致的生态服务价值损失量呈波动增加趋势（图 8-22，表 8-8）。

8.3.3.2　中国东部、中部、西部森林虫害生态服务价值损失量变化趋势

2000～2010 年，中国西部森林虫害发生导致的生态服务价值损失量呈显著增加趋势（图 8-23，表 8-8）。

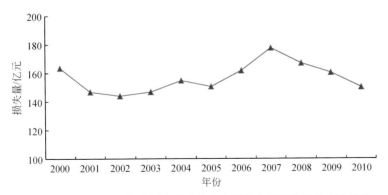

图 8-22　2000～2010 年中国森林虫害生态服务价值损失量的变化趋势

表 8-8　中国森林虫害生态服务价值损失量与年份的线性关系

发生范围		线性方程	相关系数 R^2	P 值	趋势
全国		$Y = 1.139\ 3X - 2\ 127.597\ 6$	0.134 8	0.266 5	波动增加
三个部	东部	$Y = -0.668\ 1X + 1\ 387.526\ 7$	0.505 2	0.014 2	波动减少
	中部	$Y = 0.380\ 2X - 701.512\ 3$	0.027 8	0.624 1	波动增加
	西部	$Y = 1.464\ 8X - 2\ 890.520\ 9$	0.760 0	0.000 4	增加
七大区域	华北	$Y = -0.150\ 4X + 331.801\ 1$	0.022 9	0.656 7	波动减少
	东北	$Y = 1.079\ 1X - 2\ 139.344\ 1$	0.254 6	0.113 3	波动增加
	华东	$Y = -0.273\ 0X + 569.027\ 4$	0.207 2	0.159 3	波动减少
	华中	$Y = -0.386\ 3X + 791.257\ 1$	0.335 2	0.061 9	波动减少
	华南	$Y = -0.557\ 3X + 1\ 133.272\ 9$	0.187 8	0.182 9	波动减少
	西南	$Y = 0.730\ 7X - 1\ 439.134\ 9$	0.724 2	0.000 8	增加
	西北	$Y = 0.734\ 0X - 1\ 451.385\ 9$	0.451 7	0.023 4	增加

注：Y 为森林虫害生态服务价值损失量/亿元；X 为年份（2000～2010 年）。

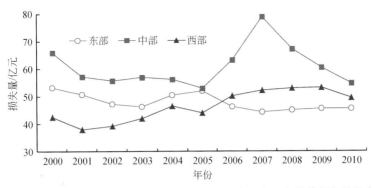

图 8-23　2000～2010 年中国东部、中部、西部森林虫害生态服务价值损失量的变化趋势

8.3.3.3　中国各区域森林虫害生态服务价值损失量变化趋势

2000～2010 年，中国西南、西北森林虫害发生导致的生态服务价值损失量呈显著增加

趋势（图 8-24，表 8-8）。

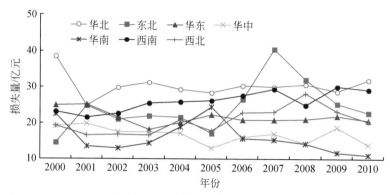

图 8-24　2000~2010 年中国各区域森林虫害生态服务价值损失量的变化趋势

8.3.4　森林鼠害生态服务价值损失量

8.3.4.1　中国森林鼠害生态服务价值损失量变化趋势

2000~2010 年，中国森林鼠害发生导致的生态服务价值损失量呈显著增加趋势（图 8-25，表 8-9）。

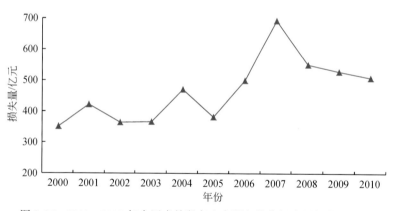

图 8-25　2000~2010 年中国森林鼠害生态服务价值损失量的变化趋势

表 8-9　中国森林鼠害生态服务价值损失量与年份的线性关系

发生范围		线性方程	相关系数 R^2	P 值	趋势
全国		$Y = 22.25X - 44\ 143.393\ 8$	0.506 1	0.014 1	增加
三个部	东部	$Y = 0.036\ 4X - 70.044\ 9$	0.005 7	0.824 1	波动增加
	中部	$Y = -0.348\ 5X + 920.397\ 2$	0.000 6	0.940 3	波动减少
	西部	$Y = 19.583\ 8X - 39\ 050.003\ 6$	0.598 4	0.005 2	增加

续表

发生范围		线性方程	相关系数 R^2	P 值	趋势
七大区域	华北	$Y=5.362\ 4X-10\ 658.285\ 8$	0.205 7	0.161 2	波动增加
	东北	$Y=-5.333\ 7X+10\ 824.228\ 4$	0.443 7	0.025 2	波动减少
	华东	$Y=-0.000\ 2X+0.482\ 3$	0.000 01	0.990 4	波动减少
	华中	$Y=-0.339\ 1X+680.983\ 7$	0.510 3	0.013 5	波动减少
	华南	$Y=-0.001\ 4X+2.943\ 6$	0.014	0.728 6	波动减少
	西南	$Y=0.134\ 6X-256.413\ 3$	0.006 4	0.814 9	波动增加
	西北	$Y=19.449\ 1X-38\ 793.590\ 3$	0.621 5	0.003 9	增加

注: Y 为森林鼠害生态服务价值损失量/亿元; X 为年份 (2000~2010 年)。

8.3.4.2 中国东部、中部、西部森林鼠害生态服务价值损失量变化趋势

2000~2010 年,中国西部森林鼠害发生导致的生态服务价值损失量呈显著增加趋势 (图 8-26,表 8-9)。

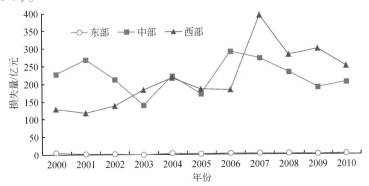

图 8-26 2000~2010 年中国东部、中部、西部森林鼠害生态服务价值损失量的变化趋势

8.3.4.3 中国各区域森林鼠害生态服务价值损失量变化趋势

2000~2010 年,中国西北森林鼠害发生导致的生态服务价值损失量呈显著增加趋势 (图 8-27,表 8-9)。

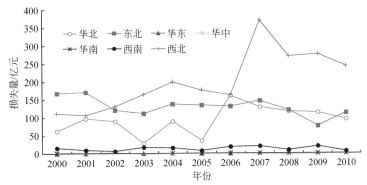

图 8-27 2000~2010 年中国各区域森林鼠害生态服务价值损失量的变化趋势

第9章 检疫性有害生物的危害损失

本章分析了中国2010年检疫性昆虫、线虫、细菌、真菌、病毒和杂草等对农作物造成的损失。

9.1 检疫性昆虫的危害损失

9.1.1 检疫性昆虫危害的实际损失

2010年中国检疫性昆虫危害农作物的实际损失量超过3万t的省份有河北和山东省，2万~3万t的省份有辽宁和湖南（图9-1，图9-2）。

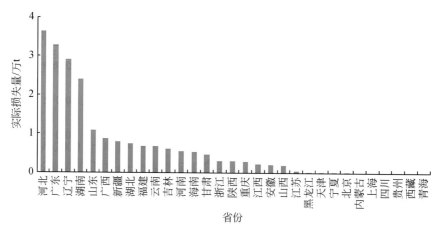

图9-1 2010年中国各省（自治区、直辖市）检疫性昆虫危害农作物的实际损失量

9.1.2 检疫性昆虫危害的挽回损失

2010年中国检疫性昆虫危害农作物的挽回损失量超过15.0万t的省份有河北和广东；10.0万~15.0万t的省份有湖南；5.0万~10.0万t的省份有山东、河南、浙江、辽宁和甘肃（图9-3，图9-4）。

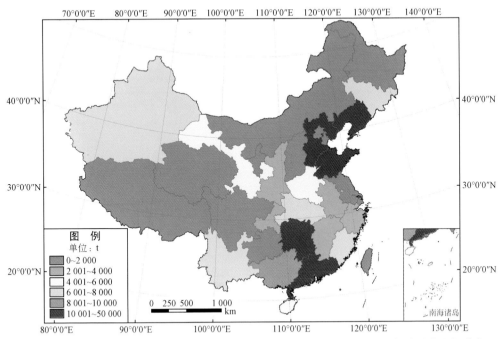

图 9-2   2010 年中国各省（自治区、直辖市）检疫性昆虫危害农作物实际损失量的空间分布

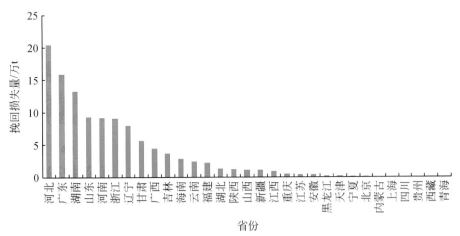

图 9-3   2010 年中国各省（自治区、直辖市）检疫性昆虫危害农作物的挽回损失量

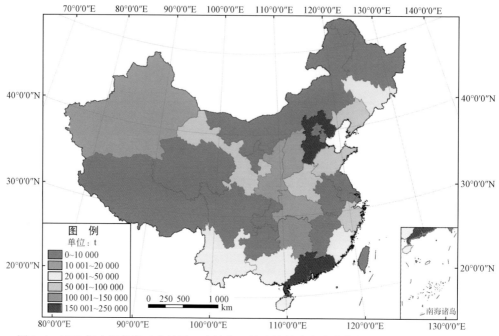

图 9-4　2010 年中国各省（自治区、直辖市）检疫性昆虫危害农作物挽回损失量的空间分布

9.2　检疫性线虫的危害损失

9.2.1　检疫性线虫危害的实际损失

2010 年中国检疫性线虫危害农作物的实际损失量超过 0.5 万 t 的省份有山东省，0.4 万 ~ 0.5 万 t 的省份有安徽；1.0 千 ~ 2.0 千 t 的省份有河北（图 9-5、图 9-6）。

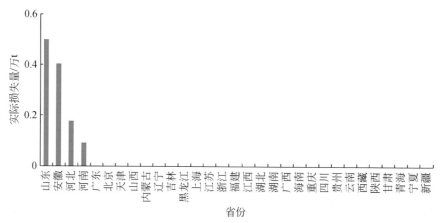

图 9-5　2010 年中国各省（自治区、直辖市）检疫性线虫危害农作物的实际损失量

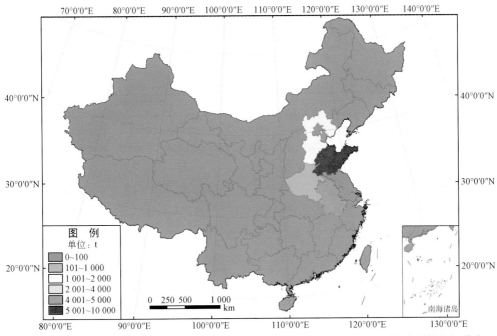

图 9-6　2010 年中国各省（自治区、直辖市）检疫性线虫危害农作物实际损失量的空间分布

9.2.2 检疫性线虫危害的挽回损失

2010 年中国检疫性线虫危害农作物的挽回损失量超过 5 万 t 的省份有河北省，1 万 ~ 2 万 t 的省份有山东，0.5 万 ~ 1 万 t 的省份有安徽，0.1 万 ~ 0.5 万 t 的省份有河南（图 9-7，图 9-8）。

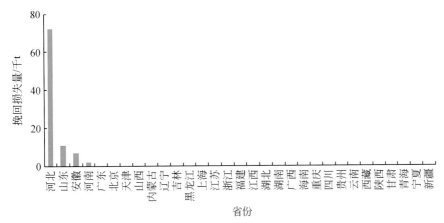

图 9-7　2010 年中国各省（自治区、直辖市）检疫性线虫危害农作物的挽回损失量

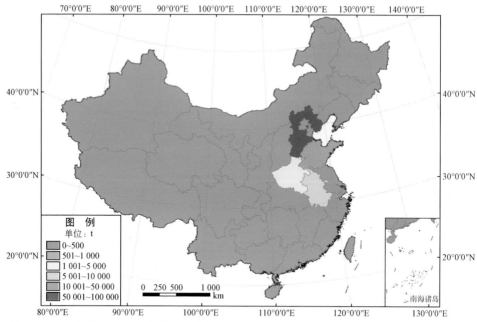

图 9-8　2010 年中国各省（自治区、直辖市）检疫性线虫危害农作物挽回损失量的空间分布

9.3　检疫性细菌的危害损失

9.3.1　检疫性细菌危害的实际损失

2010 年中国检疫性细菌危害农作物的实际损失量超过 12 万 t 的省份有广西，1 万 ~ 2.5 万 t 的省份有广东、江西、浙江、湖南和福建（图 9-9，图 9-10）。

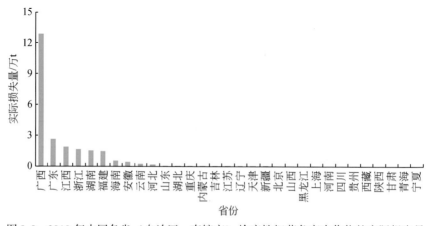

图 9-9　2010 年中国各省（自治区、直辖市）检疫性细菌危害农作物的实际损失量

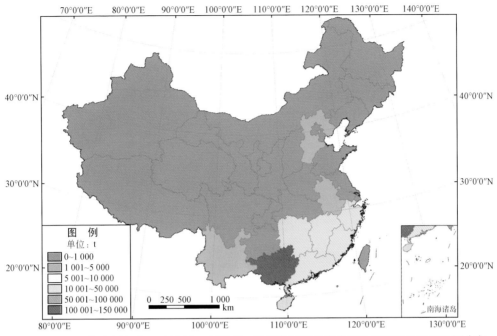

图 9-10 2010 年中国各省（自治区、直辖市）检疫性细菌危害农作物实际损失量的空间分布

9.3.2 检疫性细菌危害的挽回损失

2010 年中国检疫性细菌危害农作物的挽回损失量超过 40 万 t 的省份有广西，10 万 ~ 20 万 t 的省份有广东，5 万 ~ 10 万 t 的省份有湖南和江西，1 万 ~ 5 万 t 的省份有河北、浙江、海南、福建和云南（图 9-11，图 9-12）。

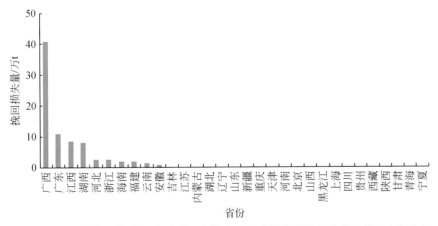

图 9-11 2010 年中国各省（自治区、直辖市）检疫性细菌危害农作物的挽回损失量

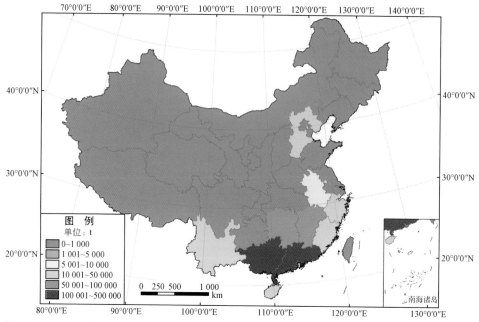

图 9-12　2010 年中国各省（自治区、直辖市）检疫性细菌危害农作物挽回损失量的空间分布

9.4　检疫性真菌的危害损失

9.4.1　检疫性真菌危害的实际损失

　　2010 年中国检疫性真菌危害农作物的实际损失量超过 4 万 t 的省份有广东，1 万 ~2 万 t 的省份有云南，0.5 万 ~1 万 t 的省份有山东、新疆和福建（图 9-13，图 9-14）。

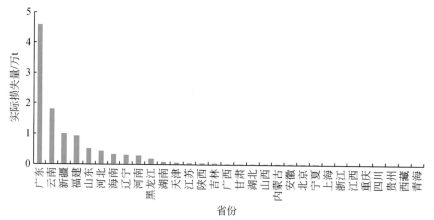

图 9-13　2010 年中国各省（自治区、直辖市）检疫性真菌危害农作物的实际损失量

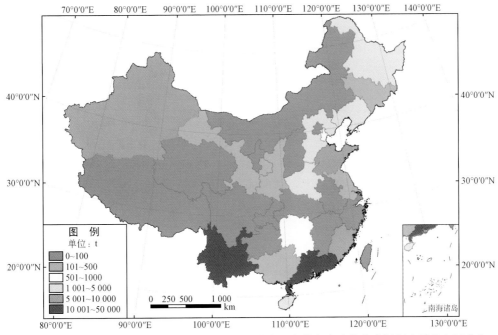

图 9-14　2010 年中国各省（自治区、直辖市）检疫性真菌危害农作物实际损失量的空间分布

9.4.2　检疫性真菌危害的挽回损失

　　2010 年中国检疫性真菌危害农作物的挽回损失量超过 1 万 t 的省份有广东和黑龙江，0.5 万 ~1 万 t 的省份有河北、山东、辽宁、河南和海南（图 9-15，图 9-16）。

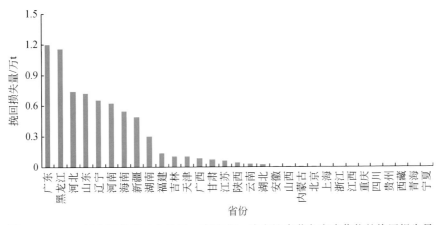

图 9-15　2010 年中国各省（自治区、直辖市）检疫性真菌危害农作物的挽回损失量

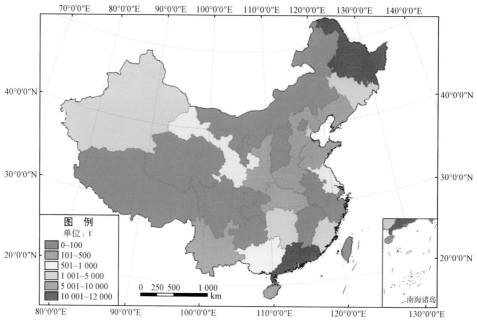

图 9-16 2010 年中国各省（自治区、直辖市）检疫性真菌危害农作物挽回损失量的空间分布

9.5   检疫性病毒的危害损失

9.5.1   检疫性病毒危害的实际损失

2010 年中国检疫性病毒危害农作物的实际损失量超过 30.0t 的省份有云南，5.0 ~ 10.0t 的省份有陕西，1.0 ~ 5.0t 的省份有广东（图 9-17，图 9-18）。

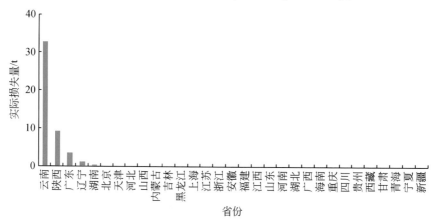

图 9-17   2010 年中国各省（自治区、直辖市）检疫性病毒危害农作物的实际损失量

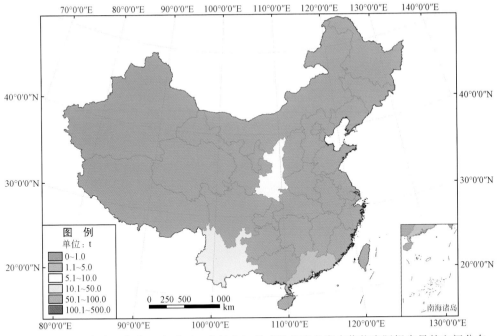

图9-18　2010年中国各省（自治区、直辖市）检疫性病毒危害农作物实际损失量的空间分布

9.5.2　检疫性病毒危害的挽回损失

2010年中国检疫性病毒危害农作物的挽回损失量超过120.0t的省份有云南；20.0～40.0t的省份有陕西和广东（图9-19，图9-20）。

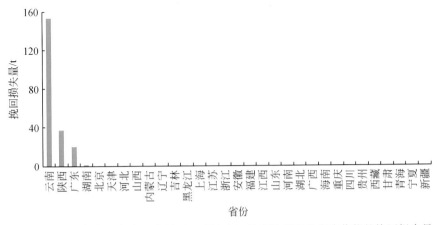

图9-19　2010年中国各省（自治区、直辖市）检疫性病毒危害农作物的挽回损失量

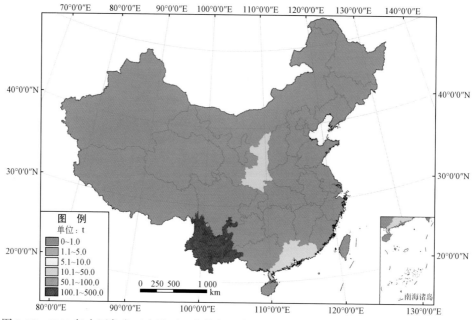

图9-20　2010年中国各省（自治区、直辖市）检疫性病毒危害农作物挽回损失量的空间分布

9.6　检疫性杂草的危害损失

9.6.1　检疫性杂草危害的实际损失

2010年中国检疫性杂草危害农作物的实际损失量超过2000t的省份有黑龙江，1000～2000t的省份有广西、浙江和新疆，500～1000t的省份有甘肃和河南（图9-21，图9-22）。

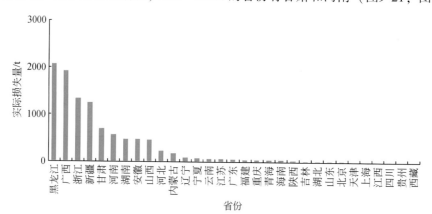

图9-21　2010年中国各省（自治区、直辖市）检疫性杂草危害农作物的实际损失量

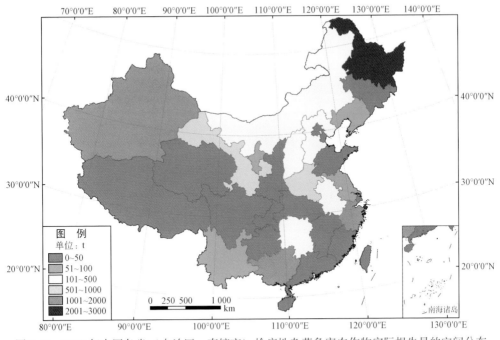

图 9-22　2010 年中国各省（自治区、直辖市）检疫性杂草危害农作物实际损失量的空间分布

9.6.2　检疫性杂草危害的挽回损失

2010 年中国检疫性杂草危害农作物的挽回损失量超过 6 万 t 的省份有浙江，0.5 万 ~ 1 万 t 的省份有黑龙江，0.1 万 ~0.5 万 t 的省份有广西、甘肃、河北、湖南和河南（图 9-23，图 9-24）。

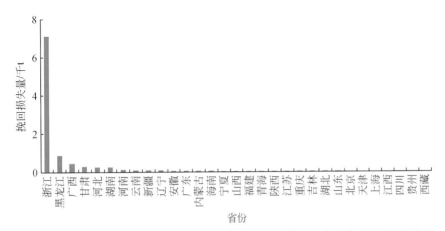

图 9-23　2010 年中国各省（自治区、直辖市）检疫性杂草危害农作物的挽回损失量

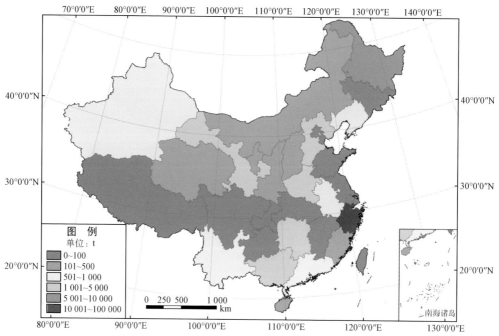

图 9-24　2010 年中国各省（自治区、直辖市）检疫性杂草危害农作物挽回损失量的空间分布

第10章 受灾区的应灾能力

应灾能力是指为保障受灾体免受、少受生物灾害威胁而设立的机构规模，投入的人力和物力，采取的措施力度大小，以及应对生物灾害的社会化服务程度。也可反映生物灾害预防与治理的投入成本。

10.1 受灾区的为害情况

受灾面积是指遭到病、虫、草、鼠危害的面积，即所统计的发生面积。成灾面积是指遭到病、虫、草、鼠危害而使产量减少三成以上（不含三成）的面积。绝收面积是指遭到病、虫、草、鼠危害而使产量减少八成以上（不含八成）的面积。

10.1.1 受害面积

10.1.1.1 农作物受灾面积

2000～2010 年，全国农作物受灾面积呈现线性增加趋势（图10-1），11 年间平均每年的受害面积是 44.39 亿 hm^2。单位种植面积的农作物受灾面积在一定范围内波动变化（图10-2）。

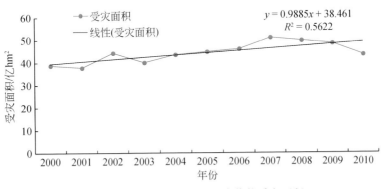

图 10-1　2000～2010 年全国农作物受灾面积

10.1.1.2 农作物成灾面积

2000～2010 年，全国农作物成灾面积呈线性增加趋势（图10-3），11 年间平均每年的成灾面积是 3756.73 千 hm^2。单位种植面积的农作物成灾面积也呈线性增长趋势（图10-4）。

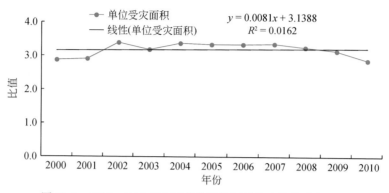

图 10-2 2000～2010 年全国单位种植面积的农作物受灾面积

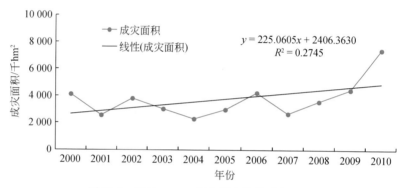

图 10-3 2000～2010 年全国农作物成灾面积

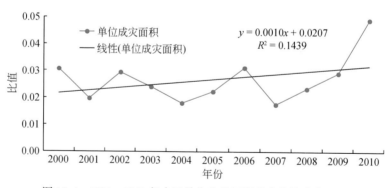

图 10-4 2000～2010 年全国单位种植面积的农作物成灾面积

10.1.1.3 农作物绝收面积

2000～2010 年，全国农作物绝收面积呈线性下降趋势（图 10-5），11 年间平均每年的绝收面积为 282.29 千 hm²。单位种植面积的农作物绝收面积也呈线性下降趋势（图10-6）。

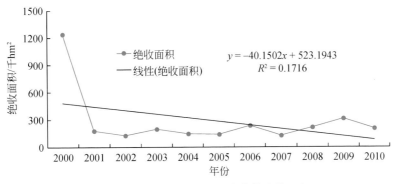

图 10-5　2000～2010 年全国农作物绝收面积

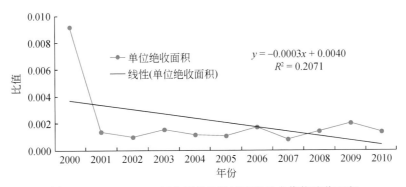

图 10-6　2000～2010 年全国单位种植面积的农作物绝收面积

10.1.2　单位面积化学农药使用量

化学农药的使用是为了减少病、虫、草、鼠害的危害。同时，化学农药的大量使用会加剧对生态环境的胁迫。2000～2010 年全国单位农作物播种面积的化学农药使用量约为 2.27t/千 hm^2（图 10-7）。

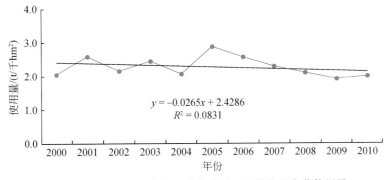

图 10-7　2000～2010 年全国单位种植面积的化学农药使用量

10.1.3　使用化学农药导致的人员伤亡

2000～2010年全国使用化学农药导致的中毒人数（图10-8）和单位面积的中毒人数（图10-9）逐年大量减少。全国中毒人数从2000年的52 081人减少到2010年的9733人（图10-8）。2000～2010年全国使用化学农药导致的死亡人数（图10-10）和单位面积的死亡人数（图10-11）逐年大量减少，全国死亡人数从2000年的3588人减少到2010年的470人（图10-10）。

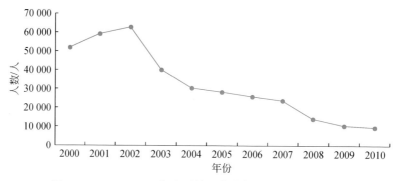

图10-8　2000～2010年全国使用化学农药导致中毒的人数

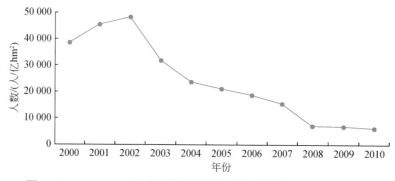

图10-9　2000～2010年全国使用化学农药导致单位面积中毒的人数

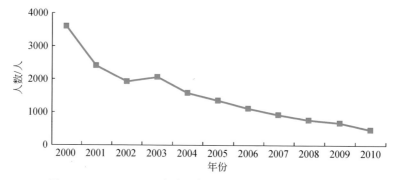

图10-10　2000～2010年全国使用化学农药导致死亡的人数

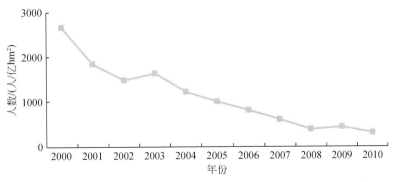

图 10-11 2000～2010 年全国使用化学农药导致单位面积死亡的人数

10.2 应灾能力的社会化服务程度

以植物保护服务机构、人员和机械数量来反映应灾能力的社会化服务程度。

10.2.1 服务组织结构

2000～2010 年全国植物保护服务机构中植保公司和植保医院（图 10-12）的数量都呈现线性增加。11 年间，植保公司超过 400 家的省份有浙江、江苏、河南、湖南和安徽（图 10-13），植保医院超过 1000 家的省份有湖南、河南、江西、山东、安徽和河北（图 10-14）。

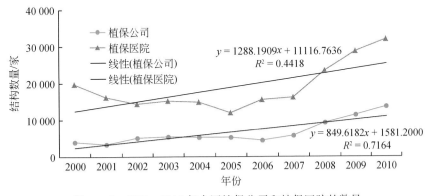

图 10-12 2000～2010 年全国植保公司和植保医院的数量

10.2.2 服务组织人员

2000～2010 年全国植物保护服务专业队伍数量呈线性增加（图 10-14）。全国植物

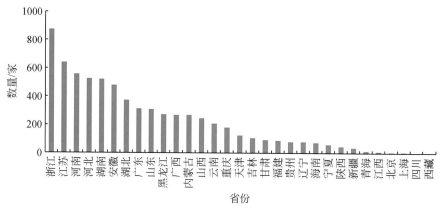

图 10-13   2000～2010 年全国各省植保公司的数量

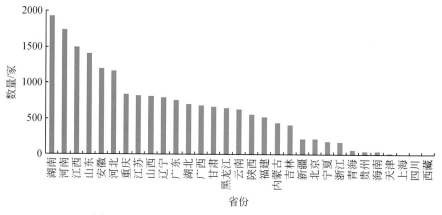

图 10-14   2000～2010 年全国各省植保医院的数量

保护服务人数从 2000 年的 19 697 人，增加到 2010 年的 61 483 人（图 10-14）。然而，2000～2010 年全国单位种植面积植物保护服务专业队伍数量呈线性下降（图 10-15）。全国植物保护服务人数从 2000 年的 3783 人/亿 hm^2，减少到 2010 年的 3408 人/亿 hm^2（图 10-16）。

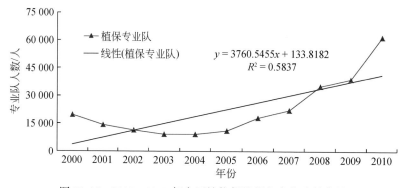

图 10-15   2000～2010 年全国植物保护服务专业队的数量

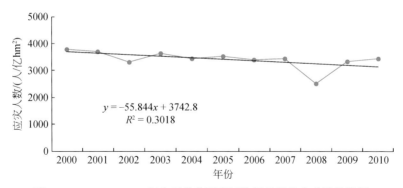

图 10-16　2000～2010 年全国单位面积植物保护服务专业队的数量

10.2.3　服务机械使用情况

2000～2010 年全国手动施药药械（图 10-17）、小型机动药械（图 10-18）、大型机动药械（图 10-19）和手持电动药械（图 10-20）的数量均呈线性增加，而背负式机动药械波动变化（图 10-21）。

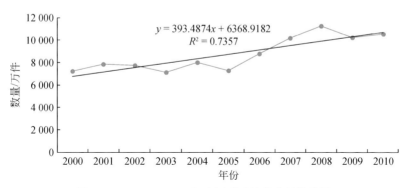

图 10-17　2000～2010 年全国手动施药药械的数量

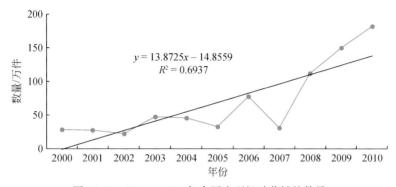

图 10-18　2000～2010 年全国小型机动药械的数量

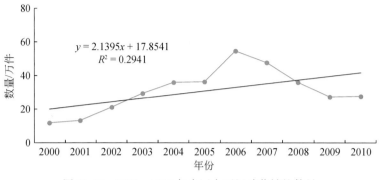

图 10-19　2000~2010 年全国大型机动药械的数量

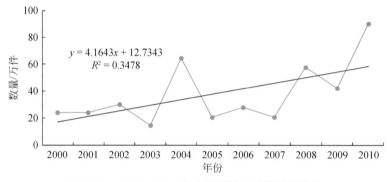

图 10-20　2000~2010 年全国手持电动药械的数量

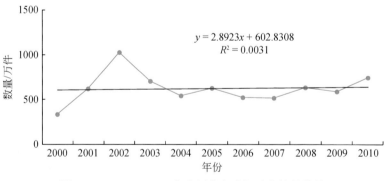

图 10-21　2000~2010 年全国背负式机动药械的数量

10.3　应灾社会化服务程度与生物灾害发生程度的关系

　　以单位面积应灾人数和服务机械数量为主要指标，分析其与生物灾害发生程度之间的关系。

10.3.1　单位种植面积应灾人数与生物灾害发生程度的关系

2000～2010 年的分析表明，生物灾害发生程度与全国单位面积的应灾人数呈负线性相关（图 10-22）。

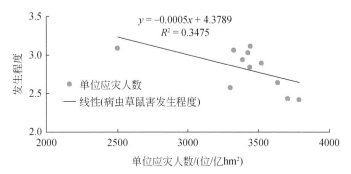

图 10-22　2000～2010 年全国单位面积应灾人数与生物灾害发生程度线性关系

10.3.2　服务机械使用与生物灾害发生程度的关系

10.3.2.1　手动施药药械与生物灾害发生程度的关系

2000～2010 年的分析表明，生物灾害发生程度与全国单位面积的手动施药药械的数量呈正线性相关（图 10-23）。

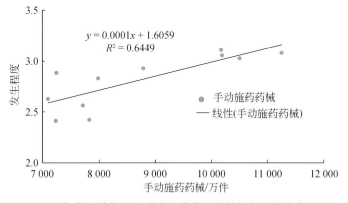

图 10-23　2000～2010 年全国单位面积手动施药药械的数量与生物灾害发生程度线性关系

10.3.2.2　背负式机动药械与生物灾害发生程度的关系

2000～2010 年的分析表明，生物灾害发生程度与全国单位面积的背负式机动药械的数量相关性不明显（图10-24）。

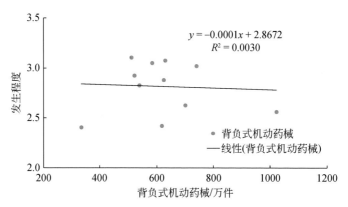

图 10-24　2000～2010 年全国单位面积背负式机动药械的数量与生物灾害发生程度线性关系

10.3.2.3　小型机动药械与生物灾害发生程度的关系

2000～2010 年的分析表明，生物灾害发生程度与全国单位面积小型机动药械的数量呈正线性相关（图 10-25）。

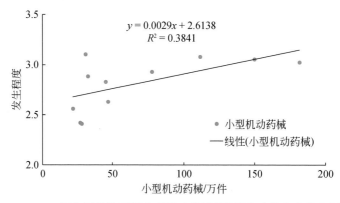

图 10-25　2000～2010 年全国单位面积小型机动药械的数量与生物灾害发生程度线性关系

10.3.2.4　大型机动药械与生物灾害发生程度的关系

2000～2010 年的分析表明，生物灾害发生程度与全国单位面积的大型机动药械的数量呈正线性相关（图 10-26）。

10.3.2.5　手持电动药械与生物灾害发生程度的关系

2000～2010 年的分析表明，生物灾害发生程度与全国单位面积的手持电动药械的数量呈正线性相关（图 10-27）。

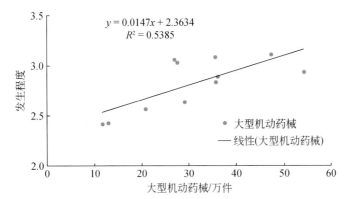

图 10-26　2000～2010 年全国单位面积大型机动药械的数量与生物灾害发生程度线性关系

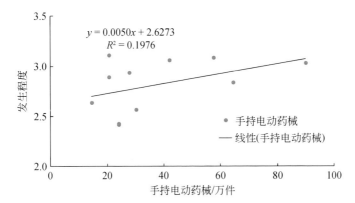

图 10-27　2000～2010 年全国单位面积手持电动药械的数量与生物灾害发生程度线性关系

第 11 章　主要结论与建议

最后，根据全书总体的分析结果，提炼出主要的研究内容，得出主要的结论，并提出建议。

11.1　主要研究内容

本次生物灾害评估的内容主要包括：明确评估区域内生物灾害致灾因素的类型及重要致灾因子的分布范围、发生面积、发生程度；分析生物灾害各类致灾因子空间分布特征和10 年变化趋势；确定评估单元内生物灾害对生态系统的影响；编制全国生物灾害的空间分布特征图和动态变化图，包括孕灾背景、各类致灾因子危险性、受灾区损失程度；综合评价生物灾害对生态环境的胁迫作用。

本书以全国植物保护统计资料、农业和林业统计数据，基于 2000 年、2005 年、2010 年的遥感数据为基础，分别以全国、各个区域和省（自治区、直辖市）为评估单元，通过调查与评价，明确评估区域内生物灾害致灾因素的类型及重要致灾因子的分布范围、发生面积、发生程度；分析生物灾害各类致灾因子空间分布特征和 10 年变化趋势；确定评估单元内生物灾害对生态系统的影响；编制全国生物灾害的空间分布特征图和动态变化图，包括孕灾背景、各类致灾因子危险性、受灾区损失程度；综合评价生物灾害对生态环境的胁迫作用。调查评价结果将为全国减少生物灾害影响的宏观战略措施的制定提供支撑。具体内容：

1）了解生物灾害的孕灾背景：地形地貌、气象因素、农田作物种植面积、森林面积、草地面积等；

2）明确生物灾害致灾因素的危险性：致灾因素类型、分布范围、发生面积、发生程度等；

3）估算受灾区的损失和损失程度：人力和物力的成本投入、防治措施、挽回损失、应灾能力的社会化服务程度等；

4）估算受灾区的损失和损失程度：成灾面积、绝收面积、自然损失、实际损失、经济价值量损失。

11.2　主 要 结 论

从生物灾害孕灾背景、致灾因子危险性、生物灾害损失和应灾能力 4 个方面，评估了 2000~2010 年生物灾害发生特征与变化趋势，有以下主要结论。

11.2.1　生物灾害孕灾背景

地形地貌、气象因素、农田作物种植面积、森林面积、草地面积等是影响有害生物发生和为害的主要因子。根据 2010 年遥感调查和土地覆盖分类数据表明，中国农田面积（包括水田、旱地和园地）占全国总陆地面积的 19.13%。其中，水田、旱地和园地分别占农用地的 21.50%、73.81% 和 4.69%。草地的面积占全国总陆地面积的 24.95%。其中，草甸、草原、草丛和草本绿地又分别占草地总面积的 22.10%、68.27%、9.57% 和 0.06%。森林面积占全国总陆地面积的 32.65%。其中，常绿针叶林、落叶阔叶林、落叶阔叶灌木林、常绿阔叶林和常绿阔叶灌木林分别占林地总面积的 30.70%、23.44%、15.57%、14.38% 和 7.08%。其他林地类型所占面积比例均少于 5%。

11.2.2　致灾因子危险性

11.2.2.1　农作物生物灾害

分布范围：从全国各省（自治区、直辖市）来看，农作物生物灾害发生范围非常广的省份有黑龙江、内蒙古、四川、河南、山东、云南、河北、新疆和吉林，其次有安徽、甘肃、广西、辽宁、湖南、江苏、山西、陕西、湖北和广东。

发生面积：1949～2010 年中国农作物生物灾害发生面积总体呈增长趋势。2000～2010 年生物灾害发生面积增长幅度较大。病、虫、草、鼠害四类有害生物的发生面积从 2000 年的 3.77 亿公顷次增加到 2010 年 4.86 亿公顷次，增幅为 28.9%。

发生程度：1949～2010 年中国农作物生物灾害发生程度总体呈增长趋势。2000～2010 年病、虫、草、鼠害发生程度先增加，到 2007 年开始有降低趋势。

11.2.2.2　草地生物灾害

分布范围：从全国各省（自治区、直辖市）来看，草地生物灾害发生范围较大的省份有内蒙古、西藏、新疆、青海、四川、甘肃、云南、山西、陕西和贵州。

发生面积：2000～2010 年，全国草地鼠、虫害发生面积前 5 年逐年增加，2004～2006 年为高峰期，最高 2006 年达 1.12 亿公顷次，而后 5 年逐年减少。

发生程度：2000～2010 年中国草地生物灾害发生程度总体上呈增长趋势。中国草地鼠、虫害发生程度 2000～2006 年波动上升，2007～2010 年发生程度稳定在 9% 左右。

11.2.2.3　森林生物灾害

分布范围：从全国各省（自治区、直辖市）来看，森林生物灾害发生范围较大的省份有黑龙江、四川、云南、内蒙古、广西、湖南、西藏、吉林、广东、河北、陕西、江西、河南、湖北、新疆、辽宁和甘肃。

发生面积：2000~2010 年中国森林生物灾害发生面积总体上呈增长趋势。森林病、虫、鼠害三类有害生物的发生面积从 2000 年的 83.90 亿公顷次增加到 2010 年 115.14 亿公顷次，增幅达 37.24%。

发生程度：2000~2010 年中国森林病、虫、鼠害发生程度总体上呈波动减少趋势。森林虫害发生程度大于病害和鼠害。森林虫害发生呈显著减少趋势，森林病害呈波动减少趋势，森林鼠害波动变化。

11.2.2.4 检疫性有害生物

检疫性有害生物包括多种类型，其对农作物产生严重影响的主要包括昆虫、线虫、细菌、真菌、病毒和杂草等类群。

重要检疫性昆虫以 2010 年为例分布较多的有东北的辽宁和吉林，华北的河北，华东的福建、山东、浙江和安徽，华南的广东、广西和海南，华中的湖南、江西和河南，西北的新疆、陕西和甘肃，西南的云南和重庆。

重要检疫性线虫在部分省份发生，其 2010 年发生较多的省份有山东、河南、安徽、江苏、河北和广东。

重要检疫性细菌在全国南方沿海省份分布较多，2010 年浙江、福建、江西、广西、广东、湖南和云南发生较多。

重要检疫性真菌在全国分布较广，2010 年西北的新疆，华中的河南，华南的广东，华东的山东，华北的河北和内蒙古，东北的黑龙江、吉林和辽宁发生较多。

重要检疫性病毒在全国部分省份发生，如 2010 年辽宁、陕西、云南、黑龙江、湖南和广东有少量发生。

重要检疫性杂草在全国发生较广，2010 年黑龙江、辽宁、内蒙古、北京、浙江、安徽、广西、广东、湖南、河南、新疆和甘肃发生较多。

11.2.3 生物灾害为害损失

11.2.3.1 农作物受害损失

粮食作物实际损失变化趋势。2000~2010 年，全国病、虫、草、鼠害危害粮食作物的实际损失量呈显著增加趋势，从 2000 年的 1519.46 万 t 增加到 2010 年的 2157.25 万 t。2000~2010 年，全国病、虫、草、鼠害危害粮食作物的实际损失率呈显著增加趋势，从 2000 年的 3.29% 增加到 2010 年 3.95%。

油料作物实际损失变化趋势。2000~2010 年，全国病、虫、草、鼠害危害油料作物的实际损失量呈波动增加趋势，从 2000 年的 93.8 万 t 增加到 2010 年的 96.3 万 t。2000~2010 年，全国病、虫、草、鼠害危害油料作物的实际损失率呈波动减少趋势，从 2000 年的 3.17% 增加到 2010 年的 2.98%。

11.2.3.2　草原受害损失

虫害为害造成的生物量损失。全国 2000～2010 年平均每年由于虫害造成的草地生物量的损失量为 230.9 万 t，华北地区所占比例最大，西北和华北地区共占损失总量的 86.87%。

鼠害为害造成的生物量损失。全国 2000～2010 年平均每年由于鼠害造成草地生物的损失量为 2259.58 万 t，西南地区所占比例最大，西南和西北地区共占损失总数的 80%；华北和东北区共占损失总数的 20%。

11.2.3.3　森林受害损失

蓄积损失量：2000～2010 年，全国森林病、虫、鼠害蓄积损失量总体呈显著增加趋势，从 2000 年的 2355.885 万 m^3 增加到 2010 年的 2478.5 万 m^3。

直接经济损失量：2000～2010 年，全国森林病、虫、鼠害发生导致的直接经济损失量呈波动减少趋势，其 11 年间的年平均损失量达 250 亿元。

生态服务价值损失量：2000～2010 年，全国森林病、虫、鼠害发生导致的生态服务价值损失量呈显著增加趋势，其 11 年间的年平均损失量达 810 亿元。

11.2.3.4　检疫性有害生物的危害损失

2010 年检疫性昆虫、线虫、细菌、真菌、病毒和杂草等类群分别给农作物造成的损失量达 20.74 万 t、1.18 万 t、23.18 万 t、10.61 万 t、4.63 万 t 和 1.00 万 t。

11.2.4　应灾能力

生物灾害预防与治理投入成本和社会化服务程度呈增长趋势。目前最重要的防治措施是化学防治。

11.3　主要建议

1）在理论上，从生物灾害孕灾背景中各类生态系统或各类土地覆盖的面积比例来看，景观类型呈多样化。各区域或省域范围内有害生物发生面积和发生程度具有差异性。因此进一步研究景观类型的特征、景观格局与构成以及景观多样性对有害生物数量动态和为害程度的影响，对揭示生物灾害景观因子的生态调控作用机制具有重要意义。

2）在方法上，从时间来看，有害生物发生数量或发生程度存在时间相关性，生物灾害评估可以将灾前预测预报、灾时实时监测和灾后损失分析 3 个阶段整合成一体进行评估。从空间上来看，同种或不同种有害生物在不同的空间尺度下对景观格局特征的响应是不一样的，由此有必要在斑块、景观、区域及全国等不同尺度下开展生物灾害的景观驱动机制分析。

3）从发生面积、发生程度和实际损失来看，农田生态系统中病、虫、草、鼠害四类有害生物总体呈增长趋势。近几十年来，化学防治仍然是对农作物病、虫、草、鼠害的主要防治手段。长期来看，化学防治并不是最佳的防治方式。因此，调节农田生态系统自身的免疫能力，增强生物控害服务功能具有重要意义。例如，为了减少病害对农作物的危害，可以选择多种抗病品种作物的相间种植，或者不同作物轮作，以减少或阻止病害繁殖体的传播扩散。为了减少虫害的危害，可以在农田边缘或农业休耕地种植有花植物，为害虫的天敌提供蜜源食物和栖息地，既美化了乡村环境又增加了天敌的生物控害功能。为减少鼠害可以定期清理易于滋生鼠类的环境。生物灾害给草原和森林带来的损失依然巨大，检疫性有害生物扩散与危害日益严重。总之，为减少生物灾害造成的损失可采取以下措施：①在区域性范围内通过景观规划与生态工程，需要考虑保护或增加生物多样性（包括遗传多样性、植物多样性和景观多样性等），从而增强生态系统自身的免疫能力和生物控害作用；②各地区、省、市单位进一步加大对检疫性有害生物的严防监管；③进一步加大力度促进生物防治产业的发展，以增加生物防治产品的种类和数量，降低生产销售成本，同时减少化学农药生产；④应灾社会化服务程度逐年增加，因此需要严格监管服务单位对化学农药的销售和使用，从而减少化学农药的使用量。

参 考 文 献

高庆华, 马宗晋, 张业成. 2007. 然灾害评估. 北京: 气象出版社.

葛全胜, 邹铭, 郑景云, 2008. 中国自然灾害风险综合评估初步研究. 北京: 科学出版社.

李林懋, 欧阳芳, 戈峰, 等. 2014. 虫害对草地生态系统生物量危害损失评估. 生物灾害科学, (1): 13-19.

马宗晋, 方蔚青, 高文学, 等. 1992. 中国减灾重大问题研究. 北京: 地震出版社, 78-176.

欧阳芳, 门兴元, 戈峰. 2014. 1991~2010 年中国主要粮食作物生物灾害发生特征分析. 生物灾害科学, 37 (1): 1-6.

欧阳志云, 王桥, 郑华, 等. 2014. 全国生态环境十年变化 (2000~2010 年) 遥感调查评估. 中国科学院院刊, 1 (4): 462-466.

特喜铁, 刘高峰. 海拉尔东山达乌尔黄鼠种群结构研究. 广东农业科学, 2013, 40 (2): 62~64.

王丽焕, 郑群英, 肖冰雪, 等. 我国草地鼠害防治研究进展. 四川草原, 2005, 5: 48~52.

Arnold E. 2012. Pollution-load zones of allergic tree pollen in Boston. Balmford A, Bond W. Trends in the state of nature and their implications for human well-being. Ecol Lett, 8: 1218-1234.

Babcock B A, Lichtenberg E, Zilberman D. 1992. Impact of damage control and quality of output: estimating pest control effectiveness. American Journal of Agricultural Economics, 74: 163-172.

Bolund P, Hunhammar S. 1999. Ecosystem services in urban areas. Ecological Economics. 29 (2): 293-301.

Daily G C. 1997. Natures Services: Societal Dependence on Natural Ecosystems. Washington D C: Island Press.

Dobbs C, Escobedo F, Zipperer W. 2011. A framework for developing urban forest ecosystem services and goods indicators. Landscape Urban Plan, 99: 196-206.

Döhren P V, Haase D. 2015. Ecosystem disservices research: A review of the state of the art with a focus on cities. Ecological Indicators, 52: 490-497.

Escobedo F, Kroeger T, Wagner J. 2011. Urban forests and pollution mitigation: analyzing ecosystem services and disservices. Environ Pollut, 159: 2078-2087.

Firbank L, Bradbury R B, McCracken D I, et al. 2013. Delivering multiple ecosystem services from Enclosed Farmland in the UK. Agric Ecosyst Environ, 166: 65-75.

Joseph A, et al., 2005. Ecosystems and Human Well-being: A Framework for Assessment. Washington DC: Island Press.

Limburg K E, Luzadis V A, Ramsey M, et al. 2009. The good, the bad, and the algae: perceiving ecosystem services and disservices generated by zebra and quagga mussels. J Great Lakes Res, 36 (1): 86-92.

Lyytimäki J, Petersen L K, Normander B, et al. 2008. Nature as a nuisance ecosystem services and disservices to urban lifestyle. Environ Sci, 5 (3): 161-172.

Lyytimäki J, Sipilä M. 2009. Hopping on one leg—the challenge of ecosystem disservices for urban green management. Urban For Urban Gree, 8: 309-315.

Millennium Ecosystem Assessment. 2005. Ecosystems and Human Well Being: Current State and Trends. World Resources Institute, Washington DC.

O'Farrell P, Donaldson J, Hoffman M. 2007. The influence of ecosystem goods and services on livestock management practices on the Bokkeveld plateau, South Africa Agric Ecosyst Environ, 122: 312-324.

Ouyang F, H C, Men X Y, et al. 2016. Early eclosion of overwintering cotton bollworm moths driving from warming temperatures accentuates yield loss in wheat. Agriculture Ecosystems & Environment, 217 (2): 89-98.

Ouyang F, Hui C, Ge S, et al. 2014. Weakening density dependence from climate change and agricultural intensification triggers pest outbreaks: a 37-year observation of cotton bollworms. Ecology and Evolution, 4 (17): 3362-3374.

Power A G. 2010. Ecosystem services and agriculture: tradeoffs and synergies. Philos Trans R Soc B, 365: 2959-2971.

Stige L C, Chan K S, Zhang Z B, et al. 2007. Thousand-year-long Chinese time series reveals climatic forcing of decadal locust dynamics. Proceedings of the National Academy of Sciences of the United States of America, 104 (41): 16188-16193.

Stoller E W, Harrison S K, Wax L M, et al. 1987. Weed interference in soybeans (*Glycine max*). Reviews of Weed Science, 3: 155-181.

Swinton S M, Lupi F, Robertson G P, et al. 2007. Ecosystem services and agriculture: cultivating agricultural ecosystems for diverse benefits. Ecol Econ, 6: 245-252.

TEEB. 2010. The Economics of Ecosystems and Biodiversity: Mainstreaming the Economics of Nature: A Synthesis of the Approach, Conclusions and Recommendations of TEEB.

Thomas M B. 1999. Ecological approaches and the development of "truly integrated" pest management. Proceedings of the National Academy of Sciences of the United States of America, 96: 5944-5951.

Tian H D, Stige L C, Cazelles B, et al. 2011. Reconstruction of a 1, 910-y-long locust series reveals consistent associations with climate fluctuations in China. Proceedings of the National Academy of Sciences of the United States of America, 108 (35): 14521-14526.

Tzoulas K, Korpela K, Venn S, et al. 2007. Promoting ecosystem and human health in urban areas using Green infrastructure: a literature review. Landscape Urban Plan, 81: 167-178.

Welbank P J. 1963. A comparison of competitive effects of some common weed species. Annals of Applied Biology, 51: 107-125.

Williams A, Hedlund K. 2013. Indicators of soil ecosystem services in conventional and organic arable fields along a gradient of landscape heterogeneity in southern Sweden. Appl Soil Ecol, 65: 1-7.

索　引

B

病害　　　　　　　　　1

C

草害　　　　　　　　　23
草地生态系统　　　　　266
虫害　　　　　　　　　267

F

发生程度　　　　　　　51
发生面积　　　　　　　19
分布范围　　　　　　　14
分布特征　　　　　　　266

J

检疫性病毒　　　　　298
检疫性昆虫　　　　　199
检疫性细菌　　　　　199
检疫性线虫　　　　　203
检疫性有害生物　　　203
检疫性杂草　　　　　201
检疫性真菌　　　　　201

N

农田生态系统　　　　　1

S

森林生态系统　　　　　2
森林蓄积损失　　　　274
生态调控　　　　　　317
生态服务价值损失　　283
生态系统　　　　　　　1
生态系统反服务　　　　1
生态系统服务　　　　　1
生态系统负服务　　　　1
生物灾害　　　　　　　1
生物灾害评估　　　　　2
鼠害　　　　　　　　19

Y

有害生物　　　　　　19
孕灾背景　　　　　　　5

Z

直接经济损失　　　　276